Auswahl und Auslegung von Fräsprozessen für Großverzahnungen

Selection and Design of Machining Processes for Large Module Gears

Von der Fakultät für Maschinenwesen
der Rheinisch-Westfälischen Technischen Hochschule Aachen
zur Erlangung des akademischen Grades eines
Doktors der Ingenieurwissenschaften
genehmigte Dissertation

vorgelegt von

Gerd-Thomas Weber

Berichter:

Univ.-Prof. Dr.-Ing. Dr.-Ing. E. h. Dr. h. c. Dr. h. c. Fritz Klocke
Univ.-Prof. Dr.-Ing. habil. Dr.-Ing. E. h. Dr. h. c. Konstantinos-Dionysios Bouzakis

Tag der mündlichen Prüfung: 18. Januar 2017

ERGEBNISSE AUS DER PRODUKTIONSTECHNIK

Gerd-Thomas Weber

Auswahl und Auslegung von Fräsprozessen für Großverzahnungen

Herausgeber:
Prof. Dr.-Ing. Dr.-Ing. E. h. Dr. h. c. Dr. h. c. F. Klocke
Prof. Dr.-Ing. Dipl.-Wirt. Ing. G. Schuh
Prof. Dr.-Ing. C. Brecher
Prof. Dr.-Ing. R. H. Schmitt

Band 9/2017

WZL | RWTH AACHEN UNIVERSITY

Fraunhofer IPT

Bibliografische Information der Deutschen Nationalbibliothek
Die Deutsche Nationalbibliothek verzeichnet diese Publikation in der Deutschen Nationalbibliografie; detaillierte bibliografische Daten sind im Internet über http://dnb.ddb.de abrufbar.

Gerd-Thomas Weber:

Auswahl und Auslegung von Fräsprozessen für Großverzahnungen

1. Auflage, 2017

Gedruckt auf holz- und säurefreiem Papier, 100% chlorfrei gebleicht.

Apprimus Verlag, Aachen, 2017
Wissenschaftsverlag des Instituts für Industriekommunikation und Fachmedien an der RWTH Aachen
Steinbachstr. 25, 52074 Aachen
Internet: www.apprimus-verlag.de, E-Mail: info@apprimus-verlag.de

Druck: KN Digital Printforce GmbH, Stuttgart

ISBN 978-3-86359-509-8

D 82 (Diss. RWTH Aachen University, 2017)

Vorwort

Preamble

Die vorliegende Arbeit entstand während meiner Tätigkeit als wissenschaftlicher Mitarbeiter am Werkzeugmaschinenlabor (WZL) der Rheinisch-Westfälischen Technischen Hochschule Aachen.

An Herrn Prof. Dr.-Ing. Dr.-Ing. E.h. Dr. h.c. Dr. h.c. Fritz Klocke, dem Inhaber des Lehrstuhls für Technologie der Fertigungsverfahren, danke ich herzlich für seine wohlwollende Förderung und die konstruktive Diskussion meiner Arbeit. Herrn Prof. Dr.-Ing. habil. Dr.-Ing. E.h. Dr. h.c. Konstantinos-Dionysios Bouzakis möchte ich für die Übernahme des Koreferats, die eingehende Durchsicht und Diskussion meiner Arbeit danken. Herrn Prof. Roger Andrew Sauer, Ph. D. gilt mein Dank für die Übernahme des Vorsitzes bei meiner Promotionsprüfung.

Mein Dank für die Förderung der in dieser Arbeit dargestellten Untersuchungen gilt der Forschungsvereinigung Antriebstechnik, sowie dem VDW-Forschungsinstitut. Weiterhin Danke ich den Firmen des WZL-Getriebekreises und ihren Vertretern für viele konstruktive Diskussionen. Mein besonderer Dank gilt der Firma Gleason-Pfauter für die Bereitstellung der eingesetzten Wälzfräsmaschine am WZL in Aachen und der Möglichkeit, Versuche in Ludwigsburg durchzuführen. Weiterhin danke ich den Firmen Siemens und der LMT Fette für die Bereitstellung der verwendeten Werkstücke und Werkzeuge.

Ebenfalls möchte ich mich bei allen Mitarbeitern des Lehrstuhls, der Abteilung Getriebetechnik und besonders der Gruppe „Technologie der Zahnradfertigung“ bedanken. Das freundschaftliche und motivierende Arbeitsklima, sowie die Bereitschaft zur Diskussion und zur gegenseitigen Unterstützung haben meine Zeit am Institut geprägt. Die hier gefundenen Freundschaften werden mich hoffentlich noch lange begleiten. Besonders danke ich Lothar Emonts, Erwin Janas und Thomas Palowski für die Unterstützung bei der Vorbereitung und Durchführung der Versuche. Mein Dank gilt ebenso Frau Brigitte Niederbach für die Verschleißdokumentation am Rasterelektronenmikroskop und in anspruchsvollen Gefügeschliffen.

Darüber hinaus gilt mein Dank den Studenten, die mich durch ihre studentischen Arbeiten oder als studentische Hilfskräfte unterstützt haben. Im Hinblick auf die Erstellung dieser Arbeit möchte ich die Herren Max Holsten und Janagan Kanesamoorthy hervorheben.

Den Herren Dr.-Ing. Rolf Schalaster und Dr.-Ing. Christoph Löpenhaus danke ich für die kritische Durchsicht dieser Arbeit, die wertvollen Anmerkungen und die Unterstützung bei der Erstellung dieser Arbeit.

Besonderer Dank gilt meinen Eltern für ihre unablässige Förderung und Unterstützung. Meiner Frau Daniela danke ich für ihre unermüdliche Geduld sowie das Verständnis für diverse Überstunden und Wochenendschichten.

Niederzier, im Februar 2017 Gerd-Thomas Weber

Inhaltsverzeichnis

Content

Formelzeichen und Abkürzungsverzeichnis

Formula Symbols and Abbreviations

Lateinische Formelzeichen

A_D	mm	axialer Auslaufweg
a_e	mm	radiale Zustellung
a_{ges}	mm	Gesamtzustellung
a_p	mm	axiale Zustellung
b	mm	Zahnbreite
b_{nut}	mm	Breite einer Spannut auf dem Fräserumfang
b_s	mm	Breite eines Plattensitzes auf dem Fräserumfang
d	mm	Durchmesser
d_0	mm	Teilzylinderdurchmesser eines Werkzeugs
d_a	mm	Werkstück-Außendurchmesser
d_{a0}	mm	Werkzeug-Außendurchmesser
d_{a0}^*		bezogener Werkzeug-Außendurchmesser
d_{a2}	mm	Werkstück-Außendurchmesser
E_D	mm	Axialer Einlaufweg
f_a	mm	Axialvorschub
f_{az}	mm	effektiver Axialvorschub je Zahneingriff
f_{eff}	mm	effektiver Vorschub in einem Schneidenabschnitt
f_t	mm	Vorschub in Zahnlückenrichtung
f_{wz}	mm	effektiver Wälzvorschub je Zahneingriff
f_Z	mm	Vorschub je effektivem Fräserzahn
H	mm	Fräser-Steigungshöhe
h_{cu}	mm	Spanungsdicke
$h_{cu,max}$	mm	maximale Spanungsdicke
$h_{cu,mit}$	mm	mittlere Spanungsdicke
$h_{cu,r}$	mm	radiale Spanungsdicke
i_0		Spannutenzahl eines Wälzfräswerkzeugs
i_{mod}		Schneidenanzahl am Modellwerkzeug
i_{eff}		effektive Spannutenzahl

K		Zahnkopf
K_G		Verschleißkenngröße
K_{MH}	€/h	Maschinenstundensatz
K_{WZG}	€	Werkzeugkosten
KT	µm	Kolktiefe
KT_{grenz}	µm	Standkriterium maximale Kolktiefe
L	m	Standlänge
$L_{Schnitte}$		Anzahl Schneideneingriffe bis Standzeitende
$L_{Schnittweg}$	mm	Schnittweg bis Standzeitende
l_{A0}	mm	Arbeitsbereich eines Wälzfräsers
l_{AZ}	mm	Vorschneidbereich eines Wälzfräsers
l_{ch}	mm	Spanlänge
l_{cu}	mm	Schnittbogenlänge
$l_{cu,ges}$	mm	Gesamtschnittbogenlänge
$l_{cu,ges}^*$	mm	Gesamtschnittbogenlänge je mm Zahnlückenbreite
$l_{cu,ges,0}$	m	errechnete kumulierte Schnittbogenlänge
$l_{cu,max}$	mm	maximale Schnittbogenlänge
l_{P0}	mm	Profilierungsbereich eines Wälzfräsers
l_r	mm	Risslänge
m_n	mm	Normalmodul
N		Anzahl Tangentialüberläufe im Schlagzahnprozess
n		Anzahl Schneideneingriffe
n^*		Anzahl Schneideneingriffe je Millimeter Zahnlückenbreite
n_{max}		maximale Anzahl Schneideneingriffe
pr_{P0}	mm	Protuberanzbetrag
$p_{x,0}$	mm	Axialteilung eines Werkzeugs
$p_{z,0}$	mm	Steigungshöhe eines Werkzeugs
R^2		Bestimmtheitsmaß
SV	µm	Schneidkantenversatz
T	mm	Tauchtiefe
T^*		Tauchtiefenfaktor bezogen auf den Normalmodul

T_c	min	effektive Standzeit
T_f	min	Standzeit bezogen auf den Vorschub
t_H	min	Hauptzeit
V'	mm^3/mm	auf die Schneidenbreite bezogenes Spanvolumen
VB	µm	Verschleißmarkenbreite
VB_{grenz}	µm	Standkriterium maximale Verschleißmarkenbreite
VB_{max}	µm	maximale Verschleißmarkenbreite
v_c	m/min	Schnittgeschwindigkeit
v_f	mm/min	Vorschubgeschwindigkeit
v_{shift}	mm/min	Vorschubgeschwindigkeit der Shiftachse
x		Profilverschiebungsfaktor
z_0		Gangzahl eines Wälzfräswerkzeugs
z_2		Zähnezahl einer Verzahnung
Z_{eff}		effektive Schneidenanzahl

Griechische Formelzeichen

α	°	Freiwinkel
α_{lok}	°	lokaler Profilwinkel
α_n	°	Normaleingriffswinkel einer Verzahnung
α_{ne}	°	Wirk-Normalfreiwinkel
β	°	Keilwinkel
β_2	°	Schrägungswinkel einer Verzahnung
γ	°	Spanwinkel
γ_0	°	Steigungswinkel eines Wälzfräswerkzeugs
γ_{ne}	°	Wirk-Normalspanwinkel
δ	°	Winkelversatz zwischen zwei Werkzeugschneiden
Δ		Unterschied zwischen zwei Werten
ΔV	mm	Axialversatz zweier aufeinanderfolgender Schneideneingriffe im Schlagzahnprozess
η	°	Schwenkwinkel
λ		Spanstauchungsfaktor
ρ_K	mm	Kopfeckenradius eines Fräserprofils

ω	°	Winkel der Spanflussrichtung
ω_0		Winkelgeschwindigkeit eines Werkzeugs

Abkürzungen

AF	auslaufende Flanke
(Al,Cr)N	Aluminiumchromnitrid
CBN	Kubisch kristallines Bornitrid
Co	Kobalt
CVD	Chemical Vapor Deposition (Beschichtungsverfahren)
HSS	Schnellarbeitsstahl
EF	einlaufende Flanke
FP	Flanken-Schneidplatte
KP	Kopf-Schneidplatte
LF	linke Flanke
Nb	Niob
Ni	Nickel
PKD	Polykristalliner Diamant
PM-HSS	Pulvermetallurgisch hergestellter Schnellarbeitsstahl
PVD	Physical Vapor Deposition (Beschichtungsverfahren)
RF	rechte Flanke
RZ	Räumzahnwerkzeug
Ta	Tantal
Ti	Titan
(Ti,Al)N	Titanaluminiumnitrid
TiC	Titankarbid
Ti(C,N)	Titancorbonitrid
TiN	Titannitrid-Beschichtung
WC	Wolframkarbid

1 Einleitung

In einer Vielzahl technischer Systeme werden Zahnradgetriebe eingesetzt. Die Einsatzgebiete reichen von medizintechnischen Anwendungen mit Zahnrädern von wenigen Millimetern Durchmesser bis hin zum Antrieb von Zementmühlen und Krananlagen mit Zahnrädern von bis zu 16 Metern Außendurchmesser. Ein großer Anteil dieser Bauteile wird durch spanende Fertigungsverfahren hergestellt.

Die spanende Fertigung von Zahnrädern ist bereits seit vielen Jahren Gegenstand wissenschaftlicher Untersuchungen. Hierbei lag der Fokus bisher maßgeblich auf der Fertigung von Verzahnungen in einem für Personenkraftwagen und Nutzkraftwagen typischen Größenbereich. Die entwickelten Methoden und Erkenntnisse bilden eine wichtige Grundlage zur Auslegung industrieller Fertigungsprozesse. In den vergangenen Jahren hat sich auch bei der Fertigung größerer Bauteile ein steigender Bedarf an Prozesswissen entwickelt. Größere Stückzahlen in der Fertigung von Getrieben für Windkraftanwendungen und ein steigender Bedarf an Schiffsgetrieben unter wachsendem Kostendruck haben zu einer Umstrukturierung der Produktionen geführt [GOLD07; KOBI12; MOLL09; WINK10a]. Haupt- und Nebenzeiten der Fertigungsschritte gewinnen an Bedeutung, was zu einer Verwendung automatisierter Werkstück- und Werkzeugwechselsysteme in diesen Bereichen geführt hat [KOBI12; WINK10a]. Neue Werkzeugkonzepte ermöglichten eine Produktivitätssteigerung der Fertigungsprozesse.

Für die Vorbearbeitung von großmoduligen Stirnrädern werden heute primär die Verfahren Wälzfräsen und Profilfräsen eingesetzt [BAUS12]. Für diese Verfahren werden bisher eingesetzte Werkzeuge aus Schnellarbeitsstahl (HSS) zunehmend durch neuere Werkzeuge auf Basis von Hartmetall-Wendeschneidplatten ersetzt. Das Hartmetall bietet hierbei die Vorteile einer höheren Warmfestigkeit und Härte im Gegensatz zu Schnellarbeitsstahl. So können Wendeschneidplatten-Werkzeuge bei höheren Schnittgeschwindigkeiten und teilweise ohne Kühlschmierstoff eingesetzt werden. Jedoch sind die Kosten für die Anschaffung dieser Werkzeuge deutlich höher, sodass die Investition in diese Konzepte nur bei einer ausreichenden Menge an Werkstücken wirtschaftlich sinnvoll ist.

Die bisherigen wissenschaftlichen Erkenntnisse zum Verzahnungsfräsen sind nicht für Fräsprozesse für Großverzahnungen verifiziert. Gängige Näherungsformeln für Kenngrößen zur Prozessauslegung weisen mit der Verzahnungsgröße steigende Abweichungen auf und sind daher für diese Prozesse nicht anwendbar. Die Zerspanbedingungen bei der Bearbeitung von Großverzahnungen sind von deutlich größeren Schnittbogenlängen und geringeren Schnittgeschwindigkeiten geprägt als die bisher untersuchten Prozesse. Daher beruht die Auswahl und Auslegung von Fräsprozessen für Großverzahnungen bisher zu großen Teilen auf Erfahrungswissen und erfolgt häufig iterativ. Die große Anzahl von Freiheitsgraden bei der Gestaltung von Wendeschneidplattenwerkzeugen erschwert die Übertragung dieses Wissens zwischen unterschiedlichen Bearbeitungen. Weiterhin steigen die Kosten der Werkzeuge mit der Größe der Werkstücke, während die Stückzahlen sinken. Gleichzeitig steigen die Kosten eines Werkzeugbruchs oder einer Fertigung von Ausschuss. Die Prozesse werden daher selten an ihren technologischen Grenzen ausgelegt. Es ist davon auszugehen, dass diese Grenzen in vielen Fällen nicht bekannt sind und großes Potenzial zur Optimierung der Prozesse besteht. Aufgrund der hohen Kosten für die verwendeten Verzahnwerkzeuge wird eine Möglichkeit der Auswahl von Prozess und Werkzeugsystem für vorliegende Bearbeitungsaufgaben bereits vor der Anschaffung der Werkzeuge benötigt.

Das Ziel dieser Arbeit ist, eine Methode, die eine Auswahl und Auslegung wirtschaftlicher Fräsprozesse für Großverzahnungen ermöglicht, zu entwickeln. Diese Methode soll auf der Kenntnis von Einflüssen der Werkzeug- und Prozessauslegung auf geometrisch-kinematische Prozessgrößen sowie der Beschreibung der Einflüsse dieser Prozessgrößen auf das Einsatzverhalten der Werkzeugkonzepte basieren. Die wirtschaftliche Motivation dieser Arbeit liegt in einer Möglichkeit, Fräsprozesse für Großverzahnungen ohne großen experimentellen Aufwand auszuwählen, auszulegen und Potenziale zur Produktivitätssteigerung zu heben. Die wissenschaftliche Motivation liegt in der Modellierung der Einflüsse der Prozessparameter auf die relevanten Prozessgrößen sowie das Einsatzverhalten von Fräswerkzeugen für Großverzahnungen.

Introduction

In a multitude of technical system gear drives are applied. The applications range from medical applications with gears with diameters of some millimeters to drives in heavy industrial applications in cement production and cranes with gears of up to 16 meters diameter. A large share of these parts is produced by cutting processes.

Gear cutting has been subject of studies for several years. These studies mainly focus on gears in the typical size range for automotive applications. The developed methods and knowledge are an important base for the design of industrial production processes. During the last years, the demand for knowledge on the cutting processes for larger parts has increased significantly. Larger production quantities for wind turbine drives and a rising demand for drives in naval applications as well as cost pressure have led to restructuring of productions. Main and auxiliary time gain importance. This led to the use of automation systems for tool and workpiece handling [KOBI12; WINK10a]. Furthermore, the need for productive tool concepts increases to reduce the production main time.

For green machining of large module cylindrical gears, mostly gear hobbing and form milling processes are applied [BAUS12]. In these processes, tools with indexable carbide inserts currently replace tools of high-speed-steel (HSS). The carbide has a higher thermal stability and hardness than high-speed-steel. Consequently, carbide tools can be applied at higher cutting speed and partially under dry cutting conditions. The acquisition cost for such tools is higher than for HSS tools. Thus, a large number of workpieces is necessary to make the use of these tools economical.

The current research results on gear machining have not yet been validated for large module gears. Thus, the selection and design of suitable cutting processes is mostly based on experience and is often carried out iteratively. Additionally, the amount of degrees of freedom in carbide tools complicates the knowledge transfer to these tools. The tool cost increases with part size, while the number of parts decreases. At the same time, the cost of tool breakage and the production of scrap parts increases. Thus the processes are seldom carried out at their technological limits. It can be assumed that these limits are unknown in many cases. Due to the high cost for the applied gear cutting tools a possibility to select a process and tooling system for production before acquisition of the tooling is necessary.

The objective of this thesis is to develop a method that allows the selection and design of economic cutting processes for large module gears. This method will be developed based on the influences of tool and process design on the geometric-kinematic process values and the description of influences of these process values on the performance of the tool concepts. The economic motivation is the possibility to select and design cutting processes for large module gears without large experimental effort. The scientific motivation lies in modelling the influences of different process parameters on the relevant process values as well as the influences of these values in the performance of cutting tools for large module gears

2 Stand der Wissenschaft und Technik

State of the Art

Für das Fräsen von Großverzahnungen werden vorrangig die Verfahren Wälzfräsen und Profilfräsen eingesetzt. In diesem Kapitel werden diese Prozesse, die eingesetzten Werkzeugsysteme sowie die für diese Verfahren relevanten Forschungsergebnisse dargestellt. Ansätze zur Modellierung des Verzahnungsfräsens werden beschrieben.

2.1 Fräsen von Stirnradverzahnungen

Machining of Cylindrical Gears

Stirnräder werden zur formschlüssigen Übertragung von Momenten und Drehzahlen zwischen parallelen Achsen verwendet [NIEM03]. Die am weitesten verbreitete Stirnradverzahnung ist die Evolventenverzahnung. Diese Verzahnungsart weist neben einer geringen Empfindlichkeit gegen Achsabstandsveränderungen den Vorteil auf, dass sie durch wälzende Fertigungsverfahren hergestellt werden kann.

Für die Vorbearbeitung evolventischer Stirnradverzahnungen werden meist Verfahren der Gruppe Spanen mit geometrisch bestimmten Schneiden nach DIN 8580 eingesetzt [DIN03a]. Die dominierenden Verfahren für die Vorbearbeitung von Großverzahnungen sind das Wälzfräsen und das Profilfräsen [BAUS12].

2.1.1 Wälzfräsen

Gear Hobbing

Das Wälzfräsen ist das am weitesten verbreitete Verfahren für die Vorbearbeitung von Verzahnungen [ABLE03; BAUS12; KLOC08]. Es ist ein kontinuierliches, wälzendes Verfahren [BAUS12]. Wälzende Verfahren haben den Vorteil, dass für alle Verzahnungen mit dem gleichen Bezugsprofil dasselbe Werkzeug verwendet werden kann. Die Werkzeuge sind daher von der Profilverschiebung, dem Schrägungswinkel sowie der Zähnezahl des gefertigten Werkstücks unabhängig einsetzbar.

Die Kinematik des Wälzfräsverfahrens entspricht der eines Schneckengetriebes **Bild 2.1**. Hierbei entsprechen das Werkzeug der Schnecke und das Werkstück dem Schneckenrad. Die Zähnezahl der Schnecke wird am Werkzeug als Gangzahl (z_0) bezeichnet. Im Prozess sind die Rotationen von Werkzeug und Werkstück entsprechend dem Verhältnis der Fräser-Gangzahl zur Werkstück-Zähnezahl gekoppelt.

Die Schnittgeschwindigkeit (v_c) ist die Rotationsgeschwindigkeit am Außendurchmesser des Werkzeugs. Das Werkzeug entspricht einer Schnecke mit dem Bezugsprofil im Normalschnitt. Bei Blockwälzfräsern, die aus einem Stück Schneidstoff gefertigt sind, sind die einzelnen Schneiden auf dem Umfang des Werkzeugs durch Spannuten unterbrochen. Die Anzahl der Spannuten auf dem Umfang des Werkzeugs wird als Spannutenzahl (i_0) bezeichnet.

Das Werkzeug wird im Wälzfräsprozess um den Schwenkwinkel (η) gegen das Werkstück geschwenkt. Der Schwenkwinkel entspricht der Differenz aus dem Schrägungswinkel der Verzahnung (β_2) und dem Steigungswinkel des Wälzfräsers (γ_0).

Die Rotationsbewegungen wird von einer Vorschubbewegung überlagert, die eine Bearbeitung der vollständigen Verzahnungsbreite ermöglicht. In der gängigsten Verfahrensvariante, dem Axialwälzfräsen, wird dieser Vorschub parallel zur Werkstückmittelachse ausgeführt. Dieser Axialvorschub (f_a) wird bezogen auf eine Rotation des Werkstücks angegeben. In Zahnbreitenrichtung führt dieser Vorschub zu Vorschubmarkierungen. Diese werden neben den Verzahnungsdaten des Werkstücks vom Axialvorschub und dem Werkzeugaußendurchmesser bestimmt.

Das Verfahren kann sowohl im Gleichlauf als auch im Gegenlauf durchgeführt werden. Im Gleichlauf entspricht die Schnittrichtung des Fräsers der Vorschubrichtung des Werkstücks. Im Gegenlauf sind diese entgegengesetzt [KLOC08]. Der Prozess kann weiterhin gleich- oder gegensinnig ausgelegt werden. Entsprechen sich die Steigungsrichtungen von Werkzeug und Werkstück ist der Prozess gleichsinnig, ansonsten gegensinnig [NN76].

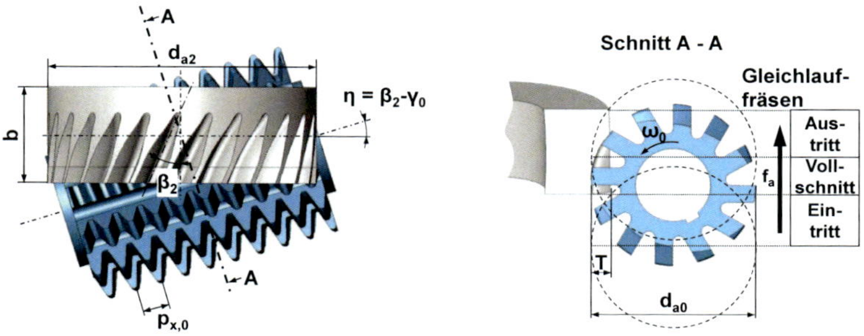

Bild 2.1: Verfahrensprinzip des Wälzfräsens
Principle of Gear Hobbing

Die evolventische Zahnform wird im Wälzfräsprozess durch das Abwälzen von Werkzeug und Werkstück erzeugt. Die geradflankigen Werkzeugzähne nähern das evolventische Zahnprofil durch einzelne Hüllschnitte an. Die Größe der erzeugten Hüllschnittabweichungen hängt bei gegebenem Werkstück von der Stollenzahl und der Gangzahl des Werkzeugs ab. Der Wälzvorschub des Werkzeugs resultiert aus seiner Steigung, der Wälzvorschub des Werkstücks aus seiner Rotation. Aus dieser Wälzbewegung resultieren im Wälzfräsprozess verschiedene Eingriffsbedingungen an den unterschiedlichen Fräserschneiden, **Bild 2.2**. Eine Lücke des Werkstücks durchläuft im Arbeitsbereich des Fräsers (l_{A0}) zuerst einen Vorschneidbereich (l_{AZ}) auf dem

Werkzeug bevor es den Profilierungsbereich (l_{P0}) erreicht [NN76]. Die Positionen der Fräserzähne gegenüber dem Werkstück werden als Wälzstellungen bezeichnet. In der Wälzstellung 0 liegt die Mitte des Werkzeugzahns auf der orthogonalen auf Werkstück- und Fräsermittelachse. Von diesem Zahn aus wird entlang eines Gangs des Werkzeugs entsprechend der Reihenfolge des Eingriffs gezählt. Die ersten in Eingriff kommenden Zähne im Vorschneidbereich haben negative Wälzstellungen. Die letzten in Eingriff kommenden Zähne haben positive Wälzstellungen [ZIEG67].

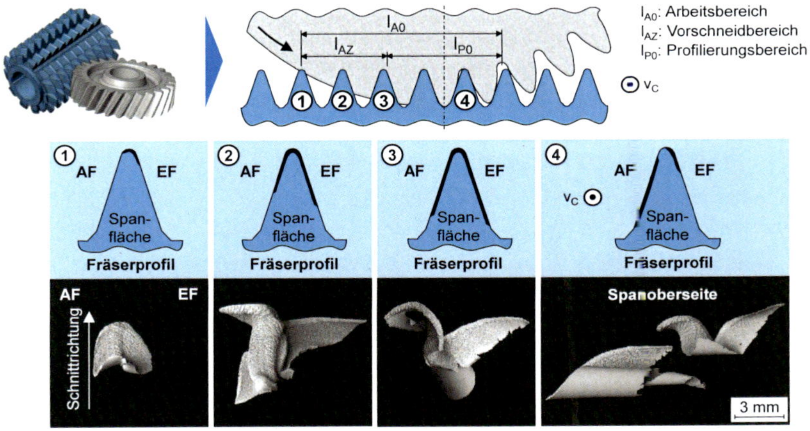

Bild 2.2: Spanformen beim Wälzfräsen [WINK05]
Chip Shapes in Gear Hobbing

In jeder Wälzstellung wird ein unterschiedlicher Span erzeugt. Dies resultiert in einer ungleichmäßigen Belastung der Schneiden und ungleichmäßigen Werkzeugverschleiß [SPUR80; WINK05].

Um die Belastung gleichmäßig auf der Breite des Werkzeugs zu verteilen und so die Standzeit des Werkzeugs zu steigern, wird das Werkzeug entlang seiner Rotationsachse verschoben. Dieser als Shiften bezeichnete Vorgang wird beim Wälzfräsen meist zwischen der Fertigung einzelner Bauteile durchgeführt.

2.1.2 Profilfräsen

Form Milling

In Profilfräsverfahren werden Formwerkzeuge eingesetzt, um profilierte Flächen zu erzeugen [KLOC08]. Nach diesem Erzeugungsprinzip werden Profilfräsverfahren für Verzahnungen den profilierenden Verfahren zugeordnet [BAUS12; KECK56]. Für die Verzahnungsfertigung werden sowohl Scheibenfräser als auch Fingerfräser eingesetzt, **Bild 2.3** [NN76; SPUR80]. Das Profil dieser Werkzeuge entspricht in ihrem Achsschnitt nahezu dem Zahnlückenprofil im Normalschnitt. Die Werkzeuge müssen daher werkstückspezifisch ausgelegt werden und sind wenig flexibe einsetzbar. In beiden Verfahrensvarianten wird das Fräswerkzeug mit einer radialen Zustellung zum Werkstück parallel zur Werkstückmittelachse bewegt. Bei Schrägverzahnungen wird eine Rotation des Werkstücks zur Erzeugung des Schrägungswinkels überlagert. Die Zahnlücken werden in diesen Verfahren nacheinander gefertigt. Hierzu ist jeweils eine Teilbewegung nach der Fertigung einer Lücke notwendig.

Der Durchmesser von Fingerfräsern wird durch die Breite der Zahnlücke bestimmt. Hierdurch ist die Anzahl der möglichen Schneiden auf dem Fräserumfang eingeschränkt. Weiterhin kommt es bei diesen Werkzeugen durch den zum Zahnfuß hin abnehmenden Durchmesser zu deutlichen Unterschieden der Schnittgeschwindigkeit über dem Werkzeugprofil. Diese unterschiedlichen Zerspanbedingungen, im Zusammenhang mit der geringen Schneidenanzahl, führen zu kurzen Standzeiten dieser Werkzeuge. [BAUS12; NN76] Im Gegensatz zu Scheibenfräsern sind diese Werkzeugkonzepte auf konventionellen Fräsmaschinen einsetzbar und finden besonders bei der Fertigung kleiner Stückzahlen Anwendung.

Scheibenfräser zum Verzahnungsfräsen können mit größeren Durchmessern hergestellt werden als Fingerfräser. Hierdurch ist eine größere Anzahl Schneiden auf dem Umfang der Werkzeuge möglich. Weiterhin sind die Unterschiede der Schnittgeschwindigkeit über dem Werkzeugprofil geringer, sodass günstigere Zerspanbedingungen eingestellt werden können. Sobald der Vollschnittbereich im Prozess erreicht ist, sind die Belastungen der einzelnen Werkzeugschneiden im Prozess konstant [SPUR80].

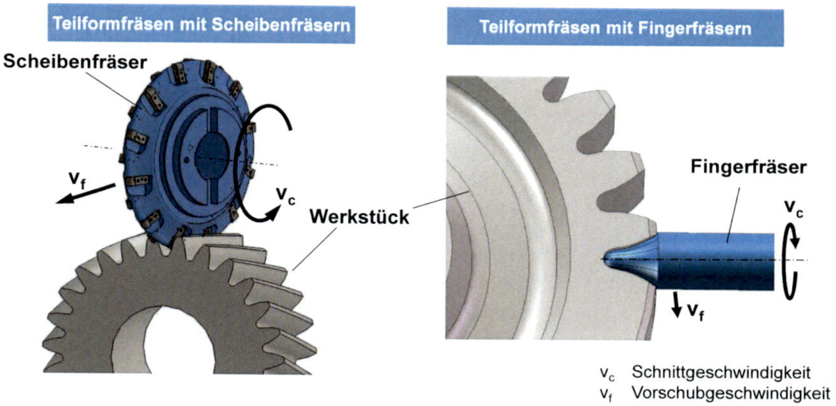

Bild 2.3: Verfahrensprinzip des Profilfräsens

Principle of Form Milling

Das Profilfräsen mit Scheibenfräsern wird in der Regel auf Wälzfräsmaschinen durchgeführt. Profilfräsverfahren sind für die Bearbeitung großer Innen- und Außenverzahnungen verbreitet. Bei der Bearbeitung von Innenverzahnungen steht das Profilfräsen in erster Linie in Konkurrenz zum Wälzstoßen, für Außenverzahnungen mit dem Wälzfräsen. Teilweise werden auch Verfahrenskombinationen von Profilfräsen zur Vorbearbeitung und wälzenden Verfahren zur Schlichtbearbeitung eingesetzt [BAUS12].

Während das Wälzfräsen von Verzahnungen bereits in verschiedenen Forschungsarbeiten untersuch wurde, ist das Profilfräsen bisher nicht behandelt worden. Die Auslegung dieser Prozesse basiert daher, neben Auslegungsempfehlungen der Werkzeug-Hersteller, auf dem Erfahrungswissen der Anwender. Aufgrund der unterschiedlichen Prozesskinematik ist eine Übertragbarkeit der Ergebnisse des Wälzfräsens auf das Profilfräsen fraglich.

2.2 Werkzeugkonzepte für das Verzahnungsfräsen

Tools for Gear Machining

Die fortschreitende Entwicklung der Werkzeugtechnik führt zu Steigerungen der Leistungsfähigkeit von Zerspanprozessen [WINK10]. Speziell das Fräsen von Großverzahnungen wurde in den vergangenen Jahren durch die Einführung von Hartmetall-Wendeschneidplattenwerkzeugen stark beeinflusst. In diesem Kapitel werden die für das Fräsen von Großverzahnungen relevanten Schneidstoffe, Beschichtungen und Werkzeugsysteme beleuchtet.

2.2.1 Schneidstoffe

Cutting Materials

Um den Belastungen im Zerspanvorgang möglichst lange standhalten zu können, müssen Zerspanwerkzeuge eine hohe Beständigkeit gegen die unterschiedlichen Verschleißmechanismen aufweisen. In **Bild 2.4** sind die zur Zerspanung eingesetzten Schneidstoffe entsprechend ihrer Zähigkeit und Biegefestigkeit sowie ihrer Verschleißfestigkeit und Warmfestigkeit eingeordnet. Ein idealer Schneidstoff würde über diese Eigenschaften verfügen. Hohe Härte und Zähigkeit sind jedoch physikalisch nicht beliebig miteinander vereinbar.

Die beim Verzahnungsfräsen auftretenden Schnittunterbrechungen führen zu thermischen und mechanischen Wechsellasten und somit zu hohen Anforderungen an die Zähigkeit der Schneidstoffe. Für die Vorbearbeitung von Verzahnungen durch Fräsen werden Werkzeuge aus HSS und Hartmetall eingesetzt. Bisherige Versuche mit Werkzeugkonzepten auf Basis von Cermet-Schneidstoffen haben nicht zu erhofften Leistungssteigerungen geführt [KLOC05]. Dieser Schneidstoff hat sich für das Verzahnungsfräsen daher nicht durchgesetzt [BAUS12].

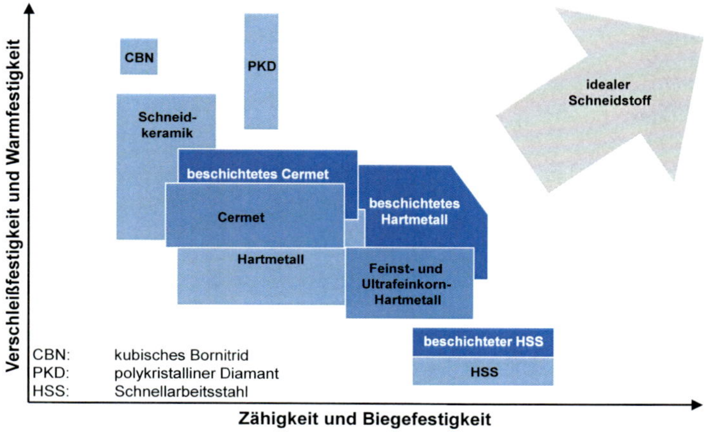

Bild 2.4: Schneidstoffe [KLOC08; SCHA11]
Cutting Materials

Schnellarbeitsstahl

Schnellarbeitsstähle (engl. High-Speed-Steels, HSS) sind Stahlwerkstoffe mit Anteilen der Legierungselemente Wolfram, Molybdän, Vanadium, Kobalt und Chrom. Sie erreichen eine Härte von 60-67 HRC bei einer hohen Biegebruchfestigkeit von 3000-4000 N/mm^2 [SCHE88]. Die hohe Härte sowie eine gute Warmhärte erreichen diese Schneidstoffe durch ein martensitisches Grundgefüge mit Sonderkarbiden der Elemente Wolfram, Molybdän, Vanadium und Chrom. Diese werden beim Anlassen ausgeschieden [HAUF72]. Temperaturen über 550°C bewirken jedoch eine Vergröberung dieser Sekundärhärtekarbide und einen Härteabfall [LEIT99].

Schnellarbeitsstähle können sowohl schmelzmetallurgisch als auch pulvermetallurgisch hergestellt werden. Pulvermetallurgisch hergestellte Schnellarbeitsstähle (PM-HSS) können höher legiert werden und zeichnen sich durch ein homogeneres Gefüge und feinere Karbidausscheidungen aus [KLOC08]. Sie verfügen über eine bessere Kantenfestigkeit und weisen höhere Karbidanteile auf als schmelzmetallurgisch hergestellte Schnellarbeitsstähle. Die pulvermetallurgische Fertigung von Wälzfräsern aus HSS ist auf Durchmesser von bis zu $d_{a,0}$ = 250 mm eingeschränkt. Die benötigte Homogenität des Schneidstoffs wird beim Pulververdichten größerer Durchmesser nicht erreicht [BAUS12].

Hartmetalle

Hartmetalle sind Verbundwerkstoffe aus Hartstoffpartikeln, die in einer weicheren Bindephase eingelagert sind. Als Hartstoffphase werden Wolframkarbid, Titankarbid, Tantalkarbid, Niobkarbid, Vanadiumkarbid und Chromkarbid verwendet. Die Bindephase besteht aus Kobalt oder Nickel. [KOLA92] Hartmetalle verfügen über eine deutlich höhere Härte und Warmfestigkeit als Schnellarbeitsstähle. [KLOC08].

Hartmetalle werden pulvermetallurgisch durch Pressen und Sintern hergestellt. Hierbei kann die Formgebung direkt im Pressvorgang oder indirekt durch zusätzliche Bearbeitungsschritte geschehen [KLOC08; SCHE88]. Eine direkte Formgebung ist nur bei ausreichenden Stückzahlen, wie sie bei Standard-Wendeschneidplatten vorliegen, wirtschaftlich. Sonderwerkzeuge mit geringen Stückzahlen werden in indirekter Formgebung hergestellt.

Nach ihrer Zusammensetzung werden WC-Co-Hartmetalle, WC-(Ti,Ta,Nb)C-Co-Hartmetalle und TiC/TiN-Co,Ni-Hartmetalle (Cermets) unterschieden. Cermet-Schneidstoffe sind für das Verzahnungsfräsen nicht verbreitet [BAUS12; KLOC05; MAIU09] und werden daher nicht näher beschrieben. WC-Co-Hartmetalle bestehen fast ausschließlich aus Wolframkarbid in einer Kobalt-Bindephase. Diese Schneidstoffe zeichnen sich durch eine hohe Härte bei gleichzeitig hoher Biegebruchfestigkeit aus. Die hohe Diffusionsneigung des Wolframkarbids ist jedoch für die Bearbeitung weicher Stahlwerkstoffe nachteilig. Aufgrund dieser Eigenschaften werden diese Schneidstoffe nach DIN ISO 513 [DIN05] der Hauptanwendungsgruppe K (Gusseisen) zugeordnet. Hartmetalle werden nach dieser Norm in Korngrößen ≥ 1 µm und < 1 µm eingeteilt. WC-Co-Hartmetalle sind mit deutlich kleineren Korngrößen herstellbar. Die Klassen Fein- (0,8 -1,3 µm), Feinst- (0,5 -0,8 µm) und Ultrafeinkorn (0,2 -0,5 µm) haben sich daher für diese Schneidstoffe durchgesetzt. Mit geringerer Korngröße kann sowohl die Härte als auch die Biegefestigkeit der Hartmetalle gesteigert werden.

Durch das Zulegieren von Titankarbid, Tantalkarbid und Niobkarbid können die Hochtemperatureigenschaften der Hartmetalle verbessert werden. Diese WC-(Ti,Ta,Nb)C-Co-Hartmetalle haben eine höhere Warmfestigkeit, bessere Oxidationsbeständigkeit und eine geringere Diffusionsneigung als WC-Co-Hartmetalle. Diese Schneidstoffe werden der Hauptanwendungsgruppe P (Stahl) zugeordnet. [KLOC08]

Für das Wälzfräsen von Stahlwerkstoffen werden sowohl WC-Co-Hartmetalle als auch WC-(Ti,Ta,Nb)C-Co-Hartmetalle eingesetzt. Während die WC-Co-Hartmetalle aufgrund ihrer hohen Diffusionsneigung bei der Aufbereitung neu beschichtet werden müssen, können WC-(Ti,Ta,Nb)C-Co-Hartmetalle auch mit unbeschichteter Spanfläche eingesetzt werden. Der Einsatz von Werkzeugen mit unbeschichteten Spanflächen ist in der Serienfertigung von Verzahnungen heute unüblich. [KLOC08]

Die Auswahl des Schneidstoffs hat direkte Wechselwirkungen mit dem Verschleißverhalten der Werkzeuge sowie mit den möglichen Prozessparametern. Hartmetall erlaubt aufgrund der höheren Warmfestigkeit höhere Schnittgeschwindigkeiten als HSS. Gleichzeitig wird jedoch, besonders bei harten Sorten, die Spanungsdicke beim Fräsen geringer gewählt, um Ausbrüchen und Rissen entgegenzuwirken. Aus der detaillierten Betrachtung des Werkzeugverschleißes können Rückschlüsse auf Möglichkeiten gezogen werden, wirtschaftliche Potenziale durch eine gezielte Schneidstoffauswahl zu heben.

2.2.2 Beschichtungen

Coatings

Um die Verschleißbeständigkeit zu steigern, können Zerspanwerkzeuge mit Hartstoffen beschichtet werden. Diese Beschichtungen unterbinden den direkten Kontakt zwischen Schneidstoff und Werkstoff und schützen den Schneidstoff so vor Abrasion, Adhäsion, Diffusion und Oxidation [KLOC08]. Beschichtungen werden nach ihrer Bindungsart in kovalente, ionische und metallische Hartstoffe aufgeteilt [BOBZ08]. Für das Wälzfräsen werden vorrangig Hartstoffe mit metallischer Bindungen verwendet. Diese zeichnen sich besonders durch eine gute Haftung am Substrat aus [BOBZ08]. Eine Übersicht über die Eigenschaften der für das Wälzfräsen eingesetzten Beschichtungen ist in **Bild 2.5** oben dargestellt.

Hartstoffe	TiN	Ti(C,N)	(Ti,Al)N	(Al,Cr)N
Mikrohärte [HV0,05]	2300 - 2700	2800 - 3000	3300 - 3600	3200
Reibwert μ	0,4	0,4	0,3 - 0,4	0,35
Eigenspannung [N/mm²]	-2500	-4000	-1400	-3000
Wärmeleitfähigkeit [W/mK]	70	100	50	k.A.
Oxidationsbeständigkeit [°C]	450 - 600	350 - 400	750 - 900	1100

Quelle: Balzers, CemeCon

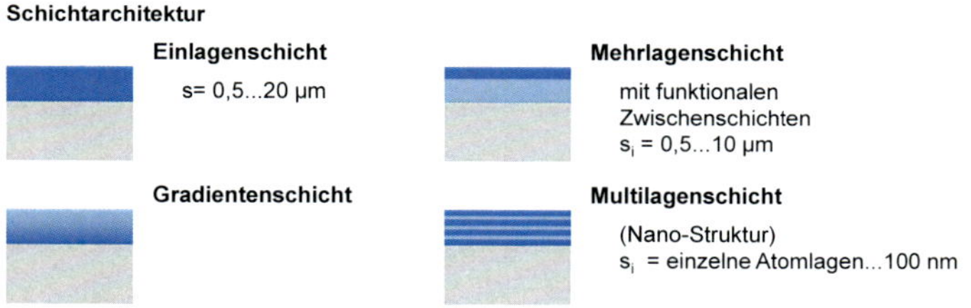

Bild 2.5: Hartstoffschichten zum Wälzfräsen [KLEI03; SCHA11]

Hard Coatings for Gear Hobbing

Die Schneidstoffe auf (Ti,Al)N-Basis und (Al,Cr)N-Basis haben sich für das Verzahnungsfräsen durchgesetzt. Durch die hohe Mikrohärte sind diese Schichten besonders verschleißresistent. Die Oxidationsbeständigkeit bis hin zu 900°C bzw. 1100°C erlaubt zusätzlich den Einsatz dieser Schichten in Prozessen ohne Kühlschmiermitteleinsatz bei hohen Zerspanleistungen.

Beschichtungen können auf Basis von chemischen und physikalischen Mechanismen auf den Substraten abgeschieden werden. Die Beschichtungsverfahren werden nach diesen Mechanismen in die CVD-Verfahren (engl.: Chemical Vapor Deposition) und die PVD-Verfahren (engl.: Physical Vapor Deposition) unterteilt.

CVD-Verfahren werden bereits seit dem Ende der 1960er Jahren für die Beschichtung von Hartmetallwerkzeugen eingesetzt [VAND92]. Die Verfahren beruhen auf einer chemischen Reaktion auf der Oberfläche des Substrats, durch die Hartstoffe aus der Gasphase abgeschieden werden [VAND92]. Die konventionellen Hochtemperatur-CVD-Prozesse werden bei 900-1000 °C durchgeführt [KLOC08]. Da diese Temperaturen bei Schnellarbeitsstahl zu einer Entfestigung führen, können diese Verfahren für die Beschichtung dieser Schneidstoffe nicht eingesetzt werden. Auch bei der Beschichtung von Hartmetall kommt es bei Temperaturen von über 800 °C zu Gefügeumwandlungen, die eine Versprödung der Substrat-Randschicht bewirken [KLEI03; KLOC08]. Weiterhin kann es durch die hohen Temperaturen im Beschichtungsprozess zu einem Abbau der Druckeigenspannungen in der Kobalt-Bindephase kommen [SCHE88]. Mit den Einsatz von Acetonitril kann die Temperatur (Mitteltemperatur-CVD) im Prozess auf 700-900 °C reduziert werden. Durch eine Zuführung von gepulstem Plasma (Plasmaaktiviertes-CVD) kann eine Abscheidung bei Temperaturen von 450-650 °C erreicht werden [KLOC08; VAND92].

Die Einführung der PVD-Beschichtungsverfahren im Jahr 1980 [BOBZ08] hat den Einsatz von Hartstoffschichten auch für HSS-Werkzeuge ermöglicht. Sie basieren auf einer Abscheidung von Atomen oder Molekülen auf dem Substrat. Diese Verfahren werden bei Unterdruck und Temperaturen zwischen 160 °C und 600 °C durchgeführt. Die PVD-Verfahren werden nach der Art der Erzeugung des Metalldampfes in Verfahren mit thermischem Verdampfen, mit Lichtbogenverdampfung (Arc-PVD) oder Kathodenzerstäubung (Sputtern) eingeteilt. Beim thermischen Verdampfen wird der Schichtwerkstoff durch eine Widerstandsheizung oder einen Elektronenstrahl in die Gasphase überführt. Alternativ kann der Schichtwerkstoff durch einen Lichtbogen verdampft werden. Hierbei kann es zur Bildung von größeren Partikeln von Beschichtungsmaterial (Dropplets) kommen. Dropplets haften schlecht am Substrat und können zu Löchern in der Schicht führen, sodass die Beschichtung keinen Schutz vor Oxidation bietet [REIC92b]. Bei Verfahren mit Kathodenzerstäubung (Sputtern) wird der Werkstoff durch Beschuss mit hochenergetischen Ionen zerstäubt. Diese Verfahren benötigen ein Inertgas, das durch eine Hochspannung ionisiert wird.

Unabhängig vom Verfahren zur Metalldampferzeugung kann durch Anlegen einer Biasspannung an die Substrate ionisierter Metalldampf zum Substrat hin beschleunigt werden. Diese Verfahren werden als Ionenplattieren bezeichnet [KLOC08; REIC92a]. Durch die angelegte Biasspannung und durch die Temperatur kann die Härte der abgeschiedenen Schicht beeinflusst werden. Gleichzeitig besteht jedoch ein nahezu linearer Zusammenhang zwischen Druckeigenspannungen in der Schicht und der Schichthärte [FRIE02]. Die hohen Druckeigenspannungen in PVD-Beschichtungen können bei zu hohen Schichtdicken zu einem Abplatzen der Beschichtung führen und begrenzen somit die als Einlagenschicht abscheidbare Schichtdicke [REIC92b]. Im Gegensatz zu CVD-Verfahren können mit PVD-Verfahren auch Beschichtungen abgeschieden werden, die kein chemisches Gleichgewicht aufweisen. Die Anzahl möglicher Schichtzusammensetzungen ist somit höher. Der Aufwand der Substratvorbereitung und Chargierung ist jedoch gegenüber CVD-Prozessen gesteigert. Da PVD-Prozesse auf einer geradlinigen Bewegung des Beschichtungsmaterials basieren (Sichtlinienprinzip), kann es zu Abschattungseffekten im Prozess kommen. Aus diesem Grund werden die Substrate in der Beschichtungskammer rotierend chargiert. Weiterhin ist für eine gute Schichthaftung ein hoher Reinheitsgrad der Oberfläche in diesen Prozessen notwendig.

Neben Einlagenschichten können in CVD- und PVD-Prozessen auch Mehrlagenschichten oder Schichten mit einem Konzentrationsgradienten hergestellt werden. Durch Mehrlagenschichten kann die Duktilität dicker Schichten verbessert werden. Weiterhin kann durch Mehrlagen- oder Gradientenschichten eine gute Anbindung an das Substrat mit guten mechanischen Eigenschaften der Schicht an der Oberfläche kombiniert werden.

Bei der Wiederaufbereitung verschlissener Werkzeuge wird die Beschichtung in der Regel durch chemische oder elektorchemische Prozesse von der Werkzeugoberfläche entfernt. Hierbei muss die Beschichtung vollständig entfernt werden, ohne das darunter liegende Schneidstoff-Substrat übermäßig zu schädigen. Die Prozessführung und die Wahl der Entschichtungsmittel ist von der Beschichtung und dem Schneidstoff abhängig. Blockwälzfräser werden meist wiederaufbereitet. Bei der Auswahl der Beschichtung muss daher auch das Entschichten berücksichtigt werden. Hartmetall wird für das Fräsen von Großverzahnungen in Wendeschneidplatten-Werkzeugen eingesetzt. Da Wendeschneidplatten keine Wiederaufbereitung durchlaufen und eine höhere Beständigkeit gegen hohe Temperaturen im Beschichtungsprozess aufweisen, ist die Auswahl möglicher Beschichtungen für Hartmetall größer.

2.2.3 Werkzeugkonzepte für das Wälzfräsen

Gear Hobbing Tools

Zum Fräsen von Verzahnungen werden sowohl Blockwerkzeuge als auch mehrteilige Werkzeuge eingesetzt [ABLE03; BAUS12; NN76]. Die einfachste Bauform des Wälzfräsers ist der Blockwälzfräser. Diese Fräser werden aus einem Stück Schneidstoff hergestellt und entweder als Bohrungsfräser oder Schaftfräser ausgeführt. Während Bohrungsfräser über Fräserwellen in der Maschine montiert werden, verfügen Schaftfräser über maschinenspezifische Anschlussstellen und können direkt in einer Maschine aufgenommen werden.

Die Form eines Blockwälzfräsers und einige Beschreibungsgrößen sind in **Bild 2.6** dargestellt (vgl. Kapitel 2.1.1). Die Schneiden des Wälzfräsers werden in Umfangsrichtung des Werkzeugs entsprechend einer archimedischen Spirale hinterarbeitet [NN76; WOLF04]. Hieraus resultieren zum einen der zur Zerspanung notwendige Freiwinkel (α) und zum anderen ein konstantes Profil des Werkzeugs über dem Umfang. Dies ermöglicht einen spanflächenseitigen Nachschliff der Werkzeuge bei konstantem Bezugsprofil. Die Anzahl der möglichen Nachschliffe wird durch den jeweiligen Nachschliffbetrag und die nutzbare Stollenstärke bestimmt.

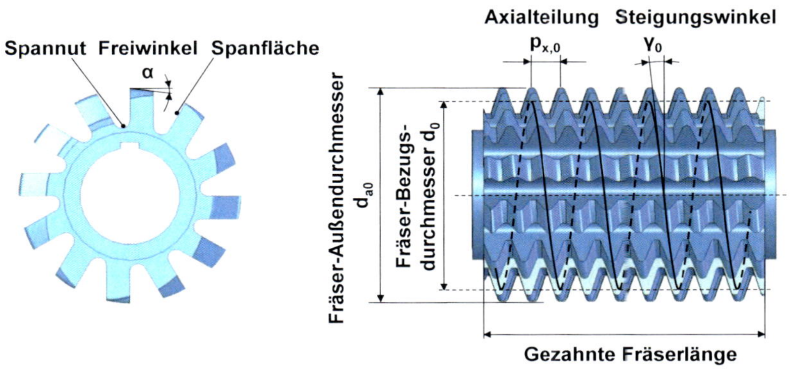

Bild 2.6: Geometrische Größen am Blockwälzfräser

Geometry of Solid Gear Hobs

Im Wälzfräsprozess wird die meiste Zerspanarbeit vom Kopfbereich der Schneiden geleistet. [WINK05] Um die Belastungen gleichmäßiger zu verteilen, können Werkzeuge mit unterschiedlichen Profilen an verschiedenen Zähnen eingesetzt werden. Eine solche Sonderform der Blockwälzfräser ist der Räumzahnwälzfräser (vgl. **Bild 2.7**). Bei diesem Werkzeugkonzept wird der erste Zahn eines Schneidenkollektivs voll ausgeführt. Diesem Zahn folgen ein oder mehrere Räumzähne, die nur Teile des Profils bearbeiten [NN76]. Da die kürzeren Zähne weniger tiefe Spannuten benötigen, kann die Anzahl der Kopfschneiden auf dem Werkzeugumfang erhöht werden. Räumzahnwerkzeuge werden vorrangig zum Fräsen von Verzahnungen mit einem Modul von $m_n > 5$ mm eingesetzt. Die unterschiedlichen Zahnprofile in dieser Bauform werden teilweise mit Spanbrechernuten im Kopfbereich der Zähne versehen. Diese werden an den Zähnen in unterschiedlichen Positionen vorgesehen, um möglichst keine Spuren am Bauteil zu hinterlassen. Spanbrechernuten sollen Späne, die über einem großen Bereich des Werkzeugprofils gebildet werden, in einzelne Segmente unterteilen, die besser in der Spannut abgeführt werden können.

Bild 2.7: Wälzfräser-Bauarten

Types of Gear Hobs

Neben den Blockwerkzeugen werden auch mehrteilige Werkzeugkonzepte verwendet. Diese Werkzeugkonzepte bestehen aus einem Grundkörper und Schneiden, die auf dem Grundkörper befestigt werden. Der Grundkörper kann hierbei jeweils neu bestückt werden und aus günstigeren Werkstoffen hergestellt werden als die Schneiden. Erste Konzepte dieser Bauarten waren der Kippstollenfräser und der Messerschienenfräser. In beiden Werkzeugtypen werden die Schneidenreihen in einem Grundkörper eingespannt. Sie unterscheiden sich in ihrer Herstellung. Die Stollen des Kippstollenfräsers werden in einer von der Position im Werkzeug abweichenden Lage geschliffen, sodass sich eine zylindrische Schraubenform ergibt. So kann der Schleifprozess einfacher und mit größeren Werkzeugdurchmessern ausgeführt werden. Diese Methode ermöglicht eine große nutzbare Stollenstärke und somit eine große Anzahl von Nachschliffen sowie eine Umsetzung großer Freiwinkel [ABLE03]. Durch die Montage der Stollen auf den endgültigen Grundkörper kann es zu geometrischen Abweichungen kommen. Messerschienenfräser werden im montierten Zustand geschliffen. Hierzu wird der gleiche Prozess eingesetzt wie bei Blockwerkzeugen. Die Grundkörper dieser Werkzeuge verfügen über Stützzähne, die eine Stabilität der Schneiden auch bei geringen Schneidstoffstärken gewährleisten [KLIN60; NN76].

Ein weiteres Werkzeugkonzept stellen Fräser mit aufgelöteten Schneiden dar. Diese Werkzeuge werden ähnlich dem Messerschienenfräser im gelöteten Zustand geschliffen. Dieses Werkzeugkonzept wird heute in erster Linie zur Hartbearbeitung großmoduliger Verzahnungen durch Schälwälzfräsen verwendet. Die Aufbereitung verschlissener Werkzeuge geschieht bei den beschriebenen Konzepten durch Nachschliff der Spanflächen im montierten Zustand. Wälzfräser meist nach dem Schleifen wiederbeschichtet. [BAUS12]

Neben den bereits vorgestellten Werkzeugkonzepten gewinnen Werkzeugkonzepte auf Basis von Hartmetall-Wendeschneidplatten für das Fräsen von großmoduligen Verzahnungen an Bedeutung. Diese Werkzeuge bestehen aus einem Grundkörper mit Plattensitzen, in die Wendeschneidplatten eingesetzt werden. Erste Werkzeuge dieser Bauart wurden bereits zu Beginn der 1980er Jahre entwickelt [FETT84]. Im Gegensatz zu den bereits beschriebenen Konzepten geschieht die Aufbereitung bei diesen Werkzeugen durch Wenden oder Wechseln der eingesetzten Schneidplatten. Verschlissene Schneiden werden hierbei nicht aufbereitet. Die Verschleißmarkenbreite wirkt sich nicht auf die Anzahl möglicher Aufbereitungen aus und bei der Auswahl von Schneidstoff und Beschichtung muss die Entschichtbarkeit nicht berücksichtigt werden. Die Schneidplatten in diesen Werkzeugen können in aktuellen Werkzeugkonzepten bis zu achtmal gewendet werden. Dies hängt jedoch mit der Auslegung des Werkzeuggrundkörpers zusammen. Die einfachste mehrfach wendbare Platte ist quaderförmig. Diese Gestaltung bewirkt einen Keilwinkel der Schneide von $\beta = 90°$. Da ein Freiwinkel für die Bearbeitung notwendig ist, muss bei diesen Werkzeugen ein negativer Spanwinkel eingestellt werden. Die Reduktion des Keilwinkels kann entweder durch einen angepassten Schliff der Spanflächen oder den

Einsatz von rhombischen Platten mit einer reduzierten Schneidenanzahl erfolgen. Diese Maßnahmen erhöhen die Kosten der einzelnen Schneide.

Der Plattenwechsel geschieht, im Gegensatz zur Aufbereitung von Blockwerkzeugen, vollständig beim Anwender. Dieser Plattenwechsel kann für große Wälzfräswerkzeugen mehrere Stunden in Anspruch nehmen. Neben der Möglichkeit einzelne Schneidplatten auszutauschen, wird bei diesen Werkzeugsystemen eine Segmentierung des Grundkörpers vorgenommen, die einen Austausch beschädigter Bereiche ermöglicht.

Ein großer Vorteil dieser Werkzeugsysteme ist die Möglichkeit, Hartmetalle auch bei großen Werkzeugdurchmessern einzusetzen. Durch die höhere Härte und Warmfestigkeit gegenüber HSS-Schneidstoffen kann die Schnittgeschwindigkeit beim Fräsen von Großverzahnungen zu erhöht und die Produktivität gesteigert werden. Im Gegensatz zu HSS-Wälzfräsern werden Wendeschneidplatten-Wälzfräser für das Großverzahnungsfräsen auch ohne Einsatz von Kühlschmiermitteln verwendet.

Das Wendeschneidplattenkonzept verfügt über eine große Anzahl von Freiheitsgraden der Gestaltung. Das Bezugsprofil kann entweder in einer Vollprofilplatte dargestellt werden oder beliebig auf verschiedene Platten verteilt werden. Hierbei werden in der Regel mit steigendem Modul mehr Platten je Schneidenkollektiv verwendet. Häufig wird das Profil entlang seiner Mitte aufgeteilt, wobei die Plattenprofile in der Kopfmitte überlappen. Durch das geradflankige Bezugsprofil können die Schneidplatten teilweise für verschiedene Werkzeuge eingesetzt werden. Meist wird eine nicht ganzzahlige Anzahl Schneidenkollektive auf dem Umfang aufgebracht. Dies bewirkt analog zu spiralförmigen Spannuten bei Blockwälzfräsern, dass benachbarte Schneiden an unterschiedlichen Winkellagen auf dem Werkzeugumfang liegen. Diese Gestaltung verändert die dynamischen Eigenschaften im Prozess und kann die Zugänglichkeit der Schneidplatten verbessern. Weiterhin bestehen Freiheitsgrade bei der Gestaltung der Spanräume.

Neben den Vorteilen durch den Einsatz von Hartmetall haben Wendeschneidplattenwerkzeuge auch Nachteile. Aufgrund der hohen Kosten für die Werkzeuggrundkörper können diese Werkzeuge nur bei ausreichenden Stückzahlen wirtschaftlich eingesetzt werden. Die Genauigkeit dieser Werkzeuge wird durch die Fertigungstoleranzen der Schneidplatten und Plattensitze sowie durch den Platteneinbau negativ beeinflusst. Für die Vorbearbeitung von Großverzahnungen durch Wälzfräsen werden derzeit in erster Linie Räumzahnwälzfräser oder Wälzfräser mit Hartmetall-Wendeschneidplatten eingesetzt. Auch Vollprofil-Blockwerkzeuge werden zur Bearbeitung großmoduliger Verzahnungen verwendet. [KLOC10b] Für vergleichbare Bauteile werden je nach Anwender und äußeren Gegebenheiten verschiedene Werkzeugkonzepte eingesetzt. Dies deutet darauf hin, dass eine Auswahl der Werkzeuge mit dem derzeitigen Wissenstand nicht eindeutig ist.

2.2.4 Werkzeugkonzepte für das Profilfräsen

Tools for Form Milling

Während das Profilfräsen für die Bearbeitung kleinerer Verzahnungen eine geringe Relevanz hat, ist dieses Verfahren für die Fertigung von Großverzahnungen etabliert. Ebenso wie für das Wälzfräsen werden zum Profilfräsen verschiedene Werkzeugkonzepte verwendet. Das Profilfräsen mit Fingerfräsern wird aufgrund seiner geringen wirtschaftlichen Relevanz für das Fräsen von großmoduligen Stirnrädern in dieser Arbeit nicht weiter betrachtet.

Das Profil der Profilfräser muss spezifisch für die gefräste Zahnlückengeometrie ausgelegt werden. Dies führt dazu, dass für Verzahnungsgeometrie ein spezielles Werkzeug benötigt wird. Änderungen des Bezugsprofils, der Zähnezahl, des Schrägungswinkels und der Profilverschiebung der Verzahnung müssen bei der Auslegung des Werkzeugs berücksichtigt werden. Inwieweit diese Werkzeuge auch für abweichende Lückengeometrien eingesetzt werden können, ist von der geforderten Bauteilqualität abhängig.

Scheibenfräser können, ähnlich Wälzfräsern, aus einem Stück hergestellt oder als mehrteilige Werkzeuge ausgeführt werden. Einteilige Profilfräser werden für die Fertigung von Großverzahnungen heute nur selten eingesetzt. Die Schneiden dieser Werkzeuge sind, vergleichbar mit einem Blockwälzfräser, durch Spanräume getrennt und zur Herstellung eines Freiwinkels hinterschliffen oder hinterdreht. So können auch diese Werkzeuge durch einen Nachschliff der Spanfläche aufbereitet werden.

Die Vorteile von Hartmetallen gegenüber HSS-Schneidstoffen haben beim Profilfräsen von Großverzahnungen zu einer Dominanz mehrteiliger Werkzeuge geführt. Erste Formen des mehrteiligen Zahnformfräsers verfügen über geklemmte Schneidplatten, die zur Aufbereitung in der gewünschten Profilform nachgeschliffen werden können. Diese Fräserkonzepte werden meist mit unbeschichteten Schneiden verwendet. Die aktuellen Werkzeuge für das Profilfräsen beruhen fast ausschließlich auf Hartmetall-Wendeschneidplatten.

Die Flanken des Profilfräsers sind entsprechend der evolventischen Zahnlücke geformt. Eine genaue Abbildung dieser Form ist mit geradflankigen Standardplatten nicht möglich. Für Fräsprozesse mit geringen Anforderungen an die Profilqualität werden facettierte Werkzeuge eingesetzt. Das Profil wird bei diesen Werkzeugen durch geradflankige Standardplatten angenähert. Dieser Aufbau ermöglicht den Einsatz kostengünstiger Schneidplatten und führt zu schmaleren Spänen. Diese Späne bieten weniger Widerstand gegen das Aufrollen im Werkzeug als breitere Mehrflankenspäne. Die Formabweichungen der Werkstückflanke können durch die Anzahl der an der Flanke eingesetzten Schneidplatten beeinflusst werden. Bei höheren Anforderungen an die Profilgenauigkeit werden Wendeschneidplatten mit Formschliff verwendet. Diese Platten werden speziell für den jeweiligen Anwendungsfall hergestellt. Aufgrund der geringen Anzahl dieser Platten werden die Profile in indirekter Formgebung hergestellt und nicht bereits beim Pressen der Hartmetallrohlinge eingebracht. Die Profile werden auch bei diesen Werkzeugen häufig in der Mitte des Zahnkopfs getrennt. Die profilierten Platten bilden hierbei eine der Zahnflanken und teilweise auch eine Hälfte des Zahnkopfs ab.

Die Aufteilung der Platten variiert je nach Hersteller und Einsatz der Fräswerkzeuge. Häufig werden im Kopfbereich des Profils mehr Schneiden eingesetzt als an den Flanken, um die höhere erforderliche Zerspanleistung in diesem Bereich zu gewährleisten. Zur Steigerung der Leistungsfähigkeit des Profilfräsens können mehrere Profilfräswerkzeuge gleichzeitig eingesetzt werden, die parallel mehrere Zahnlücken herstellen.

Das Profilfräsen mit Scheibenfräsern stellt neben den verschiedenen Wälzfräser-Bauformen eine vierte Werkzeug-Alternative für die Bearbeitung von großmoduligen Verzahnungen dar. Das Profilfräsen wird eher bei vergleichsweise kleinen Zähnezahlen der Werkstücke bis hin zu ca. 40 Zähnen eingesetzt. Durch die Teilbewegungen kann das Profilfräsen bei größeren Zähnezahlen unwirtschaftlich werden. [WINK10a] Die Auswahl des geeigneten Fertigungsverfahrens ist, ähnlich der Auswahl des Werkzeugkonzepts, für das Wälzfräsen nicht eindeutig.

2.3 Werkzeugverschleiß

Wear of Cutting Tools

Das Einsatzverhalten von Zerspanwerkzeugen wird in erster Linie durch ihr Standvermögen beschrieben. Das „Standvermögen ist die Fähigkeit eines Wirkpaares (Werkzeug und Werkstück), einen bestimmten Zerspanvorgang durchzustehen.“ [DIN81] Es wird durch „Zeiten, Wege oder Mengen, die bis zum Erreichen eines Standkriteriums unter gewählten Bedingungen spanend erzielt werden“ [DIN81], die Standgrößen, quantifiziert. In der Praxis erreichen Zerspanwerkzeuge in der Regel durch Verschleiß ihr Einsatzende [KLOC08].

2.3.1 Verschleißmechanismen

Wear Mechanisms

Der Schneidteil unterliegt im Zerspanvorgang einem komplexen Belastungskollektiv aus mechanischer, thermischer und chemischer Beanspruchung [DENK11]. Diese Beanspruchungen führen zu Verschleiß, einem fortschreitenden Materialverlust, an der Oberfläche des Werkzeugs [KLOC08]. Der Verschleiß am Schneidwerkzeug kann, abhängig von der Schnitttemperatur, auf die Beschädigung der Schneidkanten infolge mechanischer und thermischer Überbeanspruchung, Abrasion, Adhäsion und den tribochemischen Verschleiß zurückgeführt werden (vgl. **Bild 2.8**) [DEGN09; DENK11; KLOC08; STEP06]. Der tribochemische Verschleiß umfasst die Mechanismen Diffusion und Oxidation. Die Verschleißmechanismen überlagern sich und sind daher nicht eindeutig voneinander zu trennen [DENK11; KLOC08, SPUR79; VIER70].

Bei der heute beinahe ausschließlichen Verwendung beschichteter Werkzeuge sind die Haftung der Schicht auf dem Schneidstoff und die Festigkeit des Schneidstoffs von besonderer Bedeutung für den Werkzeugverschleiß. Werden diese überschritten, löst sich die Schicht vom Werkzeug die schützende Wirkung der Schicht geht verloren. [BOUZ12; BOUZ13]

Durch eine thermische oder mechanische Überbeanspruchung kann es an Zerspanwerkzeugen zu Beschädigungen in Form von Ausbrüchen, Rissen oder plastischer Verformung kommen. Ausbrüche können, besonders bei spröden Schneidstoffen, aufgrund einer Überlastung der Schneidkante auftreten. Dieser Effekt wird durch Schnittunterbrechungen begünstigt. Weiterhin können harte Einschlüsse im Werkstoff zu kleinen Ausbrüchen führen [KLOC08; SPUR79; VIER70]. Auch Späne, die nach dem Zerspanvorgang in den Eingriff geraten, können Ausbrüche verursachen [WINK05].

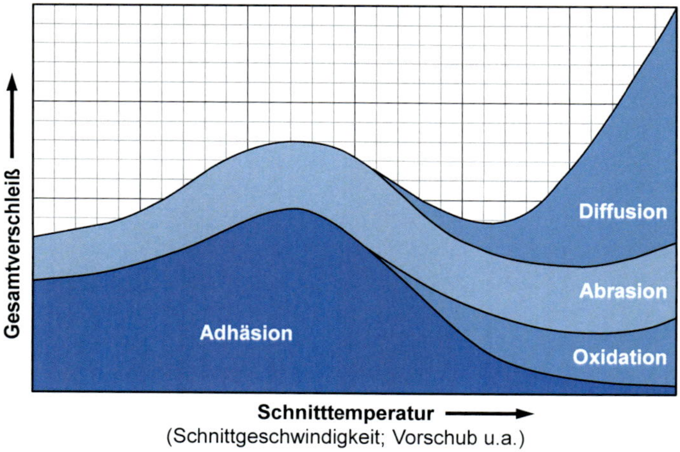

Bild 2.8: Verschleißarten bei der Zerspanung [KLOC08; SCHA11; VIER70]
Wear Mechanisms in Chip Formation

Risse am Schneidteil des Werkzeugs werden entsprechend ihrer Ausrichtung in Kammrisse und Querrisse unterteilt. *Kammrisse* resultieren aus einer thermischen Wechsellast an der Schneide, wie sie im unterbrochenen Schnitt vorliegt. Durch die hohen Temperaturen im Schnitt und die Abkühlung nach dem Austritt der Schneide kommt es abwechselnd zu Zug- und Druckspannungen in der Werkzeugoberfläche. Diese Spannungsänderungen führen zu Rissen, die senkrecht zur Schneidkante ausgerichtet sind. Die hohe Kühlwirkung von Kühlschmiermitteln verstärkt diesen Effekt. Neben Temperaturwechselrissen, die auf einer Ermüdung des Werkstoffs basieren, kann es bei einer starken Abkühlung zum Überschreiten der Schneidstofffestigkeit kommen [GERS98]. Die resultierenden Thermoschockrisse breiten sich deutlich schneller im Schneidstoff aus als Ermüdungsrisse. Bei einer mechanischen Wechselbelastung der Werkzeuge können *Querrisse* entstehen, die parallel zur

Schneidkante verlaufen. Kritische Wechselbelastungen können sowohl bei der Bearbeitung im unterbrochenen Schnitt als auch bei der Bildung von Lamellenspänen erreicht werden [KLOC08].

Plastische Verformung von Schneidwerkzeugen tritt dann auf, wenn der Verformungswiderstand des Schneidstoffs durch die thermomechanische Beanspruchung im Zerspanprozess überschritten wird. [KLOC08]

Abrasiver Verschleiß entsteht, wenn Rauheitsspitzen des Reibpartners oder harte Partikel in die Oberfläche des Schneidstoffs eindringen und tangential zu dieser bewegt werden. Harte Partikel an den Kontaktstellen von Span und Werkstück können bereits im Werkstoff in Form von Karbiden, Oxiden und Nitriden vorliegen. Weiterhin kann es sich um Tribooxidationsprodukte aus dem Zerspanprozess oder um Schneidstoffpartikel handeln, die durch den Verschleiß abgelöst wurden und am Werkstoff anhaften. Diese Verschleißform tritt über dem gesamten Temperaturbereich auf, nimmt jedoch mit steigender Schnitttemperatur zu [KLOC08; VIER70].

Adhäsiver Verschleiß ist ein Übergehen von Schneidstoffpartikeln auf den Span oder das Werkstück aufgrund von atomaren Bindungskräften. Dieser Effekt kann zum einen in Form von Kaltverschweißungen von Werkstoff an der Oberfläche des Werkzeugs auftreten, die im Folgenden abscheren. Zum anderen können Schneidstoffpartikel direkt mit dem Werkstoff verschweißen. Die Adhäsionsneigung wird durch die Kombination von Schneidstoff und Werkstoff sowie der Zerspantemperatur bestimmt. Mit steigender Schnitttemperatur erreicht diese Verschleißform ein Maximum durch Aufbauschneidenbildung und nimmt mit darüber hinaus steigender Temperatur ab. Verzahnungsfräsprozesse werden heute deutlich über dem für Aufbauschneidenbildung kritischen Temperaturbereich ausgelegt.

Der Begriff der *Tribochemischen Reaktion* umfasst sowohl die *Diffusion* als auch die *Oxidation*. Diffusion ist ein chemisch-physikalischer Prozess, bei dem einzelne Atome ihre Plätze wechseln [HORN67]. Dieser Effekt führt im Prozess sowohl zum Verlust von Teilchen aus der Schneide als auch zum Eintrag von Teilchen in die Schneide. Neben dem direkten Verlust an Schneidstoff kommt es zu Veränderungen der Zusammensetzung und zu veränderten Eigenschaften des Werkzeugs. Diffusion wird durch hohe Konzentrationsgefälle sowie durch hohe Temperaturen stark begünstigt.

Bei hohen Temperaturen kommt es bei Hartmetallwerkzeugen zu einer Reaktion mit Luftsauerstoff, der Oxidation oder Verzunderung [VIER70]. Dieser Effekt tritt verstärkt bei Hartmetallwerkzeugen auf Basis von Wolframkarbid auf, kann jedoch durch Hartstoffbeschichtungen nahezu vollständig unterbunden werden [KLOC08] (vgl. Kap. 2.2.2). Für HSS-Schneidstoffe ist Oxidationsverschleiß unbedeutend, da diese vor Erreichen der für die Oxidation notwendigen Temperatur deutlich an Festigkeit verlieren [DENK11; KLOC08; VIER70].

2.3.2 Verschleiß beschichteter Verzahnwerkzeuge

Wear of Coated Gear Cutting Tools

Verschleiß tritt an Zerspanwerkzeugen sowohl an der Spanfläche, an der die Schneide mit dem Span in Kontakt ist, als auch an der Freifläche, an der sie Kontakt zum Werkstück hat, auf. Der Verschleiß beruht in beiden Bereichen auf den in Kap. 2.3.1 beschriebenen Mechanismen. In **Bild 2.9** ist der Verschleiß an beschichteten Fräswerkzeugen dargestellt. Der größte und standzeitbestimmende Verschleiß tritt beim Wälzfräsen meist an der Rundung im Übergang vom Zahnkopf zur Zahnflanke auf. Diesen Effekt führt BOUZAKIS auf eine starke Beanspruchung zurück, die aus den unterschiedlichen Spanstauchungen an Kopf und Flanke des Werkzeugs resultiert [BOUZ81a]. Detaillierte Untersuchungen der Belastungen durch mehrflankige Spanbildung und deren Einfluss auf den Verschleiß von beschichteten Hartmetall-Werkzeugen führte HERZHOFF auf Basis von FE-Berechnungen durch [HERZ14].

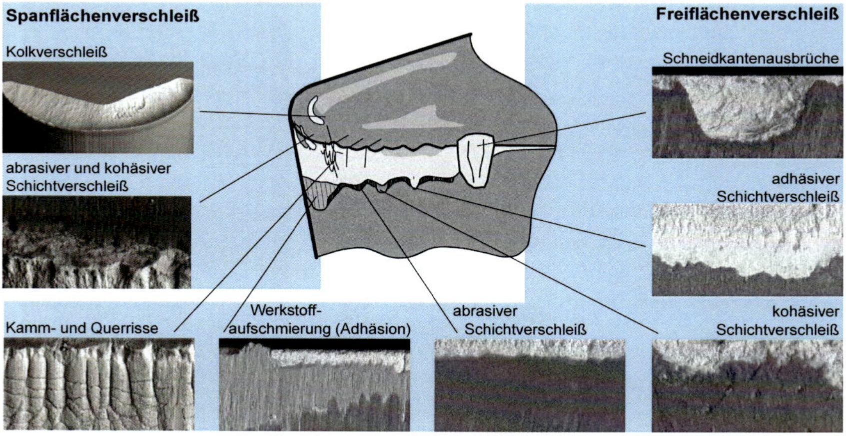

Bild 2.9: Verschleißformen an beschichteten Werkzeugen [KLEI03; SCHA11;WINK05]

Wear Patterns of Coated Cutting Tools

Die Hartstoff-Beschichtung verschleißt bei Vorverzahn-Werkzeugen in der Regel aufgrund von Abrasion oder Adhäsion. Adhäsiver Schichtverschleiß entsteht durch ein Überschreiten der Bindungskräfte im Übergang von Beschichtung und Schicht. Es kommt hierbei zur Ablösung von Teilen der Beschichtung [KLEI03; KLOC08; SCHA11; WINK05]. Der kohäsive Schichtverschleiß tritt bei Überschreiten der Bindungskräfte innerhalb der Schicht auf. Dies führt zu einer Trennung innerhalb der Schicht und einer Ablösung einzelner Lagen der Beschichtung.

An der Spanfläche der Werkzeuge kann ein muldenförmiger Verschleiß entstehen. Dieser Kolkverschleiß wird bei Hartmetallwerkzeugen in erster Linie auf Diffusionsvorgänge zurückgeführt. Beim Vorverzahnen mit beschichtetem Hartmetall tritt diese Verschleißform in der Regel nicht auf. Bei HSS-Schneidstoffen wird diese Verschleißform auf eine thermische Schädigung des Schneidstoffs unter der Beschichtung zurückgeführt. Diese führt zu einem Festigkeitsverlust des Schneidstoffs und einer mangelnden Stützwirkung für die Beschichtung. Dieser Effekt begünstigt die Entstehung von Kolkverschleiß. [KLOC04]

Für das Fräsen von Großverzahnungen werden verschiedene Schneidstoffe eingesetzt, die bei ähnlicher Beanspruchung unterschiedliche Verschleißformen aufweisen. Diese beruhen auf verschiedenen Mechanismen, da die Beanspruchbarkeit der Schneidstoffe sich, aufgrund unterschiedlicher chemisch-physikalischer Eigenschaften, unterscheidet. Für die betrachteten Prozesse sind daher separate Standzeitmodelle für die eingesetzten Schneidstoffe unter Berücksichtigung der Verschleißformen notwendig.

2.4 Modelle für Verzahnungsfräsprozesse

Models for Gear Machining Processes

Die Analyse von Verzahnungsfräsprozessen kann sowohl empirisch als auch analytisch erfolgen. Bei einem rein empirischen Vorgehen auf Basis von Experimenten ist jedoch die Übertragbarkeit der Ergebnisse sehr eingeschränkt. Dies gilt besonders für das Wälzfräsen, da die Zerspanbedingungen in diesem Prozess von einer Vielzahl unterschiedlicher Einflussfaktoren abhängen. Durch eine analytische Berechnung des Prozesses hingegen können charakteristische Größen für Zerspanprozesse bestimmt werden. Diese erlauben die Übertragbarkeit von Ergebnissen auf unterschiedliche Prozesse.

Im Folgenden werden unterschiedliche Modellprozesse vorgestellt, die für die Untersuchung des Wälzfräsens entwickelt wurden. Weiterhin werden Berechnungsmodelle für das Wälzfräsen sowie Methoden zur Modellierung des Wälzfräsprozesses auf Basis dieser Modelle vorgestellt.

Während das Wälzfräsen von Verzahnungen in verschiedenen Forschungsarbeiten untersucht wurde, bestehen für das Profilfräsen aufgrund der derzeitigen Beschränkung auf Kleinserien und Großverzahnungen nur wenige Untersuchungen.

2.4.1 Modellprozesse

Model Processes

Neben der Bearbeitung im untersuchten Verzahnungsfräsprozess können abstrahierte Modellprozesse zur Analyse des Verzahnungsfräsens eingesetzt werden. Diese bieten den Vorteil, dass die Kosten für Werkzeuge und Werkstücke in Verschleißuntersuchungen mit Vollwerkzeugen deutlich reduziert werden. Des Weiteren kann eine verbesserte messtechnische Zugänglichkeit der Werkzeugschneiden erreicht werden. Um einen direkten Abgleich mit theoretischen Modellen zu ermöglichen, kann die Anzahl möglicher Einflüsse auf das Prozessergebnis reduziert werden und vereinfachte Zerspanbedingungen können erreicht werden.

Für den Wälzfräsprozess wurden in vergangenen Arbeiten verschiedene Modellprozesse auf unterschiedlichen Abstraktionsniveaus entwickelt. Der erste Modellprozess für das Wälzfräsen von Verzahnungen wurde von ZIEGLER entwickelt [ZIEG67]. Zur Untersuchung der Hauptschnittkräfte beim Verzahnen nahm er die Zerspankräfte, der einzelnen Fräserschneiden voneinander getrennt auf. Hierzu verwendete er ein Einzahnlücken-Werkstück, an dem nur eine einzelne Zahnlücke abgebildet wird. Die kinematischen Bedingungen sowie das Zerspanwerkzeug konnten in diesem Versuchsaufbau konstant gehalten werden. Dieser Prozess wurde später von ABOOD zur Bestimmung von Zerspankräften beim Wälzfräsen verwendet [ABOO02a; ABOO02b].

HOFFMEISTER setzte für Versuche zum Werkzeugverschleiß von Wälzfräsern sowie zur Verifikation einer Rechenmethode das Schlagzahnfräsen ein [HOFF70]. In diesem Prozess wird ein einzelner Schlagzahn anstelle des ganzen Werkzeugs eingesetzt. Die Kopplung von Werkzeug- und Werkstückrotation entspricht der Wälzkopplung im realen Prozess. Der Schlagzahn taucht entsprechend der Gangzahl des abgebildeten Wälzfräsers nacheinander in die Lücken des Werkstücks ein. Gleichzeitig wird das Werkzeug entsprechend der Steigungsrichtung kontinuierlich entlang seiner Rotationsachse des Fräsers bewegt. Diese Shiftbewegung wird so ausgeführt, dass der Schlagzahn bei Wiedereintritt in die erste Lücke des Werkstücks genau um eine Wälzstellung axial versetzt ist. Der Arbeitsbereich des Fräsers wird in dieser Form vollständig durchlaufen. Im Anschluss wird das Werkzeug in seine Ausgangsposition zurückgeführt und um den Axialvorschub (f_a) entlang der Werkstückmittelachse verschoben. In dieser Form wird das vollständige Werkstück bearbeitet.

Dieser Prozess bildet die Spangeometrien und die Verschleißverteilung, die im Wälzfräsprozess auftreten, an einem Zahn ab [MUND92]. Die Belastung an diesem Zahn entspricht der Belastung eines Wälzfräsers, der geshiftet eingesetzt wird. Abweichungen treten lediglich wegen des diskontinuierlich ausgeführten Axialvorschubs und der Shiftbewegung auf. Diese Geschwindigkeitskomponenten sind bei der Untersuchung des Prozesses nicht relevant, da sie im Gegensatz zur Schnittgeschwindigkeit und der Wälzgeschwindigkeit vernachlässigbar klein sind (vgl. Kapitel 4.1.2).

Die im Schlagzahnprozess erzielten Standlängen sind größer als die Standlängen im Wälzfräsprozess. Dies wird von WINKEL [WINK05] auf Schwingungseinflüsse und weitere Störgrößen beim Wälzfräsen zurückgeführt. Des Weiteren ist die Wahrscheinlichkeit von Fehlern an den eingesetzten Schneiden, die zu einer Reduktion der Standlänge führen, am vollen Werkzeug deutlich höher. Diese Effekte berücksichtigt WINKEL durch Faktoren für die erzielten Standlängen [WINK05]. Der Schlagzahnprozess ist für die Untersuchung des Wälzfräsens etabliert und wurde in einer Vielzahl weiterer Arbeiten verwendet [BOUZ81a; BOUE08; HIPK11; JOPP77; KAUV87; KLEI03; KNOE96; KOBI01; MUND92; RECH06; ROOS83; SCHA11; STUC14; SULZ73; TOND78; VENO85; WEIG71; WINK05].

Eine abweichende Prozessführung im Schlagzahnversuch wurde von WEIGEL eingesetzt [WEIG71]. In diesen Untersuchungen wurde in einer Wälzstellung ein kontinuierlicher Axialvorschub ausgeführt und das Werkzeug im Anschluss in die nächste Wälzstellung bewegt. Die resultierenden Spanungsgeometrien weichen hierbei deutlicher vom Wälzfräsprozess ab als im konventionellen Schlagzahnprozess. Weiterhin nutzte WEIGEL einen Umfangsplanfräsprozess, um den Einfluss der Schnittbogenlänge auf die Aufbauschneidenbildung beobachten zu können. Zur Temperaturmessung im Prozess mit einer Thermokamera wurde der Axialschlagzahnprozess auch von HIPKE verwendet [HIPK11]. HERZHOFF [HERH03] setzte weiterhin zur Untersuchung des Verschleißverhaltens einen Profilfräser an quaderförmigen Werkstücken ein.

Eine weitere Abstraktion des Wälzfräsprozesses wurde von CLAUDIN [CLAU09] durchgeführt. In seinen Untersuchungen wurde eine vollständige Zahnreihe ungeshiftet als Werkzeug eingesetzt. In diesem Prozess wurde der Werkzeugverschleiß in verschiedenen Wälzstellungen untersucht. BOUZAKIS verwendete in seiner Arbeit [BOUZ81a] einen Wälzfräser mit einzelnen eingesetzten Zähnen, die eine Zugänglichkeit für Messungen ohne Anpassung des Prozesses ermöglichten.

Zur Untersuchung einzelner Belastungen an der Zahnflanke beim Schälwälzfräsen wurde von KAISER ein Drehfräsprozess verwendet [KAIS92]. In diesem Prozess wurde das Fräswerkzeug entsprechend dem Eingriffswinkel des untersuchten Werkzeugs angestellt. Dieser Prozess wurde so ausgelegt, dass die geometrisch-kinematischen Bedingungen beim Schälwälzfräsen an einem Punkt der Zahnflanke nachgebildet werden. Dieser Versuch wurde zur Analyse des Fertigwälzfräsens auch von SCHALASTER eingesetzt [KLOC11; SCHA11].

Zur Untersuchung grundsätzlicherer Wirkzusammenhänge werden auch Prozesse eingesetzt, die nicht in direktem Bezug zu einem speziellen Verzahnverfahren stehen. KAUVEN [KAUV87] führte Versuche an beschichteten HSS-Werkzeugen beim Umfangsfräsen im Orthogonalschnitt durch, die er später im Schlagzahnversuch fortsetzte. Auch KAISER [KAIS92] stellte den Versuchen im Drehfräsprozess Versuchen im Orthogonalschnitt voran. Er führte sowohl Versuche im Einstechdrehprozess als auch einen Umfangsfräsprozess durch. Weiterhin wurden zur Bestimmung von Zerspankraftmodellen, die im Folgenden auf das Wälzfräsen angewendet wurden, Untersuchungen im Längsdrehprozess durchgeführt. [BOUZ81a; GUTM88]

Ein weiterer Versuch, zur Untersuchung der Zerspanung im unterbrochenen Schnitt ist der Leistendrehtest nach VDI 3324 [VDI99]. Abwandlungen dieses Versuchs wurden von HERZHOFF [HERZ14] und von HARDJOSUWITO [HARD13] für Grundlagenuntersuchungen zur mehrflankigen Spanbildung im unterbrochenen Schnitt verwendet.

Der steigende Grad der Abstraktion hat in diesen Versuchen den Vorteil einer einfachen Isolation einzelner Einflüsse. Die Rückführung solcher Ergebnisse auf einen komplexen Fertigungsprozess erfordert hingegen theoretische Überlegungen und eine Verifikation der Ergebnisse. Ein geringerer Abstraktionsgrad erlaubt hingegen eine einfachere Übertragung auf den abgebildeten Prozess.

Wegen der großen Nähe zum nachgebildeten Wälzfräsprozess bietet sich der Schlagzahnprozess zur Bewertung geometrisch-kinematischer Einflüsse auf das

Verschleißverhalten von Wälzfräsern an. Die Übertragbarkeit auf das Wälzfräsen ist in verschiedenen Arbeiten nachgewiesen worden.

2.4.2 Modelle zur geometrischen Analyse der Prozesse

Models for the Geometrical Analysis of the Processes

Die Untersuchung von Zerspanprozessen kann empirisch durch eine Variation von Maschineneinstellgrößen durchgeführt werden. Die Ergebnisse solcher Untersuchungen sind jedoch nur auf einen Prozess beschränkt. Die Übertragung der Ergebnisse auf andere Prozesse oder eine detaillierte Ursachenanalyse auf Basis dieser Untersuchungen ist ohne weitere Untersuchungen nur eingeschränkt möglich. Besonders die große Anzahl von Einflussgrößen auf die Zerspanbedingungen beim Wälzfräsen macht eine Beschreibung der jeweiligen Zerspanbedingungen zur Übertragung von Ergebnissen notwendig. Bereits in den ersten Arbeiten zum Wälzfräsen wurden daher analytische Beschreibungen der Spanungsquerschnitte entwickelt. ZIEGLER ermittelte maximale Spanungsdicken und Spanungsquerschnitte im Wälzfräsprozess bei verschiedenen Fräserzähnen und unterschiedlichen Schneidwinkeln [ZIEG67]. Diese Geometrien wurden im Folgenden mit gemessenen Schnittkraftwerten in Zusammenhang gebracht und eine Formel für die Hauptschnittkraft basierend auf Prozesseinstellgrößen abgeleitet.

Weitere grundlegende Untersuchungen zur Spanungsgeometrie beim Wälzfräsen wurden von HOFFMEISTER durchgeführt [HOFF70]. In dieser Arbeit wurden basierend auf einer Betrachtung der Schnittbedingungen in der Zahnkopfmitte des Werkzeugs maximale Schnittbogenlängen und Spanungsdicken für die auftretenden Wälzstellungen berechnet. Da diese Berechnungen an Großrechnern durchgeführt werden mussten, entwickelte HOFFMEISTER auf Basis seiner Berechnungsergebnisse Näherungsformeln für verschiedene charakteristische Prozessgrößen. Diese umfassen eine Berechnung der maximalen Spanungsdicken und Schnittbogenlängen, der Gesamtschnittlänge über alle auftretenden Wälzstellungen sowie des Mittelwerts der maximalen Spanungsdicken. Die in dieser Arbeit entwickelte Formel für die maximale Spanungsdicke ist neben der Schnittgeschwindigkeit die Basis aktueller Prozessauslegungen in der industriellen Praxis. Diese Formeln basieren auf Berechnungen, die bis zu einem Modul von $m_n = 4$ mm durchgeführt wurden. Die Übertragung auf Großverzahnungen ist nicht zulässig. In der industriellen Praxis wird diese Berechnung trotzdem angewendet.

WEIGEL [WEIG71] entwickelte eine Rechenmethode, die auf der Bestimmung der Schnittpunkte des Fräserzahns mit einzelnen Stirnschnittebenen der Verzahnung beruht. Das Werkstück wurde hierbei ortsfest gehalten und alle Bewegungskomponenten auf das Werkzeug transformiert. Diese Methode ermöglichte unter anderem die Abbildung von Schrägverzahnungen. Dieser mathematisch geschlossene Berechnungsansatz hat sich aufgrund des hohen Rechenaufwands nicht durchgesetzt [SULZ73].

Ein erstes Rechenverfahren, das nicht auf einer mathematisch geschlossenen analytischen Lösung basierte, wurde von SULZER entwickelt [SULZ73]. Dieser Berechnungsansatz basiert auf einer Abbildung der Prozesskinematik durch Koordinatentransformationen. Er ermöglicht neben dem Wälzfräsen die Abbildung weiterer Fertigungsverfahren mit definierter Schneide. Die Berechnung der Spanungsgeometrien basiert auf der Durchdringung von Stirnschnittebenen. Dieses Verfahren wurde in nachfolgenden Arbeiten verwendet und weiterentwickelt [GUTM88; JOPP77; LUX97; MUND92; ROOS83; TOND78; VENO85]. Um die Anwendung der Berechnungsmethode auf die Bestimmung von Zerspankräften beim Wälzfräsen zu ermöglichen, entwickelte BOUZAKIS [BOUZ81a] die Methode weiter, sodass die Spanungsdicken auf der Spanfläche der Werkzeuge bestimmt werden konnten. Weiterhin erweiterte er das Programm um eine Berechnungsmethode für Zerspankräfte auf Basis des Ansatzes nach KIENZLE [KIEN54; KIEN57]. Diese Berechnung erweiterte er später um eine Finite-Elemente Berechnung zur Bestimmung der Vergleichsspannungen nach VON-MISES im Werkzeug [BOUZ88]. BOUZAKIS führte in den folgenden Jahren weitere Arbeiten auf Basis der Finite-Elemente-Methode durch [BOUZ93; BOUZ97; BOUZ02; BOUZ05; BOUZ08a].

Die Berechnungsmethode nach Sulzer wurde von WECK und WINTER weiterentwickelt [WECK02a; WECK02b; WECK03]. WINTER passte die Methode zur Bestimmung der Spanungsdicken an und steigerte die Berechnungsgenauigkeit. Weiterhin wertete er eine Vielzahl unterschiedlicher Kenngrößen für den Zerspanprozess aus. Neben den bisher beschriebenen Ansätzen zur Berechnung der Spanungsgeometrien beim Wälzfräsen wurden in den letzten Jahren auch Methoden vorgestellt, die auf bestehenden CAD-Systemen aufbauen [VASI07; NN14].

Um über die Formeln nach HOFFMEISTER [HOFF70] hinaus Spanungskenngrößen mit geringem Aufwand abschätzen zu können, wurden in den vergangenen Jahren Näherungsformeln erarbeitet, die Einflüsse verschiedener Eingangsparameter auf einzelne Spanungskenngrößen beim Wälzfräsen abbilden [BREC15; HIPK11]. Während die Arbeit von HIPKE [HIPK11] Verzahnungen bis zu einem Modul von $m_n = 4$ mm abbildet, entwickelten BRECHER [BREC15] eine Formel, die Verzahnungen bis zu einem Modul von $m_n = 30$ mm berücksichtigt. Beide Ansätze gehen von Ergebnissen der Durchdringungsrechnung als Basis aus und verwenden eine Regressionsanalyse zur Ermittlung der Näherungsfunktionen.

Da das Profilfräsen eine weniger komplexe Kinematik aufweist wurden für diesen Prozess bisher keine Berechnungsmethoden vorgestellt. Der von LUX entwickelte Ansatz zur Berechnung der prinzipiellen Spanungsgeometrien beim Wälzfräsen kann jedoch für erste Abschätzungen für das Profilfräsen verwendet werden. Dieser Ansatz basiert auf der Verschiebung zweier Kreisbögen und ist näherungsweise für die Zahnkopfmitte beim Profilfräsen gültig [LUX97].

2.4.3 Modelle zur Verschleißvorhersage

Models for Wear Prediction

Zur Auslegung von wirtschaftlichen Zerspanprozessen ist, neben der erreichten Hauptzeiten der Prozesse, die erreichte Werkzeugstandzeit von Bedeutung. Zur Vorhersage des Werkzeugverschleißes und Standzeit in Zerspanprozessen wurden verschiedene Modelle entwickelt.

Grundlage vieler heute eingesetzter Standzeitmodelle ist ein von TAYLOR in empirischen Versuchen ermittelter Zusammenhang zwischen der Schnittgeschwindigkeit und der Standzeit in Drehprozessen.

$$T_c = C \cdot v_c^{\ k} \tag{2.1}$$

Dieser Ansatz wurde um den Vorschub und die Zustellung erweitert [KLOC08].

$$T_c = C \cdot v_c^{\ k} \cdot f_Z^{\ k_{fz}} \cdot a_p^{\ k_a} \tag{2.2}$$

Diese Funktionen wurde von DAMMER für das Messerkopfstirnfräsen angepasst [DAMM82]. Hierbei wird die Standzeit als Eingangsgröße vorgegeben und die Schnittgeschwindigkeit berechnet, bei der ein vorgegebenes Verschleißverhalten erreicht wird.

$$v_c = v_s \cdot f_z^{\ E} \cdot a_p^{\ F} \cdot T_f^{\ G} \cdot VB^H \cdot \left(\frac{a_e}{d_{a0}}\right)^I \tag{2.3}$$

Die Kommaspäne in diesem Prozess können nicht über die Schnitttiefe und den Vorschub abgebildet werden. Aus diesem Grund wurde der Überdeckungsgrad (a_e/D) eingeführt, über den die Eingriffsbedingungen im Prozess berücksichtigt werden. Weitere Ansätze beruhen auf Polynomen zur Beschreibung des Verschleißfortschritts [KAMM77].

Neben diesen Modellen wurden in den vergangenen Jahren verschiedene Modelle zur Abbildung unterschiedlicher Verschleißformen formuliert. Einen Ansatz zur Kombination von Modellen zu unterschiedlichen Verschleißmechanismen in einer Datenbank formulierte SCHMIDT [SCHM09]. Er ermöglichte die Vorhersage des Verschleißes beim Drehen in einer Finite-Elemente-Zerspansimulation.

Aufgrund der komplexen Zusammenhänge zwischen den Prozesseingangsgrößen und den resultierenden Schnittbedingungen lassen sich die oben beschriebenen Formeln nur eingeschränkt für das Wälzfräsen einsetzen. Die bisherigen Arbeiten zur Verschleißmodellierung beim Wälzfräsen beruhen daher auf der Berechnung von Kennwerten für die Spanungsgeometrien [BOUZ88; HIPK11; MUND92; SCHA11]. Zur einfacheren Anwendung der Methoden werden häufig Approximationsformeln für bestimmte Kenngrößen entwickelt.

BOUZAKIS führte eine erste mathematische Modellierung des Verschleißes beim Wälzfräsen durch [BOUZ88]. Er entwickelte ein Programm mit dem Ziel, optimale Bearbeitungsdaten für das Wälzfräsen automatisch zu ermitteln. Hierzu verwendete er eine Durchdringungsrechnung, in der die Spanungsgeometrien beim Wälzfräsen berechnet werden. Der gemittelten Spanungsdicke an der Schneidenecke, der Schnittbogenlänge in diesem Bereich sowie der Anzahl Schneideneingriffe stellte er den Verschleiß einzelner Zähne beim Wälzfräsen ohne Shiften gegenüber. Den Verschleißanstieg bis zu einer Verschleißmarkenbreite von VB = 0,2 mm bildete er durch Geraden im doppelt logarithmischen Koordinatensystem dar. Darüber hinaus verwendete BOUZAKIS eine einfach logarithmische Darstellung. Weiterhin berücksichtigte er den Einfluss der Schnittgeschwindigkeit. Eine Überlastung der Schneidenecke durch mehrflankige Spanbildung wurde durch Parameter für vier unterschiedliche Spanklassen berücksichtigt. Die Einteilung in Klassen erfolgte auf Basis der Spanungsgeometrien.

Später stellte MUNDT ein weiteres System zur Standwegprognose auf [MUND92]. Hierzu passte er die Berechnungsmethode nach SULZER dahin gehend an, dass eine genauere Berechnung der Spanungsgeometrien, besonders an der Schneidenecken, möglich wurde. Weiterhin erweiterte er das System um eine automatische Auswertung der Größen Spanungsdicke, Schnittbogenlänge und bezogenes Spanvolumen. Er stellte im Folgenden Approximationsformeln für eine mittlere Spanungsdicke, die Schnittbogenlänge und die Anzahl Schneideneingriffe am Übergang von Zahnkopf zu Zahnflanke auf. Diese Werte nutzte MUNDT als Eingangsgrößen für ein Modell zur Standwegvorhersage basierend auf empirischen Untersuchungen im Schlagzahnprozess. Hierzu definierte er den Begriff „verzahnte Länge“ als

$$L = z_2 \cdot b, \tag{2.4}$$

der als Standgröße verwendet wurde.

Ein weiteres Modell zur Standzeitvorhersage entwickelte SCHALASTER für das Fertigwälzfräsen mit Hartmetall-Werkzeugen [SCHA11]. Er ermittelte im Modellversuch Drehfräsen Standlängen. Hierbei stellte er die Schnittbogenlänge und die Schnittgeschwindigkeit als dominante Einflussgrößen für den Werkzeugverschleiß heraus. Er bildete diese Einflüsse in der Formel

$$l_{cu,kum,0} = c_1 \cdot \left(\frac{l_{cu,\max}}{[mm]} \right)^{c_2} \cdot e^{c_3 \cdot v_c} \tag{2.5}$$

ab. Die Koeffizienten wurden durch eine Regressionsanalyse bestimmt. Um lokale Verschleißwerte bestimmen zu können, bestimmte SCHALASTER durch Mittelung der auf die Standlänge normierten Verschleißverläufe, einen theoretischen Verschleißverlauf. Diesen nutzte er zur Vorhersage theoretischer lokaler Standwege. Basierend auf dieser Vorhersage ermittelte er eine optimierte Aufmaßverteilung am Werkstück für einen gleichmäßigen Verschleiß der Werkzeugflanken.

Weitere Untersuchungen zum Fertigwälzfräsen von Verzahnungen wurden von SARI durchgeführt. Auf Basis der Ergebnisse weiterer Verschleißversuche verifizierte er das von SCHALASTER entwickelte Modell. Da diese Methode die Ergebnisse einer Durchdringungsrechnung erfordern, stellte er im Folgenden ein Modell der Form

$$L_M = a \cdot VB_{max}^{\ \ b} \cdot e^{c \cdot v_{c2}} \tag{2.6}$$

auf. Dieses Modell erlaubt die Ermittlung der erwarteten Standzeit (L_M) eines Werkzeugs auf Basis der Schnittgeschwindigkeit im Schlichtschnitt (v_{c2}) und der maximalen zulässigen Verschleißmarkenbreite. SARI entwickelte für die Schneidstoffe Hartmetall, PM-HSS, Cermet und PCBN unterschiedliche Konstanten. [SARI16]

Ein weiteres Vorhersagemodell für den Standweg beim Wälzfräsen mit PM-HSS stellte HIPKE vor [HIPK11]. Er nutzte einen Ansatz ähnlich dem von TAYLOR mit den Eingangsgrößen mittlere Spanungsdicke, Schnittbogenlänge und Anzahl Schneideneingriffe, die er entweder mit Näherungsformeln oder Berechnungen nach WINTER bestimmte. Diese Formel passte er empirischen Ergebnissen aus dem Schlagzahnversuch an.

HERZHOFF erstellte ein Modell, in dem er den Einfluss der mehrflankigen Spanbildung abbildete [HERZ14]. Hierzu ermittelte er in einer 3D-FE-Simulation mechanische und thermische Kennwerte. Diese stellte er in einer Regressionsanalyse dem Verschleiß von beschichteten Hartmetallschneiden beim Drehen im unterbrochenen Schnitt gegenüber.

Ein Modell für den Verschleiß beim Kegelradfräsen stellte HARDJOSUWITO auf [HARD13]. Er untersuchte den Verschleiß an beschichteten Hartmetallschneiden im Einflankenschnitt. Als Eingangsgrößen variierte er neben der Spanungsdicke und der Schnittgeschwindigkeit auch die kinematischen Winkel im Prozess. In einem Regressionsmodell bildete er den Verschleiß an den Schneidenecken durch eine Verschleißkenngröße (K_G) ab. Diese wird durch Änderungen des Wirkspanwinkels, des Wirkfreiwinkels sowie der Spanungsdicke beeinflusst.

$$K_G = l_{cu,ges} \cdot \frac{\Delta\alpha_{ne}}{\Delta l_s} \cdot \frac{\Delta\gamma_{ne}}{\Delta l_s} \cdot \frac{\Delta h_{cu,mit}}{\Delta l_s} \tag{2.7}$$

Bisher wurde das Verschleißverhalten beim Profilfräsen von Verzahnungen nicht wissenschaftlich untersucht. Aufgrund der weniger komplexen Spanbildung können Modelle für das Wälzfräsen, die auf einer Bestimmung lokaler Zerspanbedingungen basieren, übertragen werden. Die Gültigkeit für diese Anwendung wurde bisher nicht nachgewiesen.

2.5 Fazit

Conclusion

Für das Verzahnen von Großverzahnungen werden die Prozesse Wälzfräsen und Profilfräsen eingesetzt. Die unterschiedliche Prozesskinematik führt zu unterschiedlichen geometrisch-kinematischen Bedingungen an der Schneide, die eine Vergleichbarkeit der Prozesse erschweren. Für das Wälzfräsen von Großverzahnungen werden verschiedene Werkzeugkonzepte eingesetzt. Blockwerkzeuge aus Schnellarbeitsstahl werden als Vollprofil-Wälzfräser oder als Räumzahn-Wälzfräser ausgelegt. Neben Blockwerkzeugen werden zunehmend mit Wendeschneidplatten bestückte

Wälzfräser eingesetzt. Diese Bauform erlaubt den Einsatz von Hartmetall-Schneidstoffen für die Großverzahnungsfertigung. Durch die höhere Warmfestigkeit können diese Werkzeuge auch bei höheren Temperaturen eingesetzt werden. Die reduzierte Duktilität geht jedoch mit einem Verlust an Belastbarkeit gegenüber mechanischen und thermischen Wechsellasten einher. Scheibenfräser für das Profilfräsen werden für die Bearbeitung von Großverzahnungen fast ausschließlich als Hartmetall-Wendeschneidplatten-Werkzeuge ausgeführt. Durch die unterschiedlichen Belastbarkeiten der Schneidstoffe sowie die unterschiedlichen Prozesskinematiken, ist die Auslegung und Auswahl der Prozesse nicht trivial. Bisher besteht keine Datenbasis, die einen Vergleich ermöglicht.

Für die Auslegung von Wälzfräsprozessen mit Blockwerkzeugen besteht eine Möglichkeit der simulativen Prozessabbildung, die eine genaue Bestimmung lokaler Spanungsgeometrien erlaubt. Diese sind bisher für die Bearbeitung mit Wendeschneidplattenwerkzeugen nicht umgesetzt. Für die Bestimmung der Spanungsgeometrien und Eingriffsbedingungen beim Profilfräsen von Verzahnungen wurden bisher keine Berechnungsmethoden entwickelt.

Basierend auf charakteristischen Werten der Spanungsgeometrie wurden bisher verschiedene Verschleiß- und Standzeitmodelle für das Wälzfräsen aufgestellt. Die Grundlage dieser Modelle bilden Versuche an Werkstücken mit Moduln bis zu $m_n = 4$ mm und die in diesen Prozessen vorliegenden Belastungen der Werkzeuge. Eine Übertragbarkeit der Modelle auf größere Moduln ist daher fraglich. Modelle für die Verschleißentwicklung beim Profilfräsen von Verzahnungen mit Wendeschneidplatten existiert bisher nicht.

3 Zielsetzung, Vorgehensweise und Systemgrenzen

Objective, Approach and System Boundaries

3.1 Zielsetzung

Objective

Im Stand der Technik wurde gezeigt, dass für Fräsprozesse an Großverzahnungen bisher keine verifizierten Modelle für Werkzeugverschleiß und Standzeit existieren. Weiterhin existiert keine Methode zur Auswahl und Auslegung dieser Prozesse. Die Auslegung orientiert sich an allgemeinen Schnittwertempfehlungen der Werkzeughersteller. Die Auswahl des Werkzeugkonzepts für eine Bearbeitung basiert auf Erfahrungswissen oder Prozessauslegungen anhand dieser Schnittwertempfehlungen. Aussagen über mögliche Standlängen sind auf dieser Basis nicht möglich. Eine mögliche Optimierung der Prozesse muss nach heutigem Stand durch empirische Untersuchung erfolgen. Diese Optimierung ist aufgrund geringer Stückzahlen der hier betrachteten Bauteile und der hohen Kosten einzelner Versuche nicht wirtschaftlich sinnvoll. Die wirtschaftlichen Potenziale durch eine optimierte Auslegung der Prozesse und eine gezielte Auswahl des eingesetzten Werkzeugs werden nicht gehoben.

Zwar existieren Ansätze zur Berechnung von Werkzeugstandzeiten und zur Auswahl von Prozessparametern, diese beziehen sich jedoch auf kleinere Verzahnungen bis m_n = 4 mm. Weiterhin wurden bisher keine wissenschaftlichen Untersuchungen zum Einsatzverhalten von Werkzeugen mit Wendeschneidplatten durchgeführt.

Das Ziel dieser Arbeit ist, eine Methode zur Auswahl und Auslegung wirtschaftlicher Verzahnungsfräsprozesse für Großverzahnungen zu entwickeln. Die wissenschaftliche Herausforderung besteht in der Identifizierung der dominanten Einflüsse auf die verschiedenen Verschleißformen beim Fräsen von Großverzahnungen mit Hartmetall und Schnellarbeitsstahl.

Dieses Ziel wird basierend auf der Forschungshypothese: „Die Prozessauswahl und -auslegung für das Fräsen von Großverzahnungen kann basierend auf geometrisch-kinematischen Größen durchgeführt werden." verfolgt. Hieraus ergeben sich im Folgenden drei Forschungsfragen:

1. Welche geometrisch-kinematischen Bedingungen treten in Fräsprozessen für Großverzahnungen abhängig von der Werkzeug und Prozessauslegung auf?
2. Wie verhält sich der Werkzeugverschleiß abhängig von den geometrisch-kinematischen Bedingungen im Prozess?
3. Wie kann ein wirtschaftlicher Fräsprozess für Großverzahnungen auf Basis geometrisch-kinematischer Prozessgrößen ausgewählt werden?

Mit der Beantwortung dieser Fragen ist die notwendige Grundlage zur Entwicklung einer Auslegungsmethode geschaffen.

3.2 Vorgehensweise und Systemgrenzen

Approach and System Boundaries

Das Vorgehen in dieser Arbeit orientiert sich an den Forschungsfragen. In Kapitel 1 werden Methoden zur Bestimmung der Spanungsgeometrien in Fräsprozessen für Großverzahnungen abgeleitet. Auf Grundlage bestehender Berechnungsmethoden für das Wälzfräsen werden Prozesskenngrößen für Vollstahlwerkzeuge ermittelt. Abschließend werden Methoden zur Übertragung dieser Berechnungsmethode auf das Fräsen mit Wendeschneidplatten-Wälzfräsern sowie Methoden zur Berechnung der Spanungskenngrößen beim Profilfräsen entwickelt. Diese Methoden werden weitergehend verwendet, um die Einflüsse verschiedener Eingangsgrößen auf den Fräsprozess in einem Modell abzubilden.

Basierend auf der theoretischen Prozessbeschreibung werden in Kapitel 1 praktische Untersuchungen zum Fräsen von Großverzahnungen beschrieben. Zur Reduzierung der hohen Materialaufwände für Verschleißuntersuchungen an Großverzahnungen werden Modellprozesse für unterschiedliche Werkzeugkonzepte entwickelt. Diese Prozesse werden nachfolgend für Verschleißuntersuchungen an Werkzeugen aus Schnellarbeitsstahl und Hartmetall angewendet.

Die Synthese theoretischer und produktiver Ergebnisse wird in Kapitel 1 beschrieben. Auf Basis der Ergebnisse der Zerspanversuche werden Standzeitmodelle für beim Fräsen von Großverzahnungen auftretende Verschleißformen aufgestellt. Methoden zur Bestimmung möglicher Werkzeugauslegungen für einen Verzahnungsfall sowie zur Bestimmung von Prozessparametern für den Einsatz dieser Werkzeuge werden entwickelt. Diese werden im Anschluss zu einer Auslegungsmethode zusammengefasst.

Zerspanprozesse für Großverzahnungen werden von einer großen Anzahl von Faktoren beeinflusst. Diese sind in **Bild 3.1** in einem Ursache-Wirkungs-Diagramm dargestellt. Die Einflussgrößen umfassen das Werkstück, das Werkzeug, den Prozess sowie die Werkzeugmaschine. Die geometrischen Größen des Werkstücks werden in dieser Arbeit durch eine Abbildung in der theoretischen Prozessanalyse berücksichtigt. Die werkstoffbezogenen Größen sind nicht Teil dieser Untersuchungen. Für die praktischen Untersuchungen werden Planetenräder aus dem Einsatzstahl 18CrNiMo7-6 verwendet. Um den Einfluss unterschiedlicher Bauteilgrößen abbilder zu können, werden Bauteile unterschiedlicher Größe zerspant. Ein Werkstück mit einem Normalmodul von m_n = 11 mm und z_2 = 40 Zähnen sowie ein größeres Werkstück mit einem Normalmodul von m_n = 16 mm und z_2 = 35 Zähnen werden in diesen Untersuchungen bearbeitet.

Die werkzeugbezogenen Größen werden durch eine Analyse der Einflüsse verschiedener Makrogeometrien auf die geometrisch-kinematischen Bedingungen im Zerspanprozess abgebildet. Weiterhin liegt ein Fokus der praktischen Untersuchungen auf einer Analyse des Einflusses unterschiedlicher Schneidstoffe. Die Beschichtung sowie die Schneidkantenpräparation werden für jeden Schneidstoff konstant gehalten und somit nicht berücksichtigt.

Die Prozesskinematik sowie Vorschub und Schnittgeschwindigkeit werden in den theoretischen Analysen untersucht. Die Verschleißuntersuchungen werden im Gleichlauf mit einer Werkzeugauslegung je Werkzeugtyp durchgeführt. Dynamische Einflüsse der Versuchsmaschine werden nicht betrachtet.

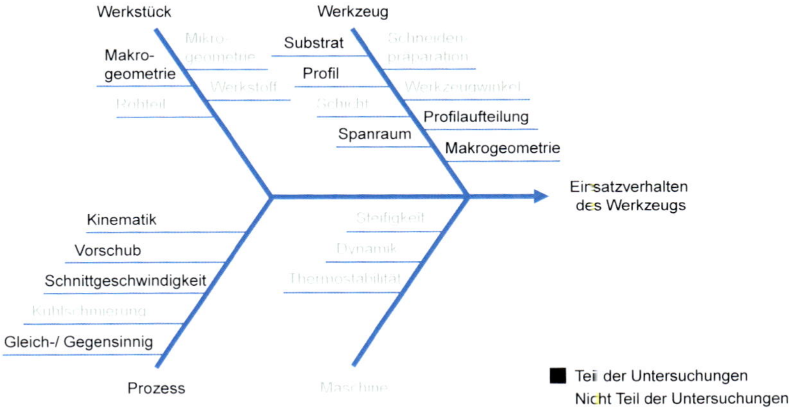

Bild 3.1: Einflussgrößen auf das Fräsen von Großverzahnungen
Influences on Machining Large Module Gears

4 Theoretische Prozessanalyse

Theoretical Process Analysis

Um die Auslegung von Fräsprozessen für Großverzahnungen zu ermöglichen, muss zuerst eine Möglichkeit geschaffen werden, diese Prozesse basierend auf den Belastungskollektiven zu beschreiben. Hierzu werden in diesem Kapitel Methoden aufgezeigt und entwickelt, die eine Ermittlung der örtlich und zeitlich aufgelösten Spanungsgeometrien dieser Prozesse erlauben. Im Folgenden werden diese Methoden eingesetzt, um den Einfluss der Prozesseinstellgrößen auf die in Verzahnungsfräsprozessen erzeugten Spanungsgeometrien zu ermitteln. Des Weiteren werden die verschiedenen Zerspanprozesse in Bezug auf die auftretenden Spanungsgeometrien sowie Größeneinflüsse auf die Spanungsgeometrien betrachtet.

4.1 Theoretische Analyse des Wälzfräsens

Theoretical Analysis of the Gear Hobbing Process

4.1.1 Modellierung des Wälzfräsens mit Blockwerkzeugen

Analysis of the Gear Hobbing Process with Solid Tools

Beim Fräsen von Verzahnungen werden sowohl entlang der Schneide als auch entlang des Schnittwegs veränderliche Spanungsgeometrien erzeugt. In diesem Kapitel werden Methoden entwickelt, die eine Bestimmung der Spanungsgeometrien sowie die Ableitung von Kennwerten für die lokalen geometrisch-kinematischen Bedingungen bei unterschiedlichen Werkzeug- und Prozessauslegungen ermöglichen.

Für die Auslegung von Wälzfräsprozessen wird meist die Berechnung der maximalen Spanungsdicke nach HOFFMEISTER [HOFF70] eingesetzt. Dieser Ansatz weist für großmodulige Verzahnungen deutliche Abweichungen auf. Eine Berechnungsformel mit einem größeren Gültigkeitsbereich wurde von BRECHER entwickelt [BREC15]. Diese Berechnungen erlauben keine Bestimmung von lokal aufgelösten Spanungsgeometrien im Wälzfräsprozess.

In dieser Arbeit werden Berechnungen auf Basis der geometrischen Durchdringungsrechnung nach SULZER und WINTER [SULZ73; WECK02a; WECK02b; WECK03] durchgeführt. Diese Methode basiert auf einer Abbildung der Prozesskinematik durch Koordinatentransformationen. Das Profil des Schneidwerkzeugs wird durch einen Splinezug dargestellt, **Bild 4.1**. Das Werkstück wird in einzelnen Stirnschnittebenen diskretisiert, die von dem Spline des Werkzeugs geschnitten werden. Die Geometrie der erzeugten Zahnlücke wird in diesen Ebenen jeweils durch eine kubische Splinekurve beschrieben. Die Schnittflächen zwischen den Werkzeug- und Werkstücksplines werden für verschiedene Schnittwinkel des Werkzeugs berechnet und in die Schneidenebene des Werkzeugs transformiert. Aus diesen Flächen werden im Folgenden für die verschiedenen Positionen entlang der Schneidkante sowie für die berechneten Werkzeugdrehwinkel Spanungsdicken ermittelt. Diese Werte werden für jeden berechneten Schnitt in einer Matrix abgelegt. Diese Matrizen bilden jeweils die Spanungsgeometrie eines im Wälzfräsprozess gebildeten Spans ab.

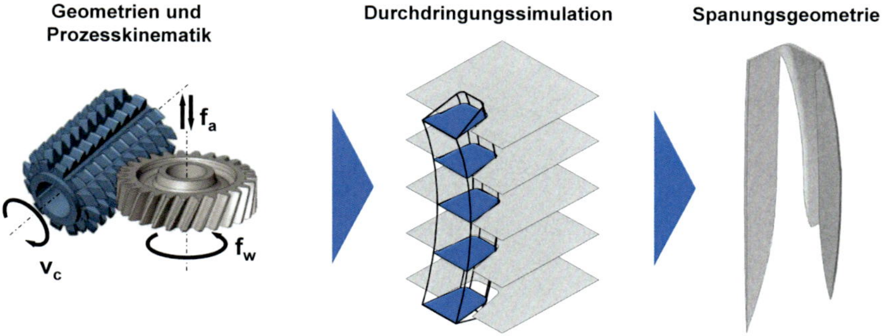

Bild 4.1: Ermittlung der Spanungsgeometrie in einer Durchdringungsrechnung
Calculation of Undeformed Chip Geometries in Gear Hobbing

Die Spanungsgeometrien werden verwendet, um lokale Kenngrößen für die Zerspanprozesse zu ermitteln. Neben der maximalen Spanungsdicke werden eine über dem Schnittweg gemittelte Spanungsdicke, die maximale und die mittlere Schnittbogenlänge, das bezogene Spanungsvolumen, die Anzahl Schneideneingriffe während der Bearbeitung sowie der minimale kinematische Freiwinkel ausgewertet. Diese Kenngrößen werden lokal für jeden Punkt auf dem Schneidenprofil, für jeden einzelnen Span und für den Gesamtprozess ausgewertet. Neben den lokalen Spanungskenngrößen haben die Formen der gebildeten Späne einen Einfluss auf den Prozess [BOUZ81a; BOUZ08b].

4.1.2 Überführung des Modells auf Wendeschneidplattenwälzfräser

Transfer to Indexable Insert Gear Hobs

Im Gegensatz zu Blockwerkzeugen bieten Wendeschneidplattenwerkzeuge eine größere Anzahl von Freiheitsgraden bei der Gestaltung. Die Abstände zwischen einzelnen Schneiden zueinander sowie die Form und Ausrichtung dieser Schneiden können frei gestaltet werden. Die Schneidenpositionen weichen teilweise deutlich von denen an vergleichbaren Blockwälzfräsern ab.

Um eine Übertragbarkeit von Berechnungsergebnissen zu ermöglichen und Einflüsse bestimmter Parameter über die verschiedenen Werkzeugsysteme beurteilen zu können, müssen einheitliche Beschreibungsgrößen verwendet werden. Die Spanungsgeometrien im Wälzfräsprozess ergeben sich zum einen durch die Relativbewegung von Werkzeug und Werkstück während eines Schnitts und zum anderen durch die Bewegungen zwischen den Schneideneingriffen. Durch den Einsatz von Wendeschneidplattenwerkzeugen wird die Kinematik des Prozesses nicht verändert. Die Relativgeschwindigkeit der Schneiden zum Werkstück in einem Schnitt bleibt daher unverändert und kann aus den bisherigen Methoden übernommen werden.

Die Bewegung, die das System aus Werkzeug und Werkstück zwischen den Schneideneingriffen ausführt, kann in die Bewegungskomponenten Axialvorschub und Wälzvorschub unterteilt werden. Beide Bewegungen werden im Prozess kontinuierlich durchgeführt. In dieser Betrachtung wird der Einfluss der Bewegungen zwischen zwei Schneideneingriffen und der Einfluss während einer Werkstückumdrehung unterschieden, **Bild 4.2**. Der Betrag, um den das Werkzeug in einer Werkstückumdrehung verschoben wird, wird als Axialvorschub (f_a) bezeichnet und ist eine Prozesseinstellgröße. Der Betrag des Axialvorschubs während einer Werkzeugumdrehung ist vom Axialvorschub und dem Verhältnis von Werkzeuggangzahl und Werkstückzähnezahl abhängig. Der Vorschub zwischen zwei Schneideneingriffen (f_z) hängt zusätzlich vom Winkelversatz zweier Schneiden auf dem Werkzeug ab. Für Blockwerkzeuge mit geraden Spannuten ergibt sich dieser Wert aus dem Zusammenhang

$$\delta = \frac{360^\circ}{i_0}. \tag{4.1}$$

Dieser Wert kann sich in Abhängigkeit von der Aufteilung der Schneiden zwischen verschiedenen Schneiden eines Werkzeugs und zwischen verschiedenen Bereichen einer Schneide verändern.

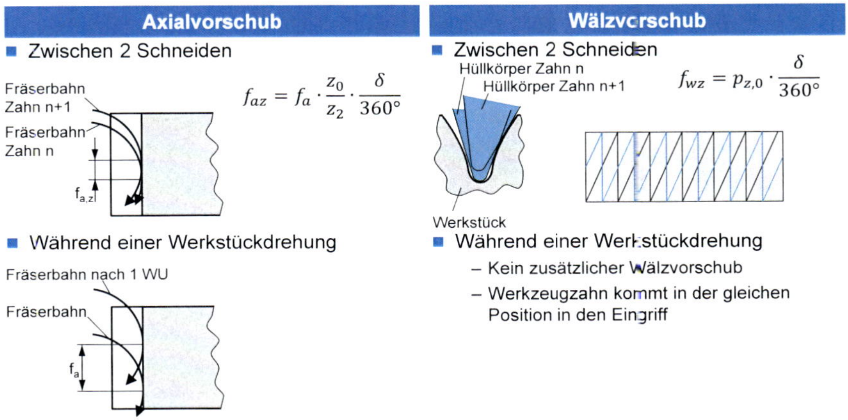

Bild 4.2: Bewegungskomponenten im Wälzfräsprozess
Components of Movement in Gear Hobbing

Die Wälzbewegung kann durch eine Verschiebung der Werkzeugschneiden zwischen zwei Schneideneingriffen abgebildet werden. Die Wälzstellungen der einzelnen Schneiden des Werkzeugs bleiben beim Axialwälzfräsen unverändert. Der Wälzvorschub zwischen zwei Schneiden in Richtung der Werkzeugmittelachse kann als

$$f_{w,z} = p_{z,0} \cdot \frac{\delta}{360^\circ} \tag{4.2}$$

berechnet werden. Die Steigungshöhe des Werkzeugs ($p_{z,0}$) wird aus der Axialteilung und der Gangzahl des Werkzeugs bestimmt

$$p_{z,0} = z_0 \cdot p_{x,0}, \tag{4.3}$$

wobei die Axialteilung durch den Zusammenhang

$$p_{x,0} = \frac{\pi \cdot m_n}{\cos(\gamma_0)} \tag{4.4}$$

vom Steigungswinkel des Fräsers abhängt.

HOFFMEISTER [HOFF70] bildete den Einfluss der Werkzeuggangzahl bei Vollprofil-Blockwälzfräsern über eine effektive Spannutenzahl

$$i_{eff} = \frac{i_0}{z_0} \tag{4.5}$$

ab. Bezüglich des Wälzvorschubs wird hierbei eine Kleinwinkelnäherung für den Frässteigungswinkel (γ_0) durchgeführt. Diese führt jedoch mit steigender Gangzahl sowie bei kleineren Quotienten aus Werkzeugaußendurchmesser und Modul zu Abweichungen. Entsprechend diesen Betrachtungen können die Vorgehensweisen zur Prozessmodellierung für Vollprofilwerkzeuge abhängig vom Versatz zwischen zwei aufeinanderfolgenden Schneiden angewendet werden.

Ein weiterer Unterschied zwischen Wendeschneidplatten-Werkzeugen und Blockwerkzeugen besteht in Bezug auf die Aufteilung des Bezugsprofils auf verschiedene Schneiden. Gängige Konzepte zur Aufteilung sind in **Bild 4.3** dargestellt. Die Anzahl der in einer Schneidengruppe befindlichen Wendeschneidplatten steigt bei diesen Werkzeugen mit dem Modul an. Die Auslegungen unterscheiden sich abhängig von Hersteller und Anwendungsbereich der Werkzeuge. Werkzeuge mit Vollprofil-Schneidplatten entsprechen in Bezug auf die erzeugten Spanungsgeometrien größtenteils Vollprofil-Blockwerkzeugen. Eine erste Aufteilung der Werkzeuge erfolgt bei den gängigen Werkzeugsystemen in der Mitte des Zahnkopfs, sodass eine Schneide die linke und eine Schneide die rechte Werkstückflanke bearbeitet. Durch zusätzliche Kopfplatten wird der Kopfbereich der Schneide teilweise verdoppelt. Bei sehr großen Profilen werden teilweise auch die Flanken des Bezugsprofil aufgeteilt. Hierbei werden die Platten so ausgeführt, dass sie sich in einem Bereich überlappen.

Je nach Verteilung der einzelnen Schneiden über dem Umfang des Werkzeugs ergeben sich für verschiedene Schneidenbereiche unterschiedliche Winkelversätze zwischen aufeinander folgenden Schneiden. Meist werden die Schneiden so angebracht, dass dieser Winkelversatz für die unterschiedlichen Schneidenbereiche identisch ist und somit eine gleiche nominelle Belastung an vergleichbaren Schneidenpositionen besteht. Teilweise werden jedoch auch Verteilungen gewählt, in denen der Winkel einer Kopfplatte zur Profilplatte des gleichen Schneidenbereichs deutlich reduziert ist (**Bild 4.3**, dritte Spalte von links, unten). Hierdurch wird die, meist preisgünstigere, Kopfplatte deutlich stärker belastet als die Flankenplatte.

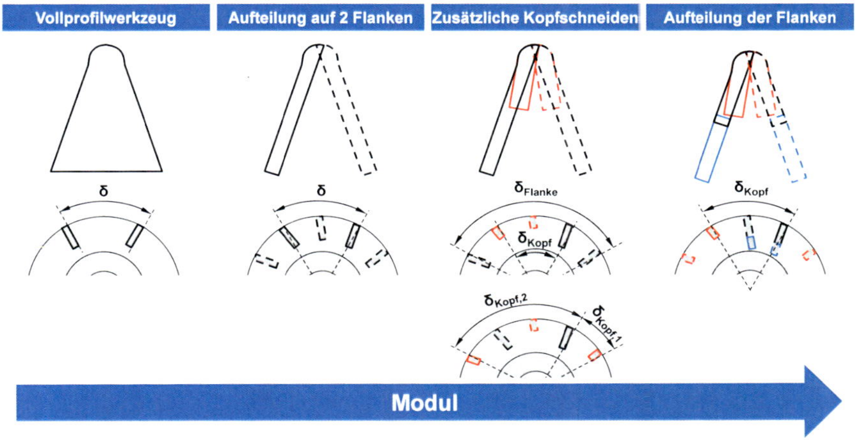

Bild 4.3: Aufteilung der Schneidengeometrien in Wendeschneidplatten-Wälzfräsern
Distribution of Cutting Edges in Indexable Insert Gear Hobs

Eine weitere Möglichkeit, die Belastungen zwischen verschiedenen Platten zu verteilen, bietet eine Veränderung des Schneidenprofils. Diese Möglichkeit kann nur dann angewendet werden, wenn das Bezugsprofil im betroffenen Schneidenbereich von mehreren Schneiden eines Kollektivs erzeugt wird. Es bietet sich besonders zur Umverteilung der Belastungen im Zahnkopfbereich an. Relevant ist hierbei der Versatz zwischen den Schneidenprofilen in Normalenrichtung des Werkzeugs. Näherungsweise wird die Spanungsdicke an der Schneide, die weiter außen liegt und die das Bezugsprofil fertigt, um diesen Versatz erhöht. Gleichzeitig wird die Spanungsdicke der zurückgesetzten Schneide um diesen Betrag reduziert. Der Betrag der Spanungsdickenänderung ändert sich bei verschiedenen Prozessauslegungen nicht. So kann bei geringen Vorschubwerten ein Schneidenbereich komplett aus dem Eingriff genommen werden.

Die Übertragung von Berechnungsergebnissen für Blockwälzfräser ist näherungsweise durch einzelne Berechnungen für unterschiedliche Schneiden und Schneidenbereiche möglich. Hierbei muss der Winkel δ zwischen dem betrachteten Schneidenbereich und der vorangegangenen Schneide in diesem Bereich, entsprechend der Ausführung des modellierten Wendeschneidplatten-Werkzeugs, angepasst werden. Das Ergebnis einer solchen Berechnung für die Bearbeitung eines Planetenrads mit Modul m_n = 16 mm ist in **Bild 4.4** dargestellt. Dieser Berechnung ist eine vereinfachte Simulation gegenübergestellt, die die Überlappungsbereiche zwischen einzelnen Platten, mit ausnahme des Zahnkopfbereichs, nicht berücksichtigt. Durch eine solche Berechnung kann die Anzahl notwendiger Simulationen deutlich reduziert werden.

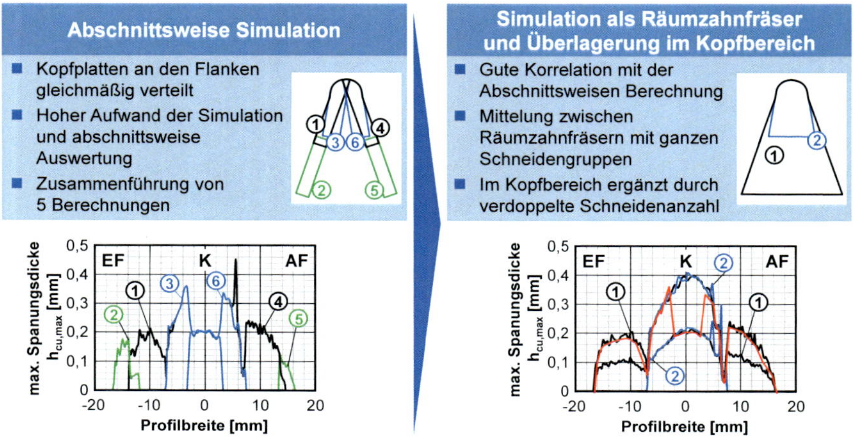

Bild 4.4: Berechnung der Spanungsdicke eines Wendeschneidplatten-Wälzfräsers
Calculation of the chip thickness of a Indexable Insert Gear Hob

4.1.3 Einfuss der Prozesseingangsgrößen auf die Zerspanbedingungen

Influence of the Input Factors on the Cutting Conditions

Approximationsfunktionen für Spanungskennwerte beim Wälzfräsen wurden bereits in verschiedenen Arbeiten entwickelt, [BREC15; HIPK11; HOFF70]. Die Formel nach HOFFMEISTER zur Bestimmung der maximalen Spanungsdicke ist für die Prozessauslegung in der industriellen Praxis weit verbreitet. Diese Approximation unterliegt jedoch besonders bei der Bearbeitung großmoduliger Verzahnungen Abweichungen, (vgl. **Bild 4.7**).

Eine höhere Genauigkeit der Abbildung soll durch ein Vorgehen auf Basis der Regressionsrechnung erreicht werden. Die geometrische Durchdringungsrechnung bietet die Möglichkeit, die Spanungsgeometrien bestimmter Prozesse mit einer hohen Genauigkeit zu berechnen. Durch eine Vielzahl möglicher Einflussfaktoren kann der Einsatz von Näherungsformeln die Prozessauslegung, die sonst iterativ mit Hilfe der Durchdringungsrechnung durchgeführt wird, deutlich verkürzen.

Neben der Schnittgeschwindigkeit, die eine direkte Einstellgröße der Prozesse ist, können die momentanen geometrisch-kinematischen Zerspanbedingungen eines Schneidenpunkts über kinematische Wirkwinkel und die aktuelle Spanungsdicke beschrieben werden. Die Wirkwinkel werden aufgrund des dominanten Anteils der Werkzeugrotation an der Schnittgeschwindigkeit als konstant angenommen.

Im Folgenden werden, analog zu der Näherungsformel von BRECHER [BREC15], weitere Analysen für die Kennwerte mittlere Spanungsdicke ($h_{cu,mit}$), maximale Schnittbogenlänge ($l_{cu,ax}$), die kumulierte Schnittbogenlänge ($l_{cu,ges}$) und die maximale Anzahl Schneideneingriffe (n_{max}) durchgeführt. Die Kennwerte kumulierte Schnittbogenlänge und Anzahl Schneideneingriffe werden auf die Summe je eines Spans aller

Wälzstellungen bezogen. Zur Übertragung auf die Bearbeitung eines Bauteils mit einem einzelnen Zahn (Schlagzahnprozess), müssen diese Werte mit dem Faktor

$$c_1 = \frac{b}{f_a} \cdot z_2 \tag{4.6}$$

multipliziert werden. An einem vollen Wälzfräser, entspricht der so berechnete Wert der Kenngröße für einen Fräserzahn, der in allen Wälzstellungen je ein Werkstück zerspant. Dies ist nach einem Shiftdurchgang der Fall, in dem der Shiftsprung gleich dem Axialversatz zwischen zwei Wälzstellungen am Wälzfräser ist. Bei mehrgängigen Fräsern muss dieser Wert durch die Gangzahl des Fräsers geteilt werden. Hieraus ergibt sich der Faktor

$$c_2 = \frac{b}{f_a} \cdot \frac{z_2}{z_0}. \tag{4.7}$$

Die Kenngröße bezogenes Spanvolumen (V') ist das Produkt aus Schnittbogenlänge und mittlerer Spanungsdicke. Daher wird dieser Wert nicht in gesonderten Modellen abgebildet.

Die Basis der Regressionsanalysen bilden Durchdringungsrechnungen, die nach einem D-optimalen Versuchsplans durchgeführt wurden, **Bild 4.5**. Die Eingangsgrößen Kopfrundungsradius (ρ_K) und Tauchtiefe (T) im Prozess werden jeweils als mit dem Normalmodul skalierte Faktoren berücksichtigt. So werden bei einer alleinigen Änderung des Moduls gleiche geometrische Bedingungen abgebildet.

Werkstück	Wertebereich
Modul [mm]	1 – 30
Zähnezahl [-]	10 – 120
Schrägungswinkel [°]	-40 – 40
Werkzeug	**Wertebereich**
Außendurchmesser [mm]	50 – 380
Stollenzahl [-]	8 – 23
Gangzahl [-]	1 – 5
Kopfrundungssfaktor [-]	0,1 – 0,5
Prozess	**Wertebereich**
Tauchtiefenfaktor [-]	0,1 – 1
Axialvorschub [mm]	0,5 – 6
Gleichlauf/ Gegenlauf [-]	A oder B

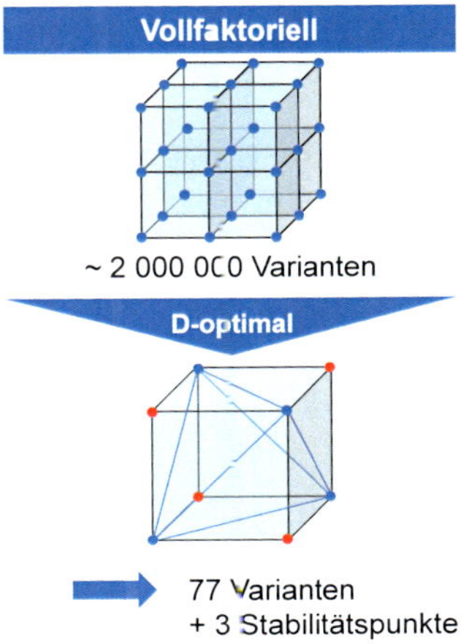

Bild 4.5: Datenbasis zur Bestimmung der Einflüsse auf verschiedene Spanungskenngrößen
Data Base for the Determination of Different Influences on Chip Thickness

Diese Daten wurden im Folgenden in einer multiplen Regressionsrechnung ausgewertet. Die Transformation der Eingangsgrößen wurde durch eine vorherige Einfaktorvariation für die betrachteten Eingangsgrößen bestimmt. Die Ergebnisse für die maximale Spanungsdicke sind in **Bild 4.6** dargestellt. Das hier abgebildete Modell hat ein Bestimmtheitsmaß von $R^2 = 0{,}958$.

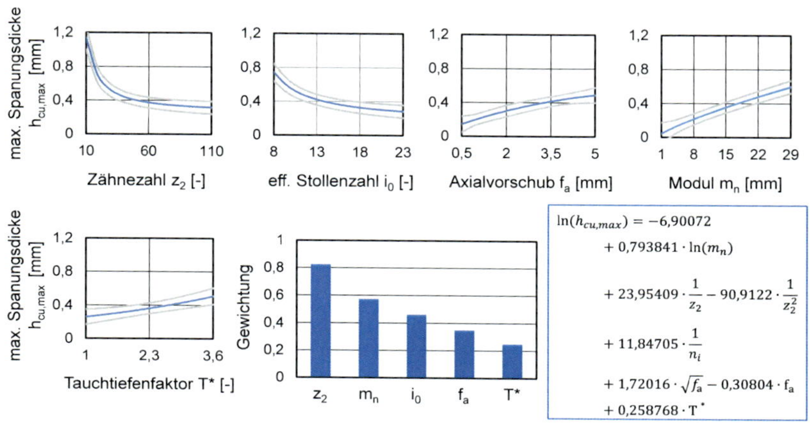

Bild 4.6: Berechnung der maximalen Spanungsdicke im Wälzfräsprozess an Großverzahnungen

Calculation of the Maximum Chip Thickness for Gear Hobbing of Large Module Gears

Einen Vergleich der Ergebnisse dieser Näherungsformel mit den Resultaten der Durchdringungsrechnung sowie mit den Ergebnissen der Näherungsformel nach HOFFMEISTER ist in **Bild 4.7** dargestellt. Im gesamten Betrachtungsbereich werden mit der entwickelten Näherungsformel deutlich bessere Ergebnisse erzielt als mit der gängigen Näherungsformel nach HOFFMEISTER.

In gleicher Form wurde ein Regressionsmodell für die mittlere Spanungsdicke mit einem Bestimmtheitsmaß von $R^2 = 0{,}961$ aufgestellt. Das Bestimmtheitsmaß gibt den Anteil der durch das Modell abgebildeten Variation der Zielgröße an. Bei einem Bestimmtheitsmaß von $R^2 = 1$ werden alle Variationen der Zielgröße genau durch das Modell abgebildet.

$$
\begin{aligned}
&\ln(\mathrm{h}_{\mathrm{cu,mit}}) = -6{,}22486 \\
&+0{,}893166 \cdot \mathrm{m}_{\mathrm{n}} - 0{,}05632 \cdot \mathrm{m}_{\mathrm{n}}^{2} \\
&+27{,}87616 \cdot \mathrm{z}_2 - 125{,}843 \cdot \mathrm{z}_2^{2} \\
&+10{,}95695 \cdot i_0 \\
&-0{,}01343 \cdot \beta \\
&+0{,}626449 \cdot f_a \\
&-0{,}29564 \cdot T^*
\end{aligned} \quad . \tag{4.8}
$$

Das entsprechende Modell für die maximale Schnittbogenlänge hat ein Bestimmtheitsmaß von $R^2 = 0{,}960$.

$$\begin{aligned}\sqrt{l_{max}} &= -2{,}66596 \\ &+ 0{,}486959 \cdot m_n - 0{,}00353 \cdot m_n^{\,2} \\ &+ 2{,}177825 \cdot \sqrt{d^*_{a,0}} - 0{,}157 \cdot d^*_{a,0} \\ &- 0{,}00175 \cdot \beta\end{aligned} \qquad (4.9)$$

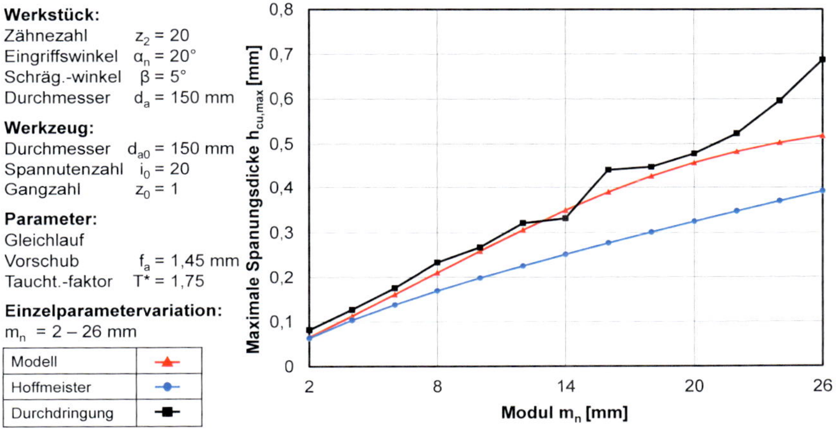

Bild 4.7: Gegenüberstellung verschiedener Modelle für die Bestimmung der maximalen Spanungsdicke beim Wälzfräsen

Comparison of Different Models for the Maximum Chip Thickness in Gear Hobbing

Das Regressionsmodell für den Kennwert kumulierte Schnittbogenlänge ergibt ein Bestimmtheitsmaß von $R^2 = 0{,}852$.

$$\begin{aligned}\ln(l_{ges}) &= 2{,}032982 \\ &+ 0{,}739188 \cdot \ln(m_n) \\ &+ 0{,}013029 \cdot z_2 \\ &- 0{,}29878 \cdot x \\ &+ 0{,}060203 \cdot i_0 \\ &+ 0{,}066814 \cdot d^*_{a,0} - 0{,}00081 \cdot d^*_{a,0} \\ &+ 0{,}271144 \cdot \sqrt{f_a}\end{aligned} \qquad (4.10)$$

Das Regressionsmodell für den Kennwert kumulierte Schnittbogenlänge ergibt ein Bestimmtheitsmaß von $R^2 = 0{,}700$. Dieses Modell hat eine geringere Güte als die vorherigen. Die Ergebnisse sind mit größeren Abweichungen behaftet.

$$\begin{aligned}n_{max} &= 102{,}902 \\ &+ 10{,}22344 \cdot i_0 - 0{,}25784 \cdot i_0^{\,2} \\ &+ 0{,}729 \cdot \beta \\ &+ 12{,}2879 \cdot T^* \\ &+ 0{,}405355 \cdot z_2\end{aligned} \qquad (4.11)$$

Die in diesem Kapitel beschriebenen Approximationsformeln erlauben eine einfache Abschätzung von Spanungskennwerten, die im Folgenden für die Auslegung der betrachteten Fräsprozesse benötigt werden.

4.2 Theoretische Analyse des Profilfräsens

Theoretical Analysis of the Form Milling Process

4.2.1 Modellierung des Profilfräsprozesses

Analysis of Form Milling

In erster Näherung kann für die Berechnung der Spanungsdicken im Profilfräsprozess die Analogie zum Umfangs-Planfräsprozess herangezogen werden. In **Bild 4.8** ist eine Durchdringungsfläche im Axialschnitt beim Profilfräsen durch Kreisbögen approximiert. Die, durch den Axialvorschub erzeugte, Zykloidenform wird aufgrund des geringen Einflusses in dieser Herleitung vernachlässigt. Diese Geometrie wird zur Herleitung der maximalen Spanungsdicke sowie der lokal und zeitlich aufgelösten Spanungsgeometrien verwendet.

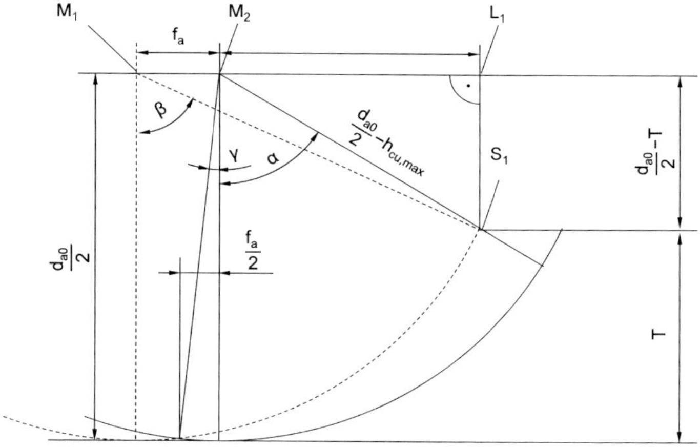

Bild 4.8: Ansatz zur Berechnung der Spanungsdicken im Profilfräsprozess
Approach to Calculation of Chip Thickness for Form Milling

Beim Profilfräsen im Gleichlauf erreicht die Spanungsdicke ihr Maximum sobald die Spanfläche den Anschnitt des vorangegangenen Schnitts erreicht. Dies geschieht im Punkt S1. Der Schnittwinkel β des vorangegangenen Schnitts kann anhand des Dreiecks M_1, L_1, S_1 bestimmt werden

$$\sin(90° - \beta) = \frac{\frac{d_{a0}}{2} - T}{\frac{d_{a0}}{2}}. \tag{4.12}$$

Hieraus folgt:

$$\beta = \arccos\left(1 - \frac{2 \cdot T}{d_{a0}}\right). \qquad (4.13)$$

Die maximale Spanungsdicke ergibt sich aus der Betrachtung des Dreiecks M_1, M_2, S_1 nach folgendem Zusammenhang:

$$\left(\frac{d_{a0}}{2} - h_{cu,\max}\right)^2 = f_a^{\,2} + \left(\frac{d_{a0}}{2}\right)^2 - 2 \cdot \cos(90° - \beta) \cdot f_a \cdot \frac{d_{a0}}{2}. \qquad (4.14)$$

Hieraus ergibt sich für die Spanungsdicke

$$h_{cu} = \frac{d_{a0}}{2} - \sqrt{f_a^{\,2} + \left(\frac{d_{a0}}{2}\right)^2 - 2 \cdot \sin\beta \cdot f_a \cdot \frac{d_{a0}}{2}}. \qquad (4.15)$$

Die Verwendung des Sinussatzes ergibt weiterhin

$$\beta = 180° - \alpha \cdot \arcsin\left(\sin(\alpha) \cdot \frac{2 \cdot f_a}{d_{a0}}\right). \qquad (4.16)$$

Für einen beliebigen Drehwinkel der Schneide (α) gilt somit

$$h_{cu} = \frac{d_{a0}}{2} - \sqrt{f_a^{\,2} + \left(\frac{d_{a0}}{2}\right)^2 - 2 \cdot \sin\left(180° - \alpha \cdot \arcsin\left(\sin(\alpha) \cdot \frac{2 \cdot f_a}{d_{a0}}\right)\right) \cdot f_a \cdot \frac{d_{a0}}{2}}. \qquad (4.17)$$

Für die maximale Spanungsdicke folgt aus (4.17) und (4.12):

$$h_{cu,\max} = \frac{d_{a0}}{2} - \sqrt{f_a^{\,2} + \left(\frac{d_{a0}}{2}\right)^2 - 2 \cdot \sqrt{1 - \left(1 - \frac{2 \cdot T}{d_{a0}}\right)^2} \cdot f_a \cdot \frac{d_{a0}}{2}}. \qquad (4.18)$$

Eine mathematisch äquivalente Formel wurde bereits bei LUX [LUX97] zur Bestimmung der maximalen Spanungsdicke beim Wälzfräsen hergeleitet.

Die hier getroffenen Annahmen haben nur im Profilfräsprozess von geradverzahnten Bauteilen für die Kopfmitte, in der die Schneidkante orthogonal zur Fräserrotation liegt, Gültigkeit. Um die Spanungsdicken entlang der gesamten Schneidkante zu bestimmen, werden die Spanungsdicken in radialer Richtung des Werkzeugs nach dem in **Bild 4.9** dargestellten Berechnungsweg bestimmt. Hierzu wird anstelle des Werkzeug-Außendurchmessers der lokale Flugkreisdurchmesser des jeweiligen Schneidenpunktes verwendet. Die so bestimmten Werte werden in Richtung des lokalen Normalenvektors auf dem Werkzeugprofil transformiert. Dieses Vorgehen beruht auf der Annahme, dass die Krümmungsradien des Schneidenprofils relativ zu den Spanungsdicken klein sind.

Für eine Berechnung der maximalen Spanungsdicken muss der lokale Eintrittswinkel des Werkzeugs in das Werkstück bestimmt werden. Dieser wird durch den lokalen Flugkreisdurchmesser der Werkzeugschneide und den Durchmesser des Werkstücks beeinflusst.

Da der Vorschub im Profilfräsprozess axial zum Werkstück angegeben wird, liegen bei Schrägverzahnungen durch die zusätzliche Werkstückrotation größere effektive Vorschübe in Zahnlückenrichtung vor. In erster Näherung kann daher die Annahme:

$$f_t = \frac{f_a}{\cos(\beta)} \tag{4.19}$$

getroffen werden. Hieraus ergibt sich für die Berechnung der maximalen Spanungsdicke aus (4.18) und (4.19) die Formel

$$h_{cu,\max} = \frac{d_{a0}}{2} - \sqrt{\left(\frac{f_z}{\cos\beta}\right)^2 + \left(\frac{d_{a0}}{2}\right)^2 - 2\cdot\sqrt{1-\left(1-\frac{2\cdot T}{d_{a0}}\right)^2}\cdot\frac{f_z}{\cos\beta}\cdot\frac{d_{a0}}{2}}\,. \tag{4.20}$$

Bei dem gewählten Ansatz mit einer Korrektur des Vorschubs, entsprechend dem Schrägungswinkel der Verzahnung, wird eine rein translatorische Bewegung zwischen Werkzeug und Werkstück nachgebildet. Die aus dieser Annahme resultierenden Abweichungen werden durch eine Reduktion der Spanungsdicke, entsprechend dem Einfluss des Schrägungswinkels in einer Stirnschnittebene der Verzahnung, und eine Addition der Einflüsse aus der Werkstückrotation berücksichtigt.

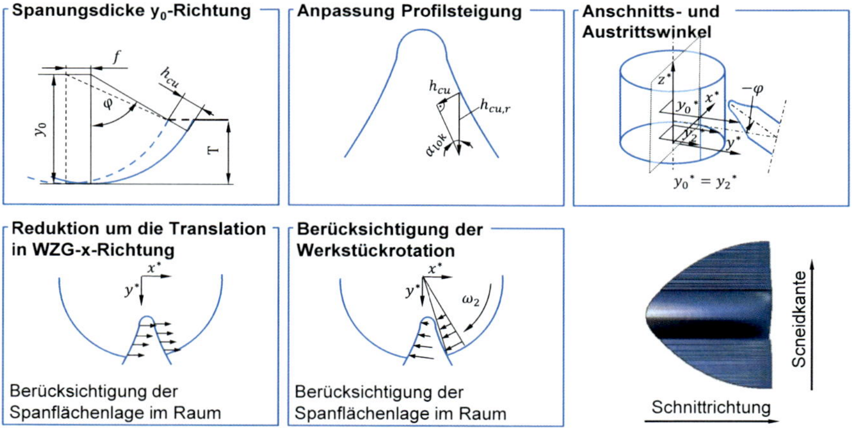

Bild 4.9: Berechnung der Spanungsdicken im Profilfräsprozess
Calculation of Chip Thickness for Form Milling

Resultate der Spanungsdickenberechnungen für eine rein translatorische Bewegung sowie die Ergebnisse unter Berücksichtigung der Werkstückrotation sind in **Bild 4.10** abgebildet. Während bei Vernachlässigung der Rotation des Werkstücks nahezu identische Belastungen für beide Seiten des Werkzeugprofils berechnet werden, entstehen unter Berücksichtigung der Rotation des Werkstücks unterschiedliche Belastungen an den beiden Schneidenseiten. Weiterhin ergeben sich bei Berücksichtigung der Rotation um ca. Δh_{cu} = 0,01 mm größere Spanungsdicken an den Kopfschneiden. An den Flanken der Schneiden ergeben sich im dargestellten Beispiel Unterschiede der maximalen Spanungsdicke von bis zu 28%. Den stärksten Einfluss hat die Rotation des Werkstücks auf den Protuberanzbereich des Werkzeugs. Hier liegen an der rechten Profilhälfte um bis zu 20% kürzere Schnittbogenlängen vor als bei der vergleichbaren translatorischen Berechnung.

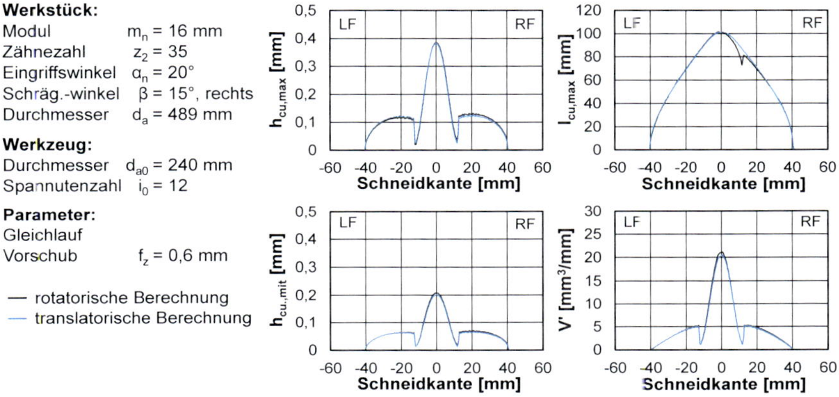

Bild 4.10: Spanungskennwerte mit und ohne Berücksichtigung der Rotation

Characteristic Values with and without Workpiece Rotation

In **Bild 4.11** ist die maximale Spanungsdicke für das Versuchsbauteil bei einer Variation des Schrägungswinkels dargestellt. Die Werte nach der hier entwickelten Vorgehensweise zur Berechnung sind den Ergebnissen der Näherungsformeln 4.18 und 4.20 gegenübergestellt.

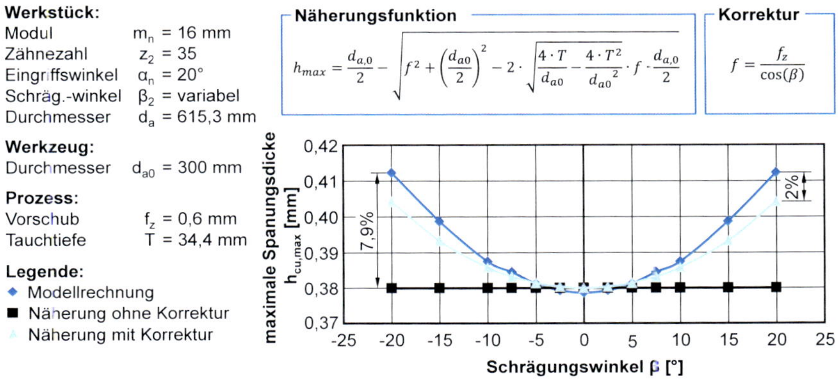

Bild 4.11: Gegenüberstellung verschiedener Berechnungen der maximalen Spanungsdicke über dem Schrägungswinkel

Comparison of Different Calculation Methods for Maximum Chip Thickness at Different Helix Angles

Die beiden Berechnungen, die den Schrägungswinkel berücksichtigen, weisen vergleichbare Kurvenverläufe auf. Die maximale Spanungsdicke steigt mit größerem Betrag des Schrägungswinkels an. Die nach Kapitel 4.2.1 berechneten Werte steigen hierbei mit dem Vorschub etwas stärker an als die Ergebnisse der Näherungsformel. Die Abweichungen liegen im betrachteten Fall unter 2%. Die Näherungsformel kann daher für die Prozessauslegung verwendet werden. Der Fehler bei Vernachlässigung des Schrägungswinkels liegt hingegen im dargestellten Beispiel bei Werten von bis zu 7,9%. Der Schrägungswinkel der Verzahnung sollte daher bei der Prozessauslegung nicht vernachlässigt werden.

Wie bei Wendeschneidplatten-Wälzfräsern wird das Lückenprofil bei der Gestaltung von Profilfräswerkzeugen auf verschiedene Schneidenbereiche aufgeteilt. Hierbei werden die Flankenbereiche teilweise mit geraden Einzelplatten angenähert. Um eine Überlastung einzelner Schneidenbereiche zu vermeiden, werden diese mit einer Überdeckung ausgeführt.

Zur Abbildung von Werkzeugen mit Wendeschneidplatten müssen die Schneidenbereiche nach den Abständen zur vorangehenden Wendeschneidplatte unterschieden werden. Ähnlich dem Vorgehen für Wendeschneidplatten-Wälzfräser (vgl. Gleichung 4.6), kann, entsprechend dem Winkel zu vorangehenden Schneide, eine effektive Schneidenanzahl für die einzelnen Schneidenbereiche angegeben werden. Mit dieser ist der effektiv im jeweiligen Schneidenbereich wirksame Zahnvorschub zu bestimmen. Die jeweils wirksamen Zahnvorschübe sind für ein Werkzeug mit jeweils zwei Kopfplatten und zwei Profilplatten in **Bild 4.12** links dargestellt. Etwaige unterschiede des Profils oder unterschiedliche Flugkreisdurchmesser müssen zusätzlich beachtet werden.

- f_z = 1,6 mm pro Schneidenkollektiv mit vier Platten

⇒ Effektiver Vorschub pro Platte f_{eff} = 0,4 mm

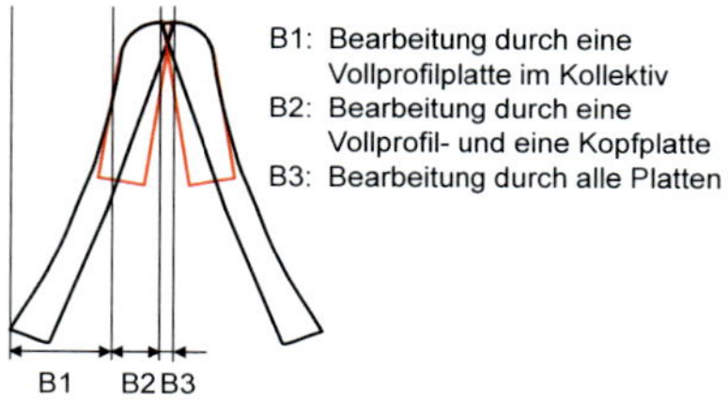

Bereich	B1	B2	B3
Wirksamer Vorschub	4 f_{eff}	2 f_{eff}	f_{eff}

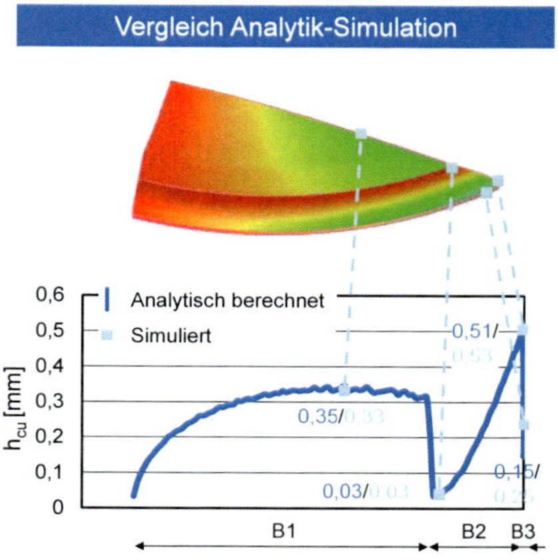

Bild 4.12: Gegenüberstellung der CAD-Abbildung mit der analytischen Berechnung

Comparison of a CAD-model and the Analytical Approach

Zur Verifikation des Berechnungsansatzes wurde die Durchdringung in einem CAD-Programm modelliert. Hierzu wurde das Werkstück durch einen Zylinder, das Werkzeug durch einen Rotationskörper mit dem gleichen Werkzeugprofil abgebildet. Das Werkzeug wurde entsprechend dem Schrägungswinkel gegen die Werkstückachse verkippt und der Achsabstand um die Zustellung reduziert. Die Bereiche, in denen sich die Körper durchdringen, wurden aus dem Werkstück entfernt.

Das Werkzeug wurde anschließend parallel zur Werkstückmittelachse um den Axialvorschub verschoben. Das Werkstück wurde dem Schrägungswinkel der Verzahnung entsprechend gedreht. Die erzeugten Durchdringungskörper entsprechen den Spanungsgeometrien aus einem Profilfräsprozess. Auch bei diesem Vorgehen wird die Zykloidenform der Werkzeugbahn vernachlässigt.

In Bild 4.12 sind die maximalen Spanungsdicken der analytischen Berechnung des Prozesses denen der CAD-Modellierung gegenübergestellt. Die Abweichungen betragen in dieser Betrachtung wenige hundertstel Millimeter. Die Berechnungsmethode wird als verifiziert angenommen und zur Charakterisierung der Prozesse verwendet.

4.2.2 Einfluss der Prozesseingangsgrößen auf die Zerspanbedingungen

Influence of the Input Factors on the Cutting Conditions

Der Einfluss verschiedener Einstellgrößen auf die Spanungsgeometrien beim Profilfräsen kann anhand des in Kapitel 4.2.1 beschriebenen Modellansatzes dargestellt werden. So wird die maximale Spanungsdicke beim Profilfräsen von Geradverzahnungen ausschließlich durch den effektiven Vorschub je Schneide, Tauchtiefe und Außendurchmesser des Werkzeugs bestimmt. Hierbei ist der Zusammenhang von Vorschub und Spanungsdicke nahezu proportional. Der Vorschub hat einen geringen Einfluss auf die Schnittbogenlänge durch eine Verschiebung des Schneidenaustritts. Das bezogene Spanvolumen steigt mit dem Vorschub nahezu proportional an, da die Steigerung der Spanungsdicke sich bei jedem Schnittwinkel des Werkzeugs vergleichbar ausbildet.

Der Einfluss der Schnitttiefe auf die maximale Spanungsdicke kann näherungsweise durch eine einfache Wurzelfunktion beschrieben werden. Die Spanungsdicke steigt im Bereich kleiner Schnitttiefen schnell mit steigender Schnittiefe an. Bei größeren Werten nimmt dieser Effekt hingegen deutlich ab.

Der Einfluss des Werkzeugaußendurchmessers auf die maximale Spanungsdicke ergibt sich aus einer Änderung des Eintrittswinkels der Schneide. Dieser Effekt kann durch eine Wurzelfunktion mit der Wurzel im Nenner vereinfacht abgebildet werden. Durch den abnehmenden Eintrittswinkel bei gleicher Tauchtiefe sinken die Werte der Spanungsdicke. Die Schnittbogenlänge steigt hierbei gleichzeitig an. Durch eine proportionale Steigerung von Tauchtiefe und Werkzeugaußendurchmesser bei konstantem Vorschub, werden konstante Spanungsdicken erzeugt.

Die maximale Schnittbogenlänge beim Profilfräsen kann für Geradverzahnungen nach dem in Bild 4.8 dargestellten geometrischen Ansatz berechnet werden. Der Schnittwinkel kann mit der Gleichung

$$\varphi = \alpha + \gamma = \arccos\left(\frac{d_{a0} - 2 \cdot T}{d_{a0}}\right) + \arcsin\left(\frac{f_z}{d_{a0}}\right) \tag{4.21}$$

bestimmt werden [LUX97]. Die maximale Schnittbogenlänge beträgt somit

$$l_{\max} = \varphi \cdot \frac{d_{a0}}{2} = \left(\arccos\left(\frac{d_{a0} - 2 \cdot T}{d_{a0}}\right) + \arcsin\left(\frac{f_z}{d_{a0}}\right)\right) \cdot \frac{d_{a0}}{2}. \tag{4.22}$$

Der vorschubabhängige Anteil der Schnittbogenlänge beträgt für das Fräsen von Großverzahnungen weniger als 0,5 % und kann für die Abschätzung der Schnittbogenlänge vernachlässigt werden. Die Schnittbogenlänge kann somit auf Basis der radialen Zustellung sowie des Werkzeugdurchmessers bestimmt werden.

4.3 Zerspanbedingungen beim Wälz- und Profilfräsen

Cutting Conditions in Gear Hobbing and Form Milling

Das Wälzfräsen und das Profilfräsen weisen bezüglich ihrer Zerspanbedingungen Gemeinsamkeiten, aber auch deutliche Unterschiede auf. Beide Prozesse werden mit Werkzeugen vergleichbarer Außendurchmesser und Anzahlen Schneiden auf dem Werkzeugumfang durchgeführt. Die charakteristische Spanform über einem Schnitt ist ähnlich. In beiden Prozessen werden kommaförmige Späne gebildet. Im Gleichlauf wird die höchste Spanungsdicke kurz nach Werkzeugeintritt erreicht. Die Spanungsdicke fällt im weiteren Schnittverlauf kontinuierlich bis auf null ab. Im Gegenlauf steigt die Spanungsdicke bis zum Schneidenaustritt kontinuierlich an.

Die Prozesse unterscheiden sich durch die Abfolge der aufeinanderfolgenden Schneideneingriffe deutlich. Eine Schneide beim Profilfräsen ist von der vorherigen um einen Axialvorschub von einigen zehntel Millimetern verschoben. Dieser Vorschub bestimmt die resultierende Spanform. Beim Wälzfräsen hingegen, überwiegt die Wälzbewegung zwischen dem Eingriff zweier aufeinander folgender Schneiden. Hierdurch wird das gleiche Spanvolumen auf eine größere Anzahl Schneideneingriffe verteilt. Beim Profilfräsen unterliegen die Schneiden bei jedem Span der gleichen Belastung. Beim Wälzfräsen hingegen unterliegt jeder Schneidenbereich einem Belastungskollektiv, das durch Späne mit verschiedenen Einzelbelastungen charakterisiert wird.

In **Bild 4.13** sind Spanungskenngrößen eines Wälzfräsprozesses denen eines Profilfräsprozesses gegenübergestellt. Die betrachteten Prozesse wurden für das gleiche Bauteil mit Werkzeugen gleichen Durchmessers und gleicher Anzahl Schneiden auf dem Werkzeugumfang berechnet. Die Vorschübe der Prozesse wurden so gewählt, dass die gleiche maximale Spanungsdicke von $h_{cu,max}$ = 0,38 erreicht wird. Im Bild sind die maximale Spanungsdicke ($h_{cu,max}$), das mittlere Spanungsdicke (h_{cu}), die

Schnittbogenlänge (l_{cu}) und das bezogene Spanvolumen eines Spans über der abgewickelten Schneidkante dargestellt.

Werkstück:
Modul m_n = 16 mm
Zähnezahl z_2 = 35
Eingriffswinkel α_n = 20°
Schräg.-winkel β = 0°
Durchmesser d_a = 489 mm

Werkzeug:
Durchmesser d_{a0} = 240 mm
Spannutenzahl i_0 = 12
Gangzahl (WF) z_0 = 1

Parameter Profilfräsen:
Gleichlauf
Vorschub (PF) f_z = 0,6 mm
Vorschub (WF) f_a = 1,3 mm

Legende:
— Profilfräsen
— Wälzfräsen (Maxima)
- - Wälzfräsen (Mittelwerte)

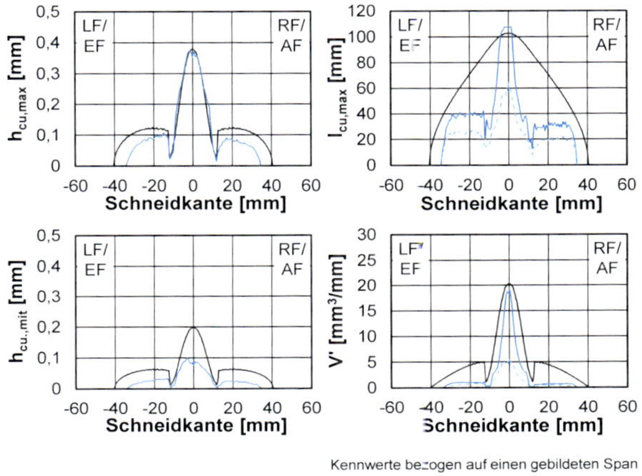

Bild 4.13: Gegenüberstellung der Spanungskenngrößen beim Profilfräsen und Wälzfräsen
Comparison of Characteristic Values for Form Milling and Gear Hobbing

In beiden Prozessen sind die maximalen Schnittbogenlängen im Bereich des Zahnkopfs bei gleichem Außendurchmesser der Werkzeuge und der gleichen bearbeiteten Verzahnung nahezu identisch. Zu den Flanken hin, werden jedoch beim Wälzfräsen geringere Schnittbogenlängen und Spanungsdicken erreicht. Die im Schnitt befindliche Schneidkantenbreite ist beim Wälzfräsen durch die Wälzbewegung geringer als die im Profilfräsprozess. Auch das maximal in einem Schnitt zerspante auf die Schneidenbreite bezogene Spanvolumen ist in beiden Prozessen am Zahnkopf nahezu identisch. In beiden Prozessen sind die Maximalwerte der Spanungskenngrößen ähnlich. Die Maximalbelastung ist fast gleich.

Die Aufteilung des Spanvolumens auf eine größere Anzahl von Schneiden im Wälzfräsprozess führt zu einer größeren Anzahl kleiner Späne im Prozess. Dies wird bei einer Betrachtung der Mittelwerte der Kenngrößen über die unterschiedlichen gebildeten Spänen ersichtlich. Die mittlere Spanungsdicke bei gleichem Maximum liegt beim Wälzfräsen bei ca. 50% des Wertes des Profilfräsprozesses. Die mittlere Schnittbogenlänge erreicht ca. 60% der Schnittbogenlänge des Profilfräsens. Die deutlichsten Unterschiede weist das bezogene Spanvolumen auf. Der Mittelwert erreicht mit V' = 5 mm/mm^3 nur ein Viertel des Werts des Profilfräsens.

Um für beide Prozesse gültige Kennwerte für die Bewertung des Verschleißverhaltens auszuwählen, ist daher wichtig, festzustellen, ob eine Verschleißausprägung von der Maximalbelastung eines Schneidenbereichs oder einer durchschnittlichen Belastung abhängt.

4.4 Einflüsse der Größenverhältnisse auf das Verzahnungsfräsen

Effects of the Size Ratio in Gear Machining

Die Verfahrensprinzipien der Zerspanprozesse unterscheiden sich bei der Bearbeitung von Bauteilen unterschiedlicher Größe nicht. Die Skalierung der Prozesse wirkt sich jedoch auf verschiedene Kenngrößen unterschiedlich aus, sodass eine lineare Skalierung des Bearbeitungsprozesses nicht möglich oder nicht wirtschaftlich ist. Neben den geometrisch-kinematischen Bedingungen im Verzahnprozess unterliegt die Werkzeuggestaltung Größeneinflüssen.

4.4.1 Geometrisch-kinematische Bedingungen

Size Effect on the Process Conditions

Die Kenngrößen zur Charakterisierung der Zerspanbedingungen werden durch eine Skalierung von Bauteil, Werkzeug und Prozess unterschiedlich beeinflusst. In den folgenden Überlegungen wird ein Werkstück bezüglich Modul, Bezugsprofil und Verzahnungsbreite proportional vergrößert und hierbei der Profilverschiebungsfaktor sowie die Zähnezahl des Bauteils konstant gehalten. Das verwendete Werkzeug wird entsprechend dem Bauteil skaliert.

Wird der Vorschub mit dem Prozess skaliert, ergeben sich mit dem Modul proportional gesteigerte Spanungsdicken. Um einer Überlastung der Schneiden durch eine zu hohe Spanungsdicke entgegenzuwirken, wird der Vorschub beim Wälz- und Profilfräsen in der Praxis so angepasst, dass sich unabhängig von der Bauteilgröße die gleiche Spanungsdicke ergibt. Dieses Vorgehen führt bei gleicher Werkzeugdrehzahl zu einer ungefähr linear mit dem Modul wachsenden Anzahl Werkzeugeingriffe und zu einer linear steigenden Hauptzeit des Prozesses.

Weiterhin wird die Schnittgeschwindigkeit, als örtlich und zeitlich aufgelöste Kenngröße für die Zerspanbedingungen bei der Skalierung des Prozesses konstant gehalten. Somit ist die Drehzahl der Werkzeuge zum Werkzeugdurchmesser entgegengesetzt proportional. Dieses Vorgehen führt über den Einfluss des Vorschubs hinaus zu einer weiteren zur Bauteilgröße proportional längeren Prozesszeit.

Die Schnittbogenlänge im einzelnen Schnitt wächst bei der beschriebenen Skalierung linear mit der Bauteilgröße. Der Einfluss des Vorschubs auf diese Kenngröße ist zu vernachlässigen. Durch die proportional gesteigerte Anzahl der Schneideneingriffe wird jedoch der in Summe zurückgelegte Schnittweg über ein Bauteil weiterhin linear gesteigert.

Unter der Annahme, dass die zurückgelegte Schnittbogenlänge eines Schneidenbereichs bis zum Standzeitende bei gleicher Spanungsdicke und gleicher Schnittgeschwindigkeit konstant ist, ergibt sich ein umgekehrt kubischer Einfluss der Bauteilgröße auf die Standmenge. Werden beispielsweise bis zum Standzeitende 800 Bauteile mit einem Normalmodul von m_n = 2,5 mm gefertigt, sind es bei dieser Skalierung 3 Bauteile mit einem Modul von m_n = 16 mm. Mit dem Werkzeugaußendurchmesser und der Radialzustellung im Prozess steigt weiterhin die Schnittbogenlänge. Dies führt bei einer konstanten Schnittgeschwindigkeit zu einer längeren Einwirkzeit hoher Temperaturen auf die Schneide des Werkzeugs. Die maximale im Schneidstoff vorliegende Temperatur steigt somit an und führt zu größeren Temperaturschwankungen zwischen dem Eingriff und der Abkühlung außerhalb des Eingriffs. Weiterhin wirken hohe Temperaturen, speziell bei Werkzeugen aus Schnellarbeitsstahl, destabilisierend auf den Schneidstoff (vgl. Kapitel 2.2.1). Um kritische Temperaturen und Temperaturwechsel im Schneidstoff zu reduzieren, werden Fräsprozesse für großmodulige Verzahnungen bei deutlich reduzierten Schnittgeschwindigkeiten durchgeführt.

Bei dieser Betrachtung wurde die Belastung der Schneide ausschließlich durch die beschriebenen lokalen Spanungskenngrößen beschrieben. In seiner Arbeit hat HERZHOFF weiterhin einen Einfluss des Schneideneckenradius auf die mechanische und thermische Belastung der Schneide als auch auf das Standverhalten von Werkzeugen mit definierter Schneide nachgewiesen. Diese Ergebnisse lassen auf längere Standzeiten bei größeren Werkzeugen schließen.

4.4.2 Werkzeuggestaltung

Size Effects on the Tool Design

Mit einer Skalierung des Werkstücks ändert sich auch die Auslegung der benötigten Zerspanwerkzeuge. In der oben beschriebenen Betrachtung wird von einem mit dem Werkstück skalierten Werkzeug ausgegangen. Diese Skalierung ist zur Erzeugung der skalierten Lücke des Werkstücks für die Schneiden des Werkzeugs notwendig. Diese Werkzeuge unterliegen jedoch bei ihrer Skalierung Restriktionen. Für Vollstahlwerkzeuge werden meist pulvermetallurgisch hergestellte Schellarbeitsstähle verwendet. Die Herstellung des Materials in der benötigten Homogenität ist jedoch auf Durchmesser bis ca. d_a = 250 mm beschränkt. Ebenso sind der Außendurchmesser und die Länge der Werkzeuge sowohl durch die Geometrien der Werkzeugmaschinen als auch durch die benötigten Drehmomente der Werkzeugspindel eingeschränkt. Darüber hinaus wächst die benötigte Menge an Schneidstoff entsprechend einer kubischen Funktion (m_n^3) an. Dies führt zu hohen Werkzeugkosten für großmodulige Bauteile. Aus diesen Gründen werden die Durchmesser der Werkzeuge nicht proportional mit dem Werkstückmodul gesteigert.

Ein wichtiger Faktor für die Leistungsfähigkeit der Werkzeuge ist die Anzahl an Schneiden am Werkzeug. Durch eine größere Anzahl an Schneiden kann bei gleicher Spanungsdicke ein höherer Vorschub erreicht werden. Hierdurch werden die Anzahl Schneideneingriffe und der Schnittweg, bezogen auf die Werkstückbreite, reduziert. Das zerspante Volumen je Schneidenbereich wird ebenso reduziert. Mit steigender Schneidenanzahl wird daher eine größere Standmenge erwartet. Unter der Voraussetzung, dass der Verschleiß der Schneiden vollständig über Spanungskenngrößen bestimmt wird, kann mit einer größeren Anzahl an Schneiden eine höhere Produktivität des Prozesses sowie längere Standzeiten des Werkzeugs erreicht werden. Hierdurch werden jedoch der mögliche Spanraum sowie, bei Blockwerkzeugen, die Zahndicke und die Anzahl an möglichen Nachschliffen eingeschränkt.

4.5 Fazit

Conclusion

Die Zerspanbedingungen im Wälzfräsprozess und im Profilfräsprozess können durch die entwickelten Berechnungsmethoden, anhand verschiedener Spanungskenngrößen, charakterisiert werden. Diese sind für beliebige Prozessparameter berechenbar und bilden die Grundlage für eine Verknüpfung des lokalen Verschleißverhaltens der Werkzeuge mit den Prozessparametern. Die lokalen Zerspanbedingungen im Wälzfräsprozess und im Profilfräsprozess für gleiche Bauteile weisen deutliche Unterschiede auf.

5 Analyse des Verschleißverhaltens

Analysis of the Tool Wear

Zur Auslegung von Zerspanprozessen sind, neben einer theoretischen Beschreibung der Prozesse, empirische Untersuchungen des Einsatzverhaltens des Werkzeugs unter unterschiedlichen Zerspanbedingungen notwendig. Neben der Identifikation technologischer Grenzen liegt der Fokus im Folgenden auf dem Verschleißverhalten der Werkzeuge unter verschiedenen Belastungskollektiven. In einem ersten Schritt werden Untersuchungsmethoden für das Fräsen von Großverzahnungen entwickelt. Zerspanversuche werden in Modellprozessen für das Wälzfräsen mit HSS-Blockwerkzeugen und HM-Wendeschneidplatten-Werkzeugen sowie für das Profilfräsen mit HM-Wendeschneidplatten-Werkzeugen durchgeführt. Für die dominierenden Verschleißformen der jeweiligen Werkzeugkonzepte werden relevante Einflussgrößen bestimmt und Verschleißmodelle abgeleitet. Diese Modelle bilden nach der Bestimmung der Spanungskennwerte die zweite Grundlage für eine methodische Prozessauslegung.

5.1 Methoden zur Untersuchung des Werkzeugverschleißes

Methods for the Analysis of Tool Wear

Für die Untersuchung des Wälzfräsens mit Vollprofil-Blockwälzfräsern bietet der Modellprozess Schlagzahn-Wälzfräsen den Vorteil geringer Werkzeug und Werkstückkosten durch die Reduktion auf eine einzelne Schneide. Besonders für Verschleißuntersuchungen mit einer großen Anzahl von Versuchen wird dieser Modellprozess eingesetzt (vgl. Kapitel 2.4.1).

Für Untersuchungen von Wälzfräsprozessen mit Werkzeugen variierender Schneidenformen oder Abstände zwischen den Schneiden wurde bisher kein Modellprozess entwickelt. Auch für die Untersuchung des Profilfräsens wurden bisher keine Modellprozesse entwickelt. Besonders für Verschleißuntersuchungen an Großverzahnungen sind Modellprozesse mit reduzierten Schneidenanzahlen wegen der hohen Werkzeug- und Bauteilkosten notwendig. Weiterhin wird ein vergleichbarer Modellprozess für das Profilfräsen von Großverzahnungen für die folgenden Untersuchungen benötigt. In diesem Kapitel werden diese Prozesse entwickelt.

5.1.1 Modellversuche für die Analyse des Wälzfräsens

Model Trial for the Analysis of Gear Hobbing

Zur Untersuchung des Wälzfräsens mit Vollprofil-Blockwerkzeugen wurde in verschiedenen Arbeiten der Schlagzahnversuch eingesetzt (vgl. Kapitel 2.4.1). Dieser Prozess bietet den Vorteil, dass die aus den verschiedenen Spanungsgeometrien resultierende Belastung eines Wälzfräsprozesses vollständig an einer Werkzeugschneide wirkt. In dieser Methode entspricht das Drehzahlverhältnis zwischen Werkzeug und Werkstück dem nachgebildeten Wälzfräsprozess. Gleichzeitig wird das

Werkzeug entlang seiner Mittelachse so verschoben, dass es bei Wiedereintritt in die gleiche Zahnlücke um eine Wälzstellung versetzt ist. Hierdurch ergibt sich als Versatz während einer Werkzeugumdrehung für eingängige Werkzeuge

$$\Delta V = \frac{H}{i_0 \cdot z_2}. \tag{5.1}$$

Der Wälzweg des Werkstücks in einer Werkzeugumdrehung entspricht der Steigungshöhe (H) des Fräsers und ist somit um ein Vielfaches größer. Die Abweichungen bei der Spanbildung durch diese Shiftbewegung sind für die Prozessauslegung vernachlässigbar klein.

Eine weitere Abweichung von den nachgebildeten Spanungsgeometrien entsteht durch den diskontinuierlich durchgeführten Axialvorschub. Der Vorschub bei Einsatz des Wälzfräsens zwischen dem Eingriff zweier Wälzstellungen kann hierbei nach Formel 5.2 berechnet werden.

$$\Delta f_a = \frac{f_a}{i_0 \cdot z_2} \tag{5.2}$$

Die Abweichung in axialer Richtung liegt hierbei bei wirtschaftlich relevanten Prozessen im Bereich weniger Mikrometer und wird vernachlässigt. Der bisher eingesetzte Schlagzahnversuch ist in der Lage den Wälzfräsprozess mit Vollprofil-Blockwerkzeugen, die ein konstantes Werkzeugprofil aufweisen, nachzubilden. Die Ergebnisse können auf volle Werkzeuge übertragen werden.

Für die Fertigung von Großverzahnungen kommen meist Werkzeuge zum Einsatz, die mit mehreren unterschiedlichen Schneiden ausgeführt sind. Zur Nachbildung dieser Werkzeuge ist daher ein alternativer Modellversuch notwendig. Die Einsatzbedingungen im Wälzfräsprozess werden durch den Schlagzahnprozess sehr genau nachbildet. Weiterhin wird eine Durchgängigkeit der Ergebnisse angestrebt. Aus diesem Grund wird ein Modellversuch auf Basis des Schlagzahnfräsens mit möglichst geringen Anpassungen entwickelt.

Zur korrekten Abbildung des Wälzvorschubs müssen zwei Forderungen erfüllt werden. Erstens muss jede Schneide beim Wiedereintritt in eine Lücke um den Wälzweg verschoben sein, der zwischen zwei aufeinanderfolgenden Schneiden am Wälzfräser liegt. Zweitens muss der Wälzweg zwischen zwei aufeinanderfolgenden unterschiedlichen Schneiden abgebildet werden. Der Wälzweg kann auf zwei Arten abgebildet werden.

Als erste Möglichkeit kann das Werkzeug wie im konventionellen Schlagzahnversuch entlang seiner Mittelachse verschoben werden. Das Wälzen wird durch eine kontinuierliche translatorische Bewegung abgebildet. Soll eine Schneide in mehreren Wälzstellungen arbeiten, muss der Versatz bis zum Wiedereintritt dieser Schneide durch eine Translation erfolgen.

Eine Abbildung des Versatzes zwischen mehreren Schneiden durch eine Verschiebung des Werkzeugs ist mit Beibehalten der Wälzkopplung nur in Ausnahmen möglich. Die Schneiden müssen sich, um eine gleichmäßige Teilung über dem Umfang des abgebildeten Wälzfräsers abzubilden, auf dem Versuchswerkzeug gleichmäßig über dem Umfang verteilt befinden. Durch die Wälzkopplung der Rotationsachsen kommt ein Werkzeugzahn immer um die der Werkzeuggangzahl entsprechende Anzahl Zahnlücken versetzt in den nächsten Eingriff. Jede weitere Schneide ist entsprechend ihrer Position auf dem Werkzeugumfang versetzt. In der Regel führt dies zu einer Kollision mit der Fertigkontur des Bauteils. Prozesse, in denen die Teilung der Schneiden mit der abgebildeten Gangzahl übereinstimmt, werden ausschließlich die Zahnlücken geschnitten. Die Schnittfolge in jeder einzelnen Lücke ist zu betrachten, um eine genaue Abbildung des Wälzfräsprozesses zu erreichen.

Bei einer Vernachlässigung der Wälzkopplung können beliebige Kombinationen aus Werkzeug und Werkstück abgebildet werden. Es resultiert ein Teilwälzfräsprozess, der die Geschwindigkeitsverhältnisse im Prozess weniger genau abbildet als der Schlagzahnprozess, da die Komponente der Schnittgeschwindigkeit in Wälzrichtung nicht abgebildet wird. Um die einzelnen Wälzpositionen der Werkzeugzähne abzubilden, wird eine um ein Vielfaches größere Geschwindigkeit der Shiftachse benötigt als beim Schlagzahnprozess. In der Regel ist dieser Prozess daher nicht auf konventionellen Wälzfräsmaschinen umsetzbar.

Die zweite Möglichkeit, den Wälzvorschub abzubilden, besteht darin, die Schneidkollektive entsprechend der Anordnung auf dem nachgebildeten Werkzeug axial versetzt anzuordnen. Dies führt dazu, dass der Wälzvorschub zwischen den zwei Schneiden des Kollektivs bereits durch die Werkzeuggeometrie abgebildet wird. Durch die Wälzkopplung zwischen Werkzeug und Werkstück wird der Prozess bezüglich der Geschwindigkeitsverhältnisse so abgebildet, wie im konventionellen Schlagzahnversuch.

In dieser Arbeit wird ein Prozess eingesetzt, der die beiden Möglichkeiten, den Schneidenversatz zwischen den Wälzstellungen abzubilden, miteinander verbindet, **Bild 5.1**. Der Versatz zwischen unterschiedlichen aufeinanderfolgenden Schneiden (Δ_1) wird durch einen Versatz am Werkzeug entsprechend der Wendel des abgebildeten Fräsers mit dem Steigungswinkel (γ_0) berücksichtigt. Der Versatz bis zum Wiedereintritt der gleichen Schneide (Δ_2) wird durch eine kontinuierliche Shiftbewegung des Fräsers abgebildet.

Durch die Überlagerung der beiden Bewegungen kommt es zu Abweichungen bei der Abbildung der Wälzstellungen zwischen den unterschiedlichen Schneiden. Der zusätzliche Wälzweg durch die Shiftbewegung des Fräsers lässt sich mit der Formel

$$\Delta f_w = \frac{H \cdot i_{mod}}{i_0^2 \cdot z_2} \tag{5.3}$$

berechnen. Diese Bewegung wird bei der Werkstückrotation berücksichtigt. Für den hier betrachteten Auslegungsfall beträgt die Abweichung des Wälzwegs Δf_w = 5 µm. Im Gegensatz zu einem Wälzweg von ca. Δ = 1,5 mm zwischen zwei aufeinanderfolgenden Schneiden kann diese Abweichung vernachlässigt werden.

Der beschriebene Modellversuch wird sowohl zur Abbildung von Räumzahnwerkzeugen als auch zur Abbildung von Wendeschneidplatten-Wälzfräsern eingesetzt. Für den Modellversuch zur Abbildung von Räumzahnwerkzeugen wird entsprechend herkömmlichen Schlagzähnen eine Schneidengruppe aus einem Vollwerkzeug herausgetrennt und in einem Schlagzahnhalter eingesetzt. Hierbei muss sichergestellt werden, dass beide eingesetzten Zähne im eingebauten Zustand den gleichen Flugkreisdurchmesser aufweisen. Die Position des Werkzeugs kann durch Zwischenplatten verschiedener Stärke radial und tangential eingestellt werden. Für die Nachbildung von Wendeschneidplatten-Wälzfräsern wird analog ein Werkzeuggrundkörper eingesetzt, der über einen Teil der Wendel des vollständigen Werkzeugs verfügt (Bild 5.1, links).

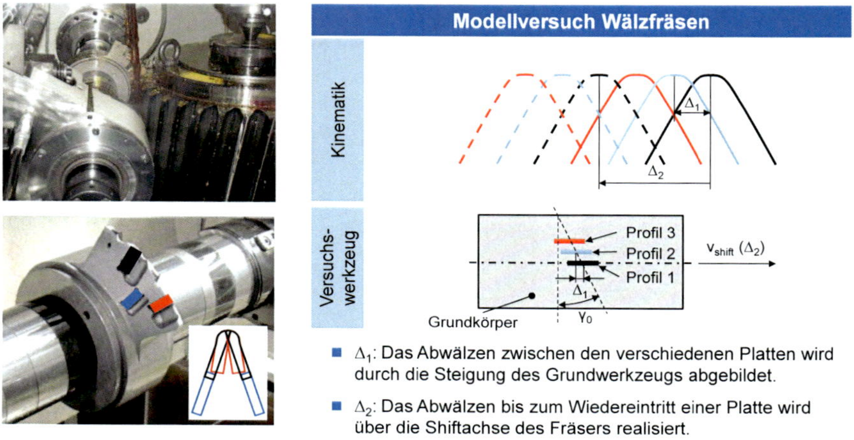

Bild 5.1: Modellversuch zum Wälzfräsen mit Wendeschneidplatten
Model Process for Gear Hobbing with Indexable Inserts

5.1.2 Modellversuch für die Analyse des Profilfräsens

Model Process for the Analysis of Form Milling

Ähnlich dem Modellprozess für das Wälzfräsen wird auch für das Profilfräsen eine Möglichkeit benötigt, den Materialaufwand in Verschleißuntersuchungen zu reduzieren. Hierzu wird ein Modellversuch mit einer reduzierten Anzahl von Werkzeugschneiden entwickelt. Die Kinematik des Profilfräsprozesses wird im hier entwickelten Prozess beibehalten.

Um die Belastung der einzelnen Schneiden eines Modellwerkzeugs vergleichbar zu halten, müssen die Abstände der Schneiden im gleichen Verhältnis zueinander stehen, wie an einem nachgebildeten Werkzeug. Um vergleichbare Spanungsgeometrien zu erhalten, muss der auf einen Schneideneingriff bezogene Vorschub dem nachgebildeten Prozess entsprechen. Die Vorschubgeschwindigkeit muss daher um den gleichen Faktor reduziert werden, wie die Schneidenanzahl des Werkzeugs. Die

Kopplung zwischen Werkstückrotation und Axialvorschub entspricht in diesem Prozess dem nachgebildeten Profilfräsprozess. In den folgenden Untersuchungen wird die Bestückung eines Profilfräsers von sechs auf zwei Schneidengruppen zu je vier Schneidplatten reduziert (**Bild 5.2**, links). Durch die Verwendung von zwei Schneidengruppen wird das Risiko einer Beschädigung des Werkzeuggrundkörpers vermindert.

Durch diese Prozessführung wird die Bewegung zwischen dem Eingriff zweier aufeinanderfolgender Schneiden im Modellprozess genau abgebildet. Es kommt jedoch zu geringen Abweichungen durch die veränderte Bahnkurve der Schneiden, da die Vorschubgeschwindigkeit bei gleicher Drehzahl des Werkzeugs reduziert wird. Für das im Folgenden betrachtete Werkzeug beträgt der Unterschied der Bahnkurven in Vorschubrichtung im Maximum ca. 1 mm auf einem Schnittbogen von über l_{cu} = 100 mm. Da diese Abweichung in gleicher Form auf die Bahnkurven aller Schneiden wirkt, werden die Abweichungen der Spangeometrien durch die Reduktion der eingesetzten Schneiden als vernachlässigbar betrachtet. In diesem Modellprozess ergibt sich eine Abweichung der kinematischen Wirkwinkel gegenüber dem abgebildeten Prozess. Die Schnittgeschwindigkeitsrichtung verändert sich im experimentell betrachteten Fall weniger als $\Delta\varphi$ = 0,01°. Diese Änderung wird im Folgenden vernachlässigt.

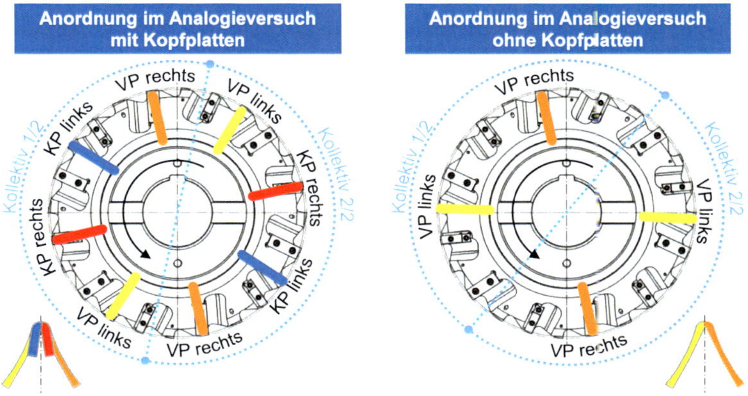

Bild 5.2: Aufteilung der Wendeschneidplatten auf dem Profilfräser
Distribution of Cutting Inserts on the Milling Tool in the Model Trials

Zur Untersuchung des Einflusses der Kopfplatten des Werkzeugs wird das Werkzeug in einigen Versuchen in einer geänderten Bestückung ohne Kopfplatten eingesetzt (Bild 5.2 rechts). Auf dem verwendeten Werkzeuggrundkörper ist jedoch eine vollständig gleichmäßige Verteilung der Schneidplatten in dieser Form nicht möglich. Jeweils zwei gleiche Schneidplatten werden sich gegenüberliegend eingesetzt, sodass sie die gleiche Belastung im Prozess erfahren. Die Platten der jeweils anderen

Flanke müssten, für eine genaue Nachbildung des vollbestückten Werkzeugs, unter einem Winkel von 90° versetzt eingebaut werden. Bei Verwendung des gleichen Werkzeuggrundkörpers befinden sich an dieser Position nicht die benötigten Plattensitze. Dieser Aufbau beeinflusst die Belastung im Überlappungsbereich der Schneiden. Diese Schneidenabschnitte erfahren durch die doppelte Anzahl von Schneiden eine reduzierte Belastung und sind standzeitunkritisch. Für die folgenden Standzeitversuche kann diese Abweichung der Belastung vernachlässigt werden.

5.2 Verschleißuntersuchung an Werkzeugen aus Schnellarbeitsstahl

Wear in Machining with High Speed Steel Tools

Aufgrund der unterschiedlichen Eigenschaften von Schnellarbeitsstahl und Hartmetall werden diese Schneidstoffe in separaten Untersuchungen betrachtet. Um jeweils für die Prozessauslegung relevante Belastungen zugrunde zu legen, orientieren sich die Ausgangsparameter hierbei jeweils an industriell eingesetzten Prozessen.

5.2.1 Versuchsplanung

Design of Experiments

Das Profilfräsen von Großverzahnungen wird fast ausschließlich mit Wendeschneidplatten-Werkzeugen durchgeführt. HSS-Werkzeuge haben für diese Anwendung eine untergeordnete Bedeutung. Die Untersuchungen zum Verschleißverhalten von HSS-Werkzeugen werden daher ausschließlich im Wälzfräsprozess durchgeführt. Um den Größeneinfluss auf den Prozess zu berücksichtigen, werden zwei Verzahnungen ähnlicher geometrischer Verhältnisse untersucht, die sich in ihren Dimensionen deutlich unterscheiden. Beide Versuchsbauteile sind Planetenräder aus Windkraftanwendungen, **Bild 5.3**. Der untersuchte Werkstoff beider Bauteile ist ein vorvergüteter Stahl der Sorte 18CrNiMo7-6. Die Bauteile wurden jeweils aus der laufenden Fertigung von Getrieben für Windkraftabwendungen bezogen.

Werkstück	**Werkstück 1**	**Werkstück 2**
Werkstoff	18CrNiMo7-6	18CrNiMo7-6
Modul	m_n = 11 mm	= 16 mm
Zähnezahl	z_2 = 40	= 35
Eingriffswinkel	α_n = 20°	= 20°
Schräg.-winkel	β = 10,5°	= 7,5°
Protuberanz	pr_{P0} = 0,5 mm	= 0,6 mm
Durchmesser	d_a = 489 mm	= 615 mm
Breite	b = 191 mm	= 380 mm
verzahnte Länge je Werkstück	L_{WST} = 7,8 m	= 13,4 m

Bild 5.3: Versuchsbauteile

Trial Workpieces

Für die betrachteten Werkstücke kommen im industriellen Umfeld verschiedene Werkzeugkonzepte zum Einsatz. Das kleinere betrachtete Werkstück hat einen Normalmodul von m_n = 11 mm. Diese Bauteile werden in der industriellen Fertigung mit Vollprofil-Blockwerkzeugen aus PM-HSS Schneidstoffen bearbeitet. Das zweite Werkstück hat einen Normalmodul von m_n = 16 mm. Für diese Werkstücke werden Räumzahnwerkzeuge aus PM-HSS und zunehmend Wendeschneidplatten-Werkzeuge mit Hartmetallschneiden eingesetzt.

Die Untersuchungen an Bauteil 1 werden mit einem Werkzeug durchgeführt, dass an den industriellen Einsatz angelehnt ist. Dieses Werkzeug verfügt über einen Außendurchmesser von $d_{a,0}$ = 210 mm und eine Spannutenzahl von i_0 = 12 bei z_0 = 2 Gängen, **Bild 5.4**. Für die Bearbeitung von Bauteil 2 werden entsprechend dem Stand der Technik Räumzahnwerkzeuge eingesetzt. Diese verfügen über einen Außendurchmesser von $d_{a,0}$ = 240 mm und i_0 = 20 Spannuten bei z_0 = 1 Gang. Um den Einfluss der verschiedenen Werkzeugkonzepte bewerten zu können, wird ein Vollprofil-Wälzfräser mit i_0 = 20 Spannuten im Modellversuch zu diesem Bauteil nachgebildet. Diese Spannutenzahl liegt über dem für Vollprofil-Blockwerkzeuge dieser Größe typischen Bereich. Sie wurde gewählt, um einen direkten Vergleich zwischen den Werkzeugkonzepten bei identischen Zerspanbedingungen am Zahnkopf zu ermöglichen. Ausgehend von Parametern, die den Stand der Technik in der industriellen Fertigung abbilden, werden die Versuchsparameter im Lauf der Untersuchungen, basierend auf den Ergebnissen der Zerspanversuche, entwickelt.

		Werkstück 1	**Werkstück 2**	**Werkstück 2**
Typ		Konventionell	Konventionell	Tandem
Schneidstoff		PM-HSS (S390)	PM-HSS (S390)	PM-HSS (S390)
Modul	m_n	= 11 mm	= 16 mm	= 16 mm
Durchmesser	d_{a0}	= 210 mm	= 240 mm	= 240 mm
Gangzahl	z_0	= 2	= 1	= 1
Spannutenzahl	i_0	= 12	= 20	= 20

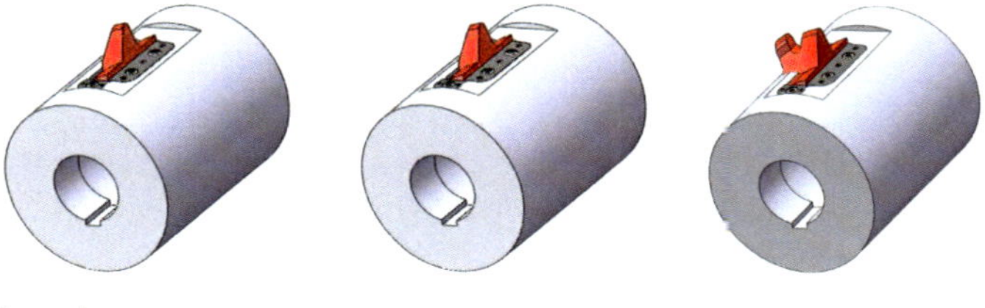

Bild 5.4: Versuchswerkzeuge
Trial Tools

Die Untersuchungen werden, entsprechend der Prozessführung in der industriellen Fertigung, im Gleichlauf durchgeführt. Vorteile der Bearbeitung im Gegenlauf bei beschichteten Zerspanwerkzeugen [BOUZ08c; BOUZ13] werden nicht berücksichtigt. Den Ausgangspunkt der Untersuchungen an Bauteil 1 bildet ein Prozess mit einer Schnittgeschwindigkeit von v_c = 55 m/min und einem Vorschub von f_a = 1,4 mm. Aus dieser Auslegung resultiert eine maximale Spanungsdicke von $h_{cu,max}$ = 0,60 mm. Ausgehend von diesem Versuch werden Untersuchungen im Modellprozess durchgeführt. In diesem Prozess wird die Überlagerung der Belastungen aus den verschiedenen Wälzstellungen an einer Werkzeugschneide abgebildet. Die Belastung entspricht dem Kollektiv eines geshiftet eingesetzten Wälzfräsers. Ausgehend vom Referenzprozess werden sowohl der Axialvorschub als auch die Schnittgeschwindigkeit gesteigert. Durch die Steigerung der Schnittgeschwindigkeit werden die Spanungsgeometrien im Wälzfräsprozess nicht verändert. Der Einfluss des Vorschubs auf das Belastungskollektiv ist in **Bild 5.5** anhand der Werte der maximalen Spanungsdicke ($h_{cu,max}$), maximalen Schnittbogenlänge ($l_{cu,max}$), Anzahl Schneideneingriffe je Millimeter verzahnte Breite (n*) und kumulierter Schnittbogenlänge je Millimeter verzahnte Breite ($l_{cu,ges}$) dargestellt.

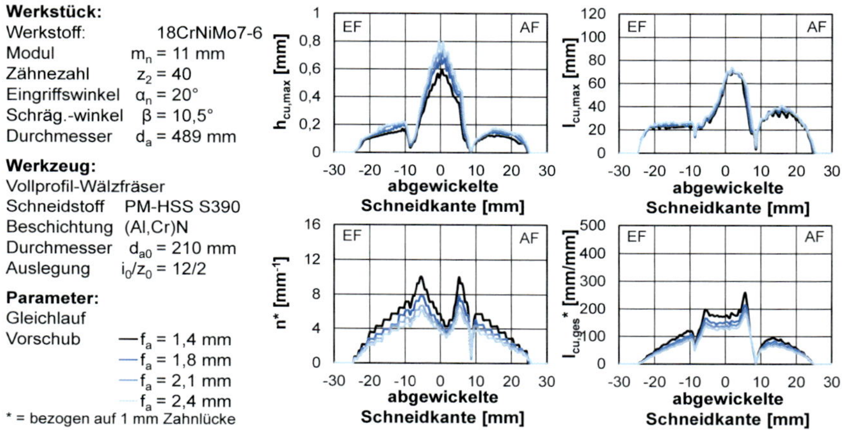

Bild 5.5: Spanungskennwerte für die Bearbeitung von Bauteil 1

Characteristic Values for Machining Part 1

Im Anschluss an die Untersuchungen am kleineren Werkstück 1 werden Zerspanversuche an Werkstück 2 mit einem Modul von m_n = 16 mm durchgeführt. Hierbei werden zunächst Versuche im Modellprozess zur Nachbildung der Belastung an Räumzahnwälzfräsern durchgeführt. Es folgen Modellversuche für Vollprofil-Blockwerkzeuge bei identischen nominellen Belastungen an den Kopfschneiden der Werkzeuge.

Den Ausgangspunkt der Untersuchungen bildet ein Prozess bei einer Schnittgeschwindigkeit von v_c = 55 m/min und einem Vorschub von f_a = 3,3 mm. Hierbei wird eine maximale Spanungsdicke von $h_{cu,max}$ = 0,41 mm erreicht. Die Belastungskollektive eines Vollprofil-Werkzeugs sind in **Bild 5.6** dargestellt.

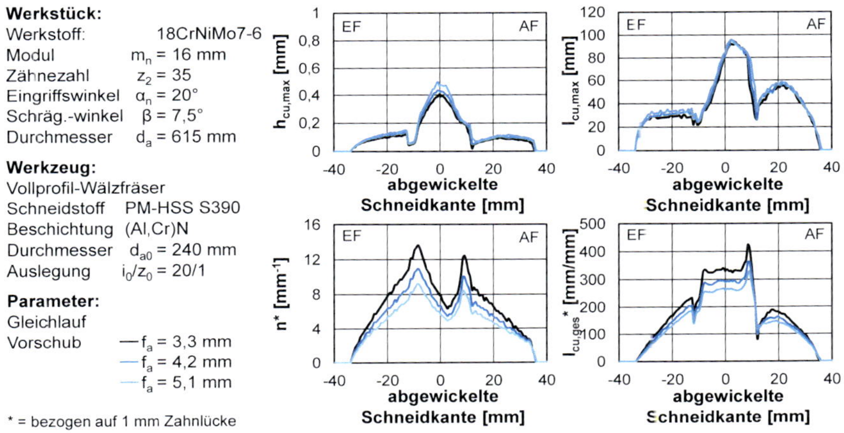

Bild 5.6: Spanungskennwerte für die Bearbeitung von Werkstück 2
Characteristic Values for Machining Part 2

5.2.2 Wälzfräsen von Planetenrädern mit Modul m_n = 11 mm

Gear Hobbing of Planetary Gear of Module m_n = 11 mm

Basierend auf den in Kapitel 5.2.1 dargestellten Prozessen wird das Verschleißverhalten von Vollprofil-Blockwälzfräsern aus PM-HSS untersucht. Für die Zerspanversuche mit PM-HSS Werkzeugen wurden ein maximaler Freiflächenverschleiß von VB_{grenz} = 300 µm und eine maximale Kolktiefe von KT_{grenz} = 200 µm als Standkriterium festgelegt. Verschleiß dieser Größenordnung erlaubt die Einhaltung industrieüblicher Nachschliffbeträge von a_{ges} = 0,4 mm der Werkzeuge und Werkstückqualitäten. Die verwendeten Schlagzähne wurden mittels Drahterosion aus einem Wälzfräser heraus getrennt und entsprechen somit dem Zustand eines industrieüblichen Werkzeugs.

Der Verschleißverlauf für die Bearbeitung von Werkstück 1 im Ausgangsprozess bei einer Schnittgeschwindigkeit von v_c = 55 m/min und einem Vorschub von f_a = 1,4 mm ist in **Bild 5.7** dargestellt. Hierbei ist die maximale Verschleißmarkenbreite über dem Standweg der Verzahnung in Metern verzahnter Lückenbreite aufgetragen. Das Werkzeug weist bis zu einer Standlänge von L = 2 m einen Einlaufverschleiß auf, an den sich ein Bereich mit linearem Verschleißzuwachs anschließt. Der Verschleiß in der Mitte des Zahnkopfs wächst langsamer an als der Verschleiß an den Flanken des Werkzeugs. Der größte Verschleiß tritt an der auslaufenden Flanke des Werkzeugs auf. Das Standzeitende erreicht das Werkzeug bei einer Standlänge von L = 17,5 m durch Freiflächenverschleiß an der auslaufenden Flanke. Kolkverschleiß wird in diesem Prozess nicht beobachtet.

Werkstück:
Werkstoff: 18CrNiMo7-6
Modul m_n = 11 mm
Zähnezahl z_2 = 40
Eingriffswinkel α_n = 20°
Schräg.-winkel β = 10,5°
Durchmesser d_a = 489 mm

Werkzeug:
Vollprofil-Schlagzahn
Schneidstoff PM-HSS S390
Beschichtung (Al,Cr)N
Durchmesser d_{a0} = 210 mm
Auslegung i_0/z_0 = 12/2

Parameter:
Gleichlauf
Vorschub f_a = **1,4 mm**
Schnittgschw. v_c = **55 m/min**
Standlänge L = **17,5 m**

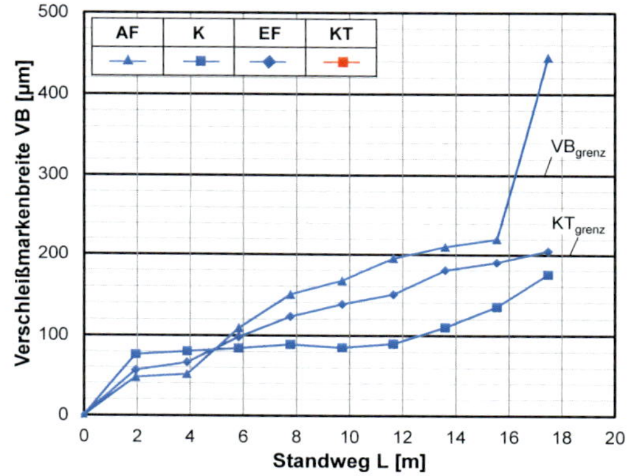

Bild 5.7: Verschleißverlauf im Schlagzahnversuch bei v_c = 55 m/min und f_a = 1,4 mm
Wear Progression in the Fly-Cutter-Trial at v_c = 55 m/min and f_a = 1,4 mm

In **Bild 5.8** ist die Verschleißausprägung des Werkzeugs nach dem Standzeitende dargestellt. Auf der Spanfläche des Werkzeugs sind die Kontaktbereiche des Spans durch eine dunkle Verfärbung erkennbar. An der Mitte des Zahnkopfs ist die Beschichtung des Werkzeugs sichtbar verschlissen. Der größte Freiflächenverschleiß trat jeweils am Übergang zwischen Protuberanz und Kopfrundung auf. Sowohl über der Protuberanz als auch an der Kopfrundung nimmt der Verschleiß von diesem Punkt aus ab. Das Standzeitende erreicht dieses Werkzeug durch eine plötzlich auftretende Kerbe in einem kleinen Bereich der Schneidenecke.

Werkstück:
Werkstoff: 18CrNiMo7-6
Modul m_n = 11 mm
Zähnezahl z_2 = 40
Eingriffswinkel α_n = 20°
Schräg.-winkel β = 10,5°
Durchmesser d_a = 489 mm

Werkzeug:
Vollprofil-Schlagzahn
Schneidstoff PM-HSS S390
Beschichtung (Al,Cr)N
Durchmesser d_{a0} = 210 mm
Auslegung i_0/z_0 = 12/2

Parameter:
Gleichlauf
Vorschub f_a = **1,4 mm**
Schnittgschw. v_c = **55 m/min**
Standlänge L = **17,5 m**

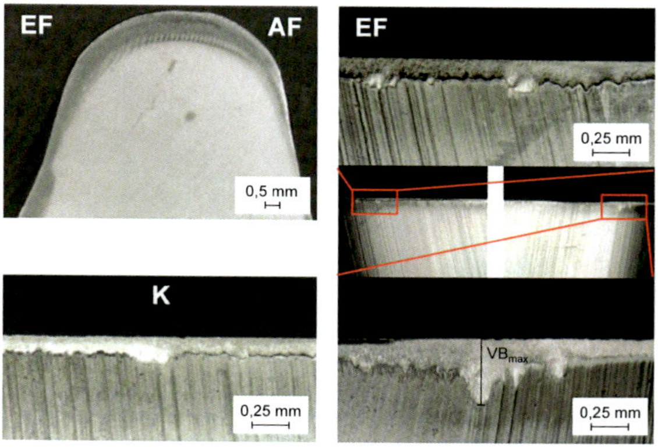

Bild 5.8: Verschleißausprägung am Standzeitende bei v_c = 55 m/min und f_a = 1,4 mm
Tool Wear at Tool Life End at v_c = 55 m/min and f_a = 1,4 mm

Basierend auf diesem Versuch wurden im Folgenden weitere Verschleißuntersuchungen mit einer Variation von Vorschub und Schnittgeschwindigkeit durchgeführt. Die in den Versuchen erreichten Standlängen sowie die standzeitbestimmende Verschleißform sind in **Bild 5.9** in einem Säulendiagramm dargestellt. Der Axialvorschub wurde in diesen Untersuchungen sowohl bei einer Schnittgeschwindigkeit von v_c = 55 m/min als auch bei v_c = 70 m/min gesteigert. Mit dieser Steigerung des Vorschubs ging eine Steigerung der maximalen Spanungsdicke im Prozess einher (vgl. Bild 5.5). Die Anzahl Schneideneingriffe, die zur Zerspanung einer definierten Lückenbreite benötigt wird, fällt entgegengesetzt proportional mit steigendem Vorschub. Der Anstieg der maximalen Spanungsdicke ist prozentual deutlich geringer als der Anstieg des Axialvorschubs. Eine Steigerung des Vorschubs um 50% geht mit einem Zuwachs der maximalen Spanungsdicke von 25% einher. Die Variation der maximalen Spanungsdicke weist in dieser Ansicht keine eindeutigen Trends bezüglich der erreichten Standlänge auf.

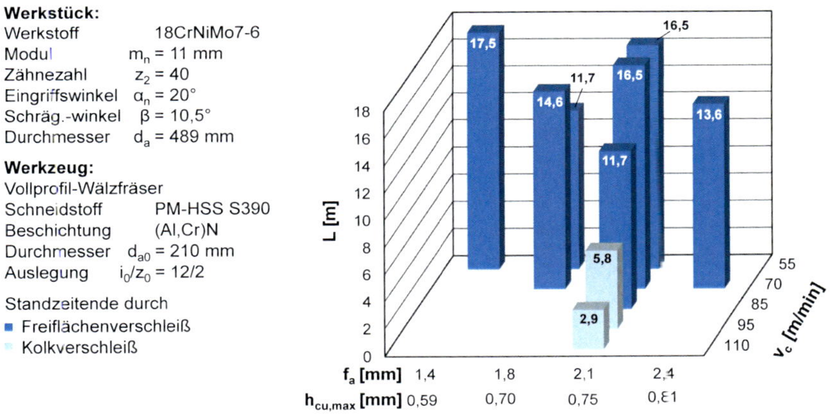

Bild 5.9: Standlängenübersicht der Versuche an Werkstück 1

Tool Life Overview for Part 1

Bei einem Vorschub von f_a = 2,1 mm wird die Standlänge mit steigender Schnittgeschwindigkeit kürzer. Ab einer Schnittgeschwindigkeit von v_c = 95 m/min wird das Standzeitende durch Kolkverschleiß auf der Spanfläche an der Kopfmitte des Werkzeugprofils erreicht. In **Bild 5.10** ist die Verschleißausprägung eines Versuchs bei v_c = 95 m/min und f_a = 2,1 mm dargestellt. Der maximale Freiflächenverschleiß an diesen Werkzeugen tritt am Übergang des Schneideneckenradius zur Protuberanz an der auslaufenden Flanke des Werkzeugs auf. Die Verschleißmarken der Freiflächen sind in einigen Bereichen durch anhaftendes Spanmaterial bedeckt. Am Kopfeckenradius der einlaufenden Flanke steht dieses Material über die Spanfläche hinaus. Adhäsion ist in diesen Versuchen bei höheren Schnittgeschwindigkeiten stärker ausgeprägt.

Die Standzeit der Werkzeuge wird abhängig von den Prozessparametern von verschiedenen Verschleißausprägungen und Verschleißmechanismen bestimmt. Diese Verschleißausprägungen erreichen an verschiedenen Positionen des Werkzeugprofils mit unterschiedlichen lokalen Zerspanbedingungen ihr Maximum. Eine Abbildung des Verschleißverhaltens muss daher für die jeweiligen Verschleißformen getrennt erfolgen.

Werkstück:
Werkstoff: 18CrNiMo7-6
Modul m_n = 11 mm
Zähnezahl z_2 = 40
Eingriffswinkel α_n = 20°
Schräg.-winkel β = 10,5°
Durchmesser d_a = 489 mm

Werkzeug:
Vollprofil-Schlagzahn
Schneidstoff PM-HSS S390
Beschichtung (Al,Cr)N
Durchmesser d_{a0} = 210 mm
Auslegung i_0/z_0 = 12/2

Parameter:
Gleichlauf
Vorschub f_a = **2,1 mm**
Schnittgschw. v_c = **95 m/min**
Standlänge L = **5,8 m**

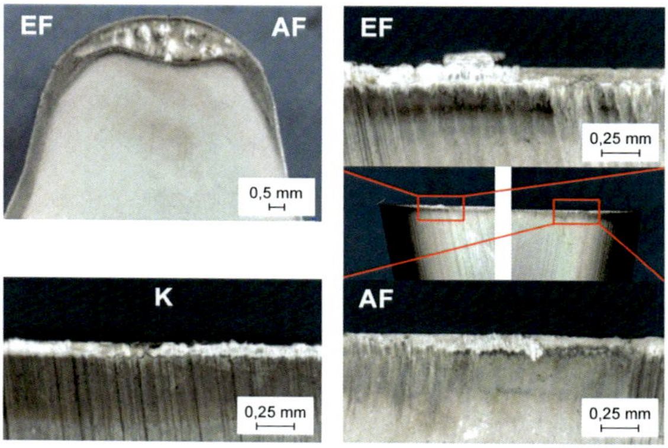

Bild 5.10: Verschleißausprägung am Standzeitende bei v_c = 95 m/min und f_a = 2,1 mm
Tool Wear at Tool Life End at v_c = 95 m/min and f_a = 2.1 mm

Neben der Aufstellung der erreichten Standlänge im Prozess, Bild 5.9, ist in **Bild 5.11** die Standlänge bis zum Auftreten von Kolkverschleiß in den durchgeführten Prozessen in einem Säulendiagramm dargestellt. Im Referenzprozess mit f_a = 1,4 mm und v_c = 55 m/min wurde das Standzeitende des Werkzeugs durch Freiflächenverschleiß erreicht ohne dass Kolkverschleiß entstand. Mit einer Steigerung des Vorschubs auf f_a = 1,8 mm trat vor Erreichen des Standzeitendes durch Freiflächenverschleiß Kolkverschleiß an der Spanfläche auf. Mit einer Steigerung der Schnittgeschwindigkeit wurde die Entstehung von Kolkverschleiß zu kürzeren Standwegen verlagert. Auch mit einer Steigerung des Axialvorschubs konnte eine Verringerung der Standlängen bis zur Entstehung von Kolkverschleiß beobachtet werden.

Werkstück:
Werkstoff 18CrNiMo7-6
Modul m_n = 11 mm
Zähnezahl z_2 = 40
Eingriffswinkel α_n = 20°
Schräg.-winkel β = 10,5°
Durchmesser d_a = 489 mm

Werkzeug:
Vollprofil-Wälzfräser
Schneidstoff PM-HSS S390
Beschichtung (Al,Cr)N
Durchmesser d_{a0} = 210 mm
Auslegung i_0/z_0 = 12/2

Standzeitende durch
- Freiflächenverschleiß
- Standzeitende ohne Kolkverschleiß

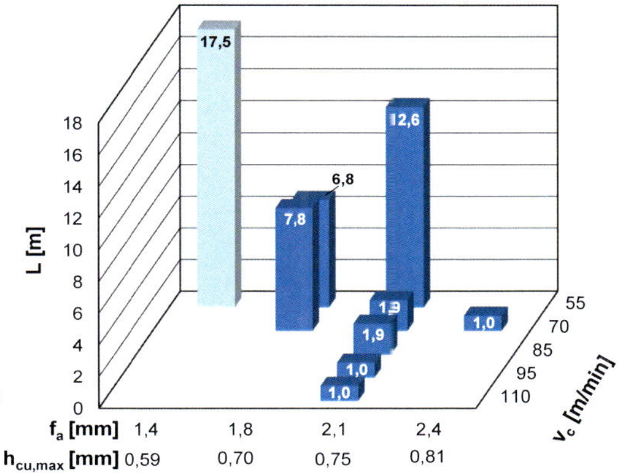

Bild 5.11: Standlänge bis zum Auftreten von Kolkverschleiß für Werkstück 1
Tool life before Occurrence of Crater Wear for Part 1

Neben der Bearbeitung der Werkstücke in einem Axialdurchgang kann durch eine Aufteilung der Tauchtiefe in mehrere Durchgänge eine Verkürzung der Schnittbogenlängen im Prozess erreicht werden. Um den Einfluss der einzelnen Schnittbogenlängen zu bewerten, wurde ein Versuch durchgeführt, in dem die Tauchtiefe in zwei Zustellungen aufgeteilt wurde. Zwei Drittel der Gesamtzustellung wurden im ersten Durchgang bearbeitet, ein Drittel im zweiten Durchgang. Spanungskennwerte dieses Prozesses sind in **Bild 5.12** den Kennwerten einer Einschnittbearbeitung gegenübergestellt. In dieser Auslegung ergaben sich maximale Schnittbogenlängen von $l_{cu,max}$ = 60,4 mm im ersten Durchgang und $l_{cu,max}$ = 44,9 mm im zweiten Durchgang. In der Einschnittstrategie liegt die maximale Schnittbogenlänge bei $l_{cu,max}$ = 72,5 mm.

Um eine Vergleichbarkeit mit dem Ausgangsprozess zu erreichen, wurde der Axialvorschub in den jeweiligen Axialdurchgängen so angepasst, dass sich jeweils die gleiche maximale Spanungsdicke von $h_{cu,max}$ = 0,61 mm ergab. Dies wurde mit den Axialvorschüben f_a = 1,8 mm im ersten und f_a = 4,0 mm im zweiten Schnitt erreicht, **Bild 5.13**. Während für die Bearbeitung im Referenzversuch je Millimeter Werkstückbreite $1/f_a$ = 0,71 mm^{-1} Tangentialüberläufe im Schlagzahnversuch durchgeführt wurden, ergibt sich die Anzahl der benötigten Überläufe zu $f_{a,1}^{-1} + f_{a,2}^{-1}$ = 0,81 mm^{-1}. Unter Berücksichtigung der Eingriffsbedingungen ist die maximale Anzahl Schneideneingriffe, die zur Bearbeitung eines Millimeters Werkstückbreite benötigt werden, für den Referenzversuch in einer Zustellung n* = 10. In der Zweischnittbearbeitung werden in zwei Zustellungen mit n* = 9,4 etwas weniger Schneideneingriffe für das gleiche zerspante Volumen benötigt. Beide Versuche wurden bei der gleichen Schnittgeschwindigkeit von v_c = 55 m/min durchgeführt.

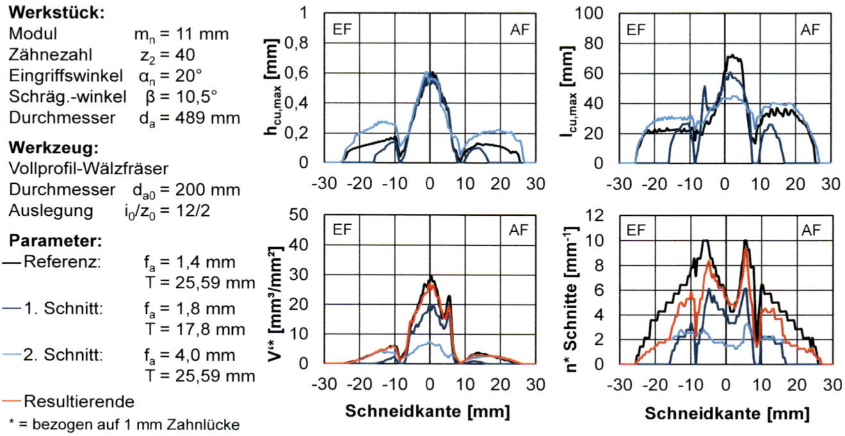

Bild 5.12: Spanungskennwerte der Mehrschnittbearbeitung an Werkstück 1

Characteristic Values for 2-Pass Machining of Workpiece 1

Die in diesen Versuchen erreichten Standlängen sind in **Bild 5.13** dargestellt. In der Zweischnittbearbeitung wurde eine um 22% geringere Standlänge von L = 13,6 m gegenüber dem Referenzversuch L = 17,5 m erreicht. Bezogen auf den maximal zurückgelegten Schnittweg über dem Werkzeugprofil entspricht dies einer Reduktion um 25%. Bis zum Standzeitende wurden im Referenzprozess maximal 172.000 Schneideneingriffe durchgeführt. In der Zweischnittbearbeitung wurden 125.000 Schneideneingriffe bei gleicher maximaler Spanungsdicke benötigt. Dies ist eine Reduktion um 27%.

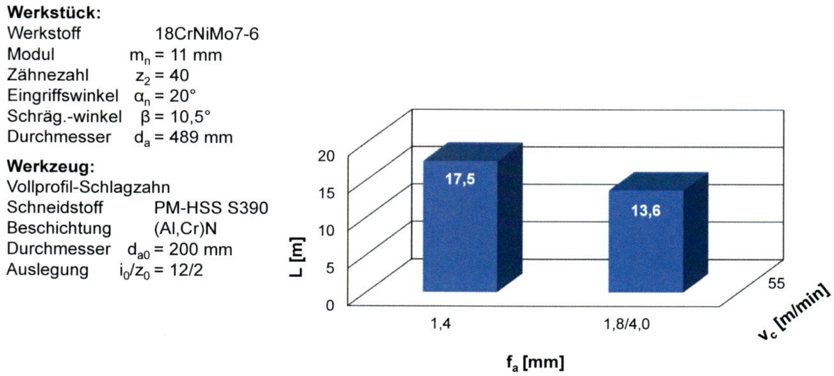

Bild 5.13: Standlängenvergleich bei Ein- und Zweischnittbearbeitung

Tool Life Comparison of One and Two Cut Strategy

Die Zweischnittbearbeitung in diesem Versuch führte sowohl zu einer reduzierten Standlänge des Werkzeugs als auch zu einer längeren Hauptzeit im Prozess. Aus wirtschaftlichen Gesichtspunkten sollte eine solche Prozessstrategie daher vermieden werden. Die Gründe für eine solche Prozessstrategie können allerdings das Erreichen der geforderten geometrischen Bauteilqualität durch geringere Belastungen im Schlichtdurchgang oder der Einsatz von größeren Schneidenanzahlen an einem Werkzeug durch eine Reduzierung des benötigten Spanraums sein.

5.2.3 Wälzfräsen von Planetenrädern mit Modul m_n = 16 mm

Gear Hobbing of Planetary Gear of Module m_n = 16 mm

Im Anschluss an die Versuche an Werkstück 1 wurden Versuche an einem Planetenrad mit einem Normalmodul von m_n = 16 mm durchgeführt. In ersten Untersuchungen wurden Räumzahnwerkzeuge mit Spanbrechernuten eingesetzt, da dieses Werkzeugkonzept derzeit dem Stand der Technik in der wirtschaftlichen Fertigung entspricht. Die Spanbrechernuten haben den Zweck, mehrflankige Späne im Zahnkopfbereich aufzuteilen. Hierdurch soll die Belastung der Werkzeugeckenradien reduziert werden und der benötigte Spanraum im Werkzeug durch ein besseres Aufrollen der Späne reduziert werden. Hierzu wurde der in Kapitel 5.1.1 beschriebene Modellprozess eingesetzt. Die Versuchswerkzeuge wurden aus einem Räumzahnwälzfräser mittels Drahterosion herausgetrennt und entsprechen dem industriellen Standard.

In einem Ausgangsprozess wurden die Räumzahnwerkzeuge, vergleichbar mit den Versuchen an Werkstück 1, mit einer Schnittgeschwindigkeit von v_c = 55 m/min eingesetzt. In Anlehnung an den Stand der Technik wurde ein Axialvorschub von f_a = 3,3 mm gewählt. Hieraus ergibt sich ein gegenüber den Versuchen an Werkstück 1 reduzierte maximale Spanungsdicke von $h_{cu,max}$ = 0,41 mm. In diesem Versuch wurde eine Standlänge von L = 8,4 m bezogen auf eine Schneide des Werkzeugs erreicht. Die Entwicklung der Verschleißkennwerte maximale Verschleißmarkenbreite (VB_{max}) und Kolktiefe (KT) sind in **Bild 5.14** über dem Standweg aufgetragen. Die Verschleißentwicklung an der Vollprofilschneide des Werkzeugs und der Teilprofilschneide sind in verschiedenen Helligkeitsstufen dargestellt. Weiterhin werden die Bereiche des Schneidenprofils durch unterschiedlich geformte Marker unterschieden. Der Verschleiß an den Freiflächen des Werkzeugs stieg in diesem Versuch über dem gesamten Standweg nahezu linear an. Der Freiflächenverschleiß an der einlaufenden Flanke weist hierbei die größten Werte auf. Dieser Verschleiß führt nach einem Standweg von L = 8,4 m zum Standzeitende des Werkzeugs.

Der Versuch wurde nach dem Standzeitende bis zu einem Standweg von L = 26,8 m weitergeführt. Hierbei stieg der Freiflächenverschleiß in allen Bereichen der Schneiden weiterhin nahezu linear an. An der einlaufenden Flanke der Vollprofilschneide beträgt der maximale Freiflächenverschleiß zum Ende des Versuchs VB_{max} = 980 µm. Bei einem Standweg von L = 20,1 m trat Kolkverschleiß an der Kopfmitte des Vollprofilwerkzeugs auf. Bis zum Versuchsende erreicht der Kolkverschleiß eine Tiefe von KT = 45 µm. Die hinter der Vollprofilschneide liegenden Kopfschneiden sind für die eingesetzte optische Messtechnik nicht zugänglich. Daher wurde der Kolkverschleiß ausschließlich an der Vollprofilschneide ausgewertet.

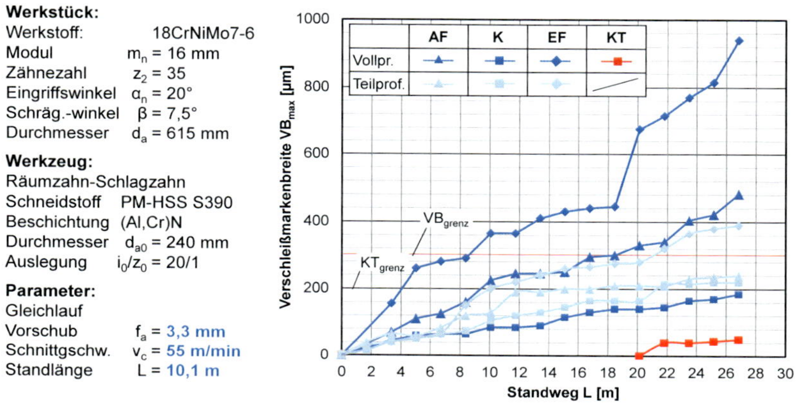

Bild 5.14: Verschleißverlauf im Schlagzahnversuch bei v_c = 55 m/min und f_a = 3,3 mm

Wear Progression in the Fly-Cutter-Trial at v_c = 55 m/min and f_a = 3,3 mm

Die Verschleißausprägung an den Schneiden des Versuchswerkzeugs zum Standzeitende ist in **Bild 5.15** und **Bild 5.16** dargestellt. Die Vollprofilschneide und die Kopfschneide sind im Bereich der Zahnkopfrundung mit zwei Spanbrechernuten ausgeführt. Diese sind so gegeneinander versetzt, dass das Profil durch die Kombination aus Vollprofil- und Kopfschneide vollständig ausgebildet wird.

Die Spanflächen der Versuchswerkzeuge weisen auch in diesem Versuch Spuren des Spanablaufs entlang der Schneidkante auf. Kolkverschleiß wurde bis zum Standzeitende nicht erzeugt. Der Freiflächenverschleiß bildete sich an den Versuchswerkzeugen gleichmäßig über dem Werkzeugprofil aus. Im Bereich der auslaufenden Flanke ist ein gleichmäßiger Abrasivverschleiß der Schneide zu beobachten. Der standzeitkritische Verschleiß trat an den Rändern der Spanbrechernuten auf. In diesen Bereichen bildet das Bezugsprofil eine Kante, an der sowohl am Bezugsprofil als auch in der Spanbrechernut zerspant wird. Die Ränder der Spanbrechernuten stellen im Versuch Schwachstellen des Werkzeugs dar.

Werkstück:
Werkstoff: 18CrNiMo7-6
Modul m_n = 16 mm
Zähnezahl z_2 = 35
Eingriffswinkel α_n = 20°
Schräg.-winkel β = 7,5°
Durchmesser d_a = 615 mm

Werkzeug:
Räumzahn-Schlagzahn
Schneidstoff PM-HSS S390
Beschichtung (Al,Cr)N
Durchmesser d_{a0} = 240 mm
Auslegung i_0/z_0 = 20/1

Parameter:
Gleichlauf
Vorschub f_a = 3,3 mm
Schnittgschw. v_c = 55 m/min
Standlänge L = 10,1 m

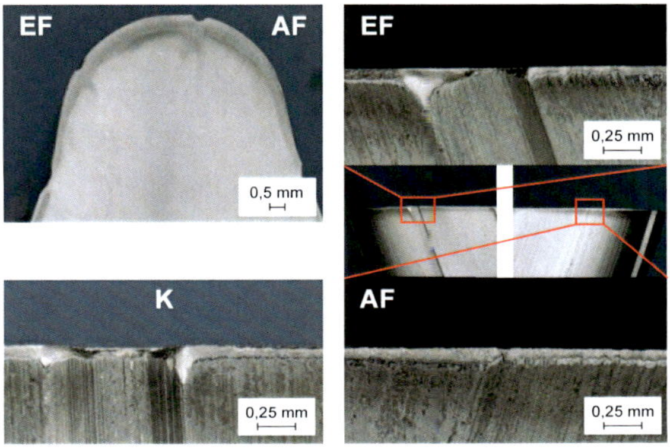

Bild 5.15: Verschleißausprägung Vollprofil-Schneide Werkstück 2, v_c = 55 m/min, f_a = 3,3 mm
Tool Wear of Full Profile Cutter at Tool Life End at v_c = 55 m/min and f_a = 3.3 mm

Werkstück:
Werkstoff: 18CrNiMo7-6
Modul m_n = 16 mm
Zähnezahl z_2 = 35
Eingriffswinkel α_n = 20°
Schräg.-winkel β = 7,5°
Durchmesser d_a = 615 mm

Werkzeug:
Räumzahn-Schlagzahn
Schneidstoff PM-HSS S390
Beschichtung (Al,Cr)N
Durchmesser d_{a0} = 240 mm
Auslegung i_0/z_0 = 20/1

Parameter:
Gleichlauf
Vorschub f_a = 3,3 mm
Schnittgschw. v_c = 55 m/min
Standlänge L = 10,1 m

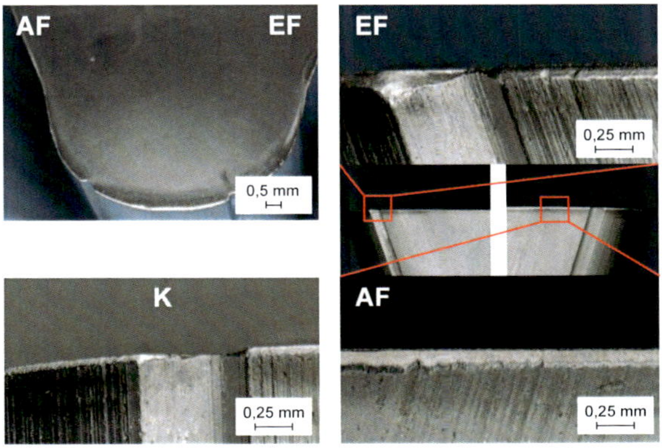

Bild 5.16: Verschleißausprägung Teilprofil-Schneide Werkstück 2, v_c = 55 m/min, f_a = 3,3 mm
Tool Wear of Segment Cutter at Tool Life End at v_c = 55 m/min and f_a = 3.3 mm

An der Teilprofilschneide des Werkzeugs liegen die gleichen lokalen Zerspanbedingungen vor wie an der Vollprofilschneide. Die Zerspanung unterscheidet sich ausschließlich durch eine unterschiedliche Spanungsbreite, die aus der unterschiedlichen Profilhöhe der Werkzeuge resultiert. Die Verschleißausprägung ist, mit Ausnahme der Spanbrechernuten, mit der im Kopfbereich der Vollprofilschneide vergleichbar. Wie an der Vollprofilschneide ist der Verschleiß der Teilprofilschneide an den Kanten der Spanbrechernuten deutlich größer als in anderen Bereichen. Der größte Verschleiß tritt auch an dieser Schneide an der in Richtung der einlaufenden Flanke liegenden Spanbrechernut auf.

Zum Vergleich des Verschleißverhaltens der Vollprofilschneide mit der Teilprofilschneide wurde eine Verschleißauswertung ohne Berücksichtigung der Spanbrechernuten und ihrer Randbereiche durchgeführt. Diese ist in **Bild 5.17** dargestellt. In der Auswertung ist der Verschleißzuwachs bis zu einem Standweg von L = 8 m in allen betrachteten Schneidenbereichen nahezu identisch. Die darüber hinaus beobachteten Unterschiede sind deutlich geringer als die der Auswertung mit berücksichtigung der Spanbrechernuten. Auch bei einem Standweg von L = 26,8 m erreicht das Werkzeug das Standzeitende nicht. Diese Standlänge entspricht zwei gefertigten Versuchsbauteilen je Werkzeugzahn. Dies entspricht einer Steigerung um 165% gegenüber der Standlänge mit berücksichtigung der Spanbrechernuten. Im Folgenden wird daher davon ausgegangen, dass eine Betrachtung von lokalen Spanungskenngrößen ohne Berücksichtigung der Spanungsbreite für die Beschreibung des Werkzeugverschleißes zulässig ist.

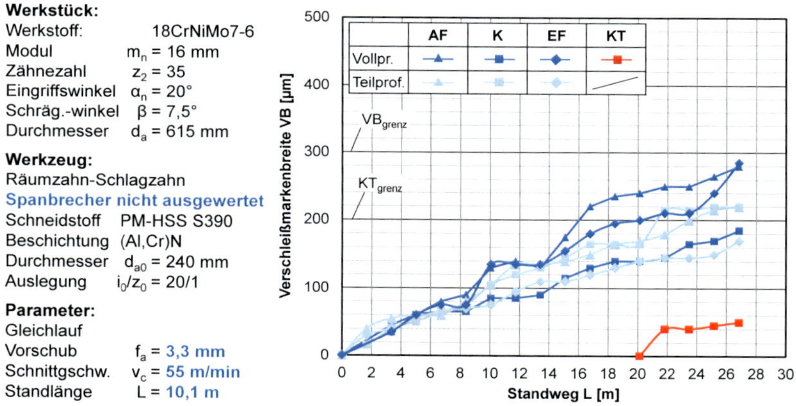

Bild 5.17: Verschleißverlauf im Schlagzahnversuch bei v_c = 55 m/min und f_a = 3,3 mm

Wear Progression in the Fly-Cutter-Trial at v_c = 55 m/min and f_a = 3,3 mm

Im Anschluss an diesen Versuch wurden weitere Untersuchungen bei gesteigerter Schnittgeschwindigkeit und höherem Vorschub durchgeführt, **Bild 5.18**. Auch in diesen Prozessen wurde eine vergleichbare Verteilung des Freiflächenverschleißes festgestellt. Bereits bei einer Steigerung der Schnittgeschwindigkeit von v_C = 55 m/min auf 65 m/min wurde eine Reduktion der Standlänge zwischen 15% und 20% beobachtet. Eine Steigerung des Vorschubs von f_a = 3,3 mm auf f_a = 4,2 mm hingegen führte zu steigenden Standlängen. Bei dieser Steigerung des Vorschubs um 27% wurde die maximale Spanungsdicke lediglich um 5% gesteigert. Dies führt bei vergleichbarer maximaler Belastung im einzelnen Schnitt zu einer Reduktion des kumulierten Schnittwegs für die Bearbeitung einer definierten Zahnlückenbreite von 15%. Kolkverschleiß trat in keinem der Versuche bis zum Standzeitende auf.

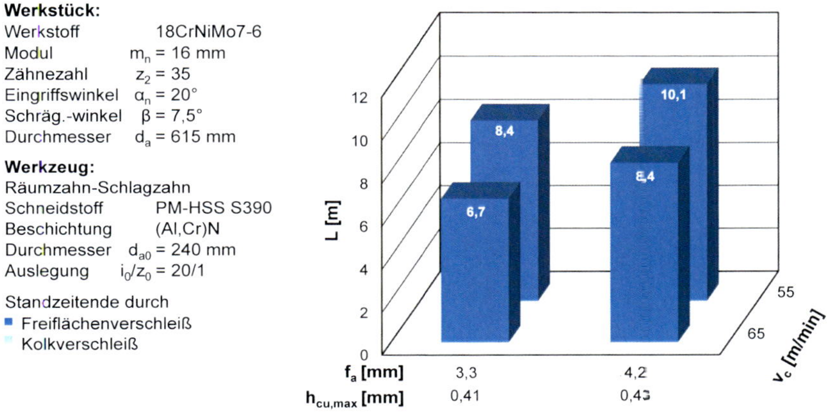

Bild 5.18: Standlängen im Modellversuch zum Räumzahn-Wälzfräser

Tool Life in the Model Trial for Roughing Hobs

Anschließend an die Untersuchungen mit Räumzahnwerkzeugen mit Spanbrechernuten wurden Vollprofil-Blockwälzfräser bei vergleichbaren Zerspanbedingungen im Schlagzahnversuch eingesetzt. Entsprechend der Auslegung des Räumzahnwerkzeugs wird mit dem Schlagzahn ein Werkzeug mit i_0 = 20 Spannuten abgebildet. Eine solche Auslegung wird jedoch aufgrund der geringen möglichen Zahnstärke und einer resultierenden geringen Anzahl von möglichen Werkzeugaufbereitungen in der industriellen Fertigung nicht eingesetzt. Ein erster Versuch wurde vergleichbar mit dem produktivsten für Räumzahn-Wälzfräser betrachteten Prozess bei v_c = 65 m/min und f_a = 4,2 mm durchgeführt.

Die Entwicklung der Verschleißmarkenbreite ist in **Bild 5.19** über dem Standweg aufgetragen. Der Freiflächenverschleiß in diesem Prozess steigt bis zu einem Standweg von L = 10 m in allen betrachteten Schneidenbereichen vergleichbar an. Bei einer Weiterführung des Versuchs über diesen Standweg hinaus wächst der Verschleiß an der auslaufenden Flanke weiterhin an und erreicht nach einer Standlänge von L = 20,1 m das Standzeitkriterium von VB_{max} = 300 µm. Diese Standlänge entspricht einer deutlichen Steigerung gegenüber dem Räumzahnwerkzeug um 140%. Dieser Wert ist vergleichbar mit dem Standlängenzuwachs durch Vernachlässigung der Spanbrechernuten an den betrachteten Räumzahnwerkzeugen (vgl. Bild 5.17). Die Standlängenänderung kann auf die verwendeten Spanbrechernuten und nicht auf die Bauform des Fräsers zurückgeführt werden.

Vergleichbar mit den Versuchen an Werkstück 1 wurde der maximale Freiflächenverschleiß im Übergang vom Kopfrundungsradius zur Protuberanz an der auslaufenden Flanke erzeugt. Der Versuch wurde über das Standzeitende des Versuchswerkzeugs hinaus weitergeführt. Im Bereich der auslaufenden Flanke wächst der Freiflächenverschleiß bis zu einer Verschleißmarkenbreite von VB_{max} = 475 µm stetig progressiv an. Der Verschleißzuwachs in den weiteren Schneidenbereichen verläuft mit gleichbleibender Steigung nahezu linear weiter. Der Verschleißzuwachs ist also auch über das gewählte Standkriterium hinaus stabil. Bis zu einer Standlänge von L = 26,5 m entstand in diesem Versuch kein Kolkverschleiß.

Werkstück:
Werkstoff: 18CrNiMo7-6
Modul m_n = 16 mm
Zähnezahl z_2 = 35
Eingriffswinkel α_n = 20°
Schräg.-winkel β = 7,5°
Durchmesser d_a = 615 mm

Werkzeug:
Vollprofil-Schlagzahn
Schneidstoff PM-HSS S390
Beschichtung (Al,Cr)N
Durchmesser d_{a0} = 240 mm
Auslegung i_0/z_0 = 20/1

Parameter:
Gleichlauf
Vorschub f_a = **4,2 mm**
Schnittgschw. v_c = **65 m/min**
Standlänge L = **20,1 m**

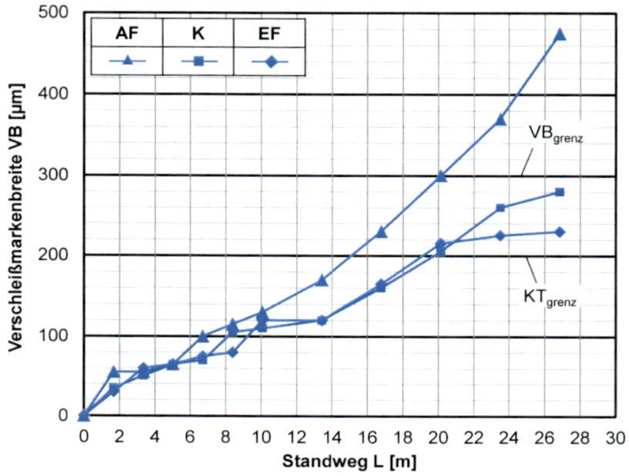

Bild 5.19: Verschleißverlauf Werkstück 2, f_a = 4,2 mm, v_c = 65 m/min
Wear Progression Part 2, f_a = 4,2 mm, v_c = 65 m/min

Die Verschleißausprägung am Versuchswerkzeug bei Standzeitende ist in **Bild 5.20** dargestellt. Auch in diesem Prozess sind auf der Spanfläche Spanablaufspuren erkennbar, die sich dunkel gegen die Beschichtung des Werkzeugs abheben. Kolkverschleiß tritt zu dieser Standlänge nicht auf. Die Freiflächen weisen Abrasivverschleiß auf, der sich über den gesamten Zahnkopfbereich gleichmäßig ausbildet. Der Übergang zwischen dem verschlissenen Bereich der Schneidkante und der intakt beschichteten Freifläche verläuft leicht wellig. Diese Form ist auf die Schleifriefen auf der Freifläche zurückzuführen. So verschleißen die Bereiche der Schneidkante, an denen Rauheitsspitzen an der Freifläche hervorstehen, schneller als andere Bereiche. Weiterhin ist im Zahnkopfbereich eine vergleichbare Verschleißform am Übergang zur Spanfläche zu erkennen. Auch dieser korreliert mit den Rauheitsspitzen an der Spanfläche des Werkzeugs. Im Bereich des maximalen Freiflächenverschleißes sind diese Effekte nicht zu beobachten. Der Freiflächenverschleiß verläuft in diesem Bereich gleichmäßig.

Basierend auf diesem Versuch wurden im folgenden Versuche bei einem weiterhin gesteigerten Axialvorschub von f_a = 5,1 mm durchgeführt. Durch diese weitere Steigerung des Vorschubs wurde die maximale Anzahl Schneideneingriffe bezogen auf eine Lückenbreite von 1 mm um 16% und der hierzu benötigte Schnittweg um 10% reduziert. Die maximale Spanungsdicke hingegen wird nur um 11% gesteigert. In dieser Auslegung wurde eine Standlänge von L = 18,5 m erreicht. Auch bei dieser Prozessauslegung ist der Freiflächenverschleiß am Übergang zur Protuberanz an der auslaufenden Flanke standzeitbestimmend.

Werkstück:
Werkstoff: 18CrNiMo7-6
Modul m_n = 16 mm
Zähnezahl z_2 = 35
Eingriffswinkel α_n = 20°
Schräg.-winkel β = 7,5°
Durchmesser d_a = 615 mm

Werkzeug:
Vollprofil-Schlagzahn
Schneidstoff PM-HSS S390
Beschichtung (Al,Cr)N
Durchmesser d_{a0} = 240 mm
Auslegung i_0/z_0 = 20/1

Parameter:
Gleichlauf
Vorschub f_a = **4,2 mm**
Schnittgschw. v_c = **65 m/min**
Standlänge L = **20,1 m**

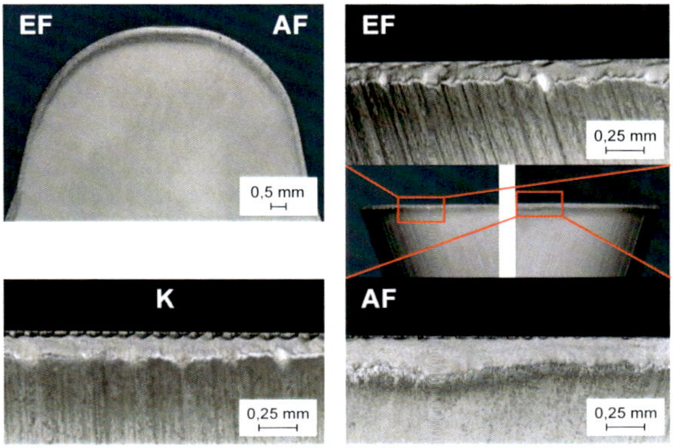

Bild 5.20: Verschleißausprägung am Standzeitende bei v_c = 65 m/min und f_a = 4,2 mm
Tool Wear at Tool Life End at v_c = 65 m/min and f_a = 4.2 mm

Werkstück:
Werkstoff 18CrNiMo7-6
Modul m_n = 16 mm
Zähnezahl z_2 = 35
Eingriffswinkel α_n = 20°
Schräg.-winkel β = 7,5°
Durchmesser d_a = 615 mm

Werkzeug:
Vollprofil-Schlagzahn
Schneidstoff PM-HSS S390
Beschichtung (Al,Cr)N
Durchmesser d_{a0} = 240 mm
Auslegung i_0/z_0 = 20/1

Standzeitende durch
- Freiflächenverschleiß
- Kolkverschleiß

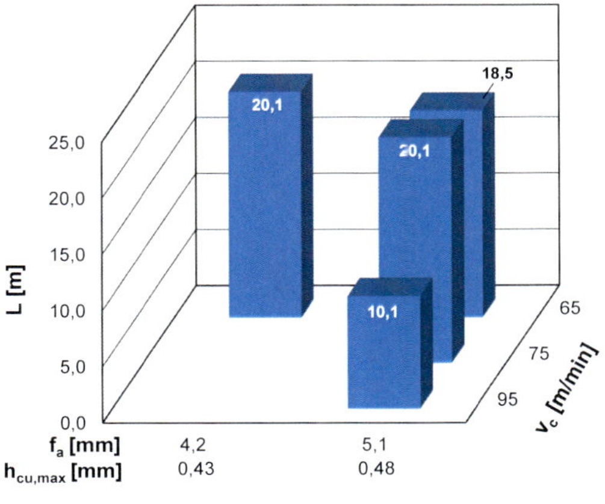

Bild 5.21: Standlängen im Vollprofil-Schlagzahnversuch
Tool Life in the Conventional Fly-Cutter-Trial

Durch eine Steigerung der Schnittgeschwindigkeit auf v_c = 75 m/min wurde bei gleichen Spanungsgeometrien die Standlänge auf L = 20,1 m gesteigert, **Bild 5.21**. In diesem Versuch trat Kolkverschleiß ab einem Standweg von L = 10,1 m auf und erreichte bis zum Versuchsende eine Tiefe von KT = 210 µm. Mit einer weiteren Steigerung auf v_c = 95 m/min erreichte das Versuchswerkzeug eine um die Hälfte reduzierte Standlänge von L = 10,1 m. Kolkverschleiß trat bei diesem Versuch bereits ab einem Standweg von L = 1,7 m auf. Bei Standzeitende lag eine Kolktiefe von KT = 105 µm vor.

In diesen Versuchen wurde gezeigt, dass die Standlänge der Versuchswerkzeuge ohne Spanbrechernuten deutlich über denen von Werkzeugen mit Spanbrechernuten liegt. Um den Einfluss dieser Geometrien auf die Spanabfuhr zu bewerten, wurden die im Modellversuch gebildeten Späne mit dem Spanraum eines industrieüblichen Räumzahnwälzfräsers verglichen, **Bild 5.22**. Im untersuchten Räumzahnwerkzeug stehen Spannuten mit einer Länge von b_{nut} = 19 mm auf dem Werkzeugumfang zur Verfügung. Verschiedene Späne, die am Vollprofil-Schlagzahn ohne Spanbrechernuten gebildet wurden, wurden entsprechend ihrer Position bei Austritt der Schneide platziert. Während der Span aus Wälzstellung 9 (oben rechts) mit einer Spanlänge von l_{ch} = 24 mm so weit aufgerollt ist, dass die Rückseite des benachbarten Fräserzahns nicht erreicht wird, ist die Spanabfuhr bei den weiteren dargestellten Spänen kritisch. Der Span der Wälzstellung -2 (unten links) wird über dem gesamten Zahnkopf gebildet und hat somit einen stark gekrümmten Querschnitt. Mit einer Spanlänge von l_{ch} = 43 mm bildet sich dieser Span nahezu gerade. Im Spanraum des betrachteten Werkzeugs könnte dieser Span nur bei einer gesteigerten Umformarbeit in der Spannut gebildet werden und würde zu einem erhöhten Risiko von im Werkzeug eingeklemmten Spänen führen.

Werkstück:
Werkstoff: 18CrNiMo7-6
Modul m_n = 16 mm
Zähnezahl z_2 = 35
Eingriffswinkel α_n = 20°
Schräg.-winkel β = 7,5°, rechts
Durchmesser d_a = 615 mm

Werkzeug:
Vollprofil-Schlagzahn
Schneidstoff PM-HSS S390
Beschichtung (Al,Cr)N
Durchmesser d_{a0} = 240 mm
Auslegung i_0/z_0 = 20/1

Prozess:
Schlagzahnversuch
konventionelles Werkzeug
keine Spanbrechernuten
Gleichlauf
Vorschub f_a = 5,1 mm
Schnittgschw. v_c = 75 m/min

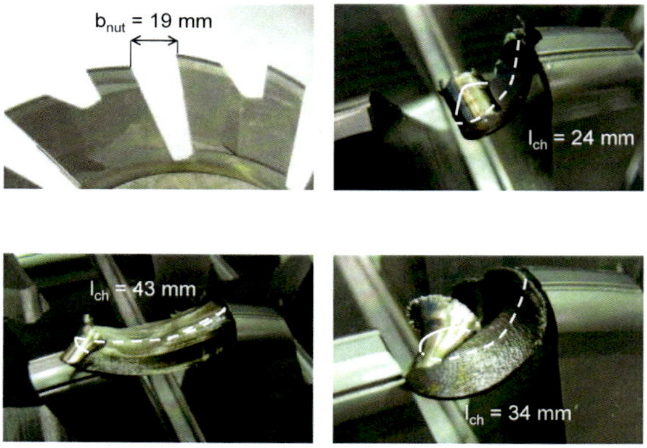

Bild 5.22: Spangeometrien des Vollprofil-Schlagzahnversuchs im Abgleich mit dem Spanraum eines Räumzahnfräsers

Chip Geometries from the Full Profile Fly-Cutter-Trial Compared to the Chip Space in a Roughing Hob

Bei vergleichbaren Bedingungen am Räumzahn gebildete Späne sind in **Bild 5.23** in den Spannuten des entsprechenden Vollwerkzeugs dargestellt. Diese Späne werden durch die Spanbrechernuten über weniger Profilbreite gleichzeitig gebildet, sodass weniger Behinderungen des Aufrollens durch große Spanungsquerschnitte entstehen. Diese Späne rollen sich auch bei Spanlängen über l_{ch} = 35 mm soweit auf, dass sie in den Spannuten sicher aus dem Prozess entfernt werden können.

Ein Verzicht auf Spanbrechernuten zugunsten der Standlänge der einzelnen Fräserzähne muss also mit einer Reduktion der Anzahl Zähne auf dem Werkzeugumfang einhergehen, da ein Abfluss der Späne aus den Spanräumen ansonsten nicht ermöglicht werden kann. So muss jedoch zum Erreichen vergleichbarer Spanungsgeometrien ein geringerer Axialvorschub eingestellt werden. Bei der beobachteten Steigerung der Standlänge eines Einzelzahns um 140% bei v_c = 65 m/min und f_a = 4,2 mm müsste sich eine Reduktion von i_0 = 20 auf i_0 = 9 Spannuten bei gleichzeitigem Verzicht auf Spanbrechernuten noch positiv auf die Standlänge des Gesamtwerkzeugs auswirken. Jedoch hätte dies bei gleicher maximaler Spanungsdicke einen weniger produktiven Prozess mit geringerem Axialvorschub zur Folge. Die Bewertung und Auswahl des Werkzeugkonzepts muss daher für jeden Fall einzeln und besonders unter Berücksichtigung der Maschinenkosten erfolgen

Werkstück:
Werkstoff: 18CrNiMo7-6
Modul m_n = 16 mm
Zähnezahl z_2 = 35
Eingriffswinkel α_n = 20°
Schräg.-winkel β = 7,5°
Durchmesser d_a = 615 mm

Werkzeug:
Vollprofil-Schlagzahn
Schneidstoff PM-HSS S390
Beschichtung (Al,Cr)N
Durchmesser d_{a0} = 240 mm
Auslegung i_0/z_0 = 20/1

Prozess:
Schlagzahnversuch
Räumzahnwerkzeug
Spanbrechernuten
Gleichlauf
Vorschub f_a = 4,2 mm
Schnittgschw. v_c = 65 m/min

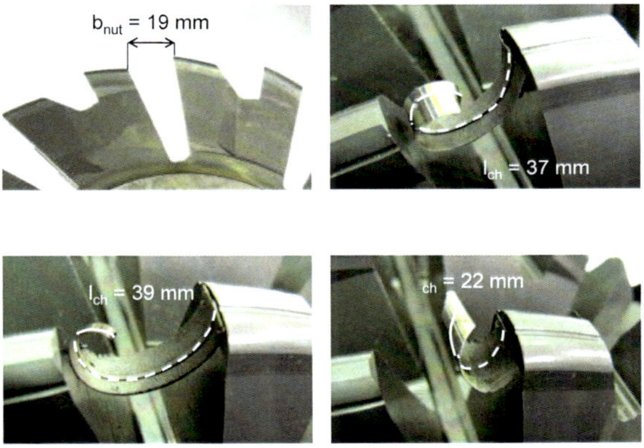

Bild 5.23: Spangeometrien des Modellversuchs für Räumzahnfräser im Abgleich mit dem Vollwerkzeug

Chip Geometries from the Model Trial for Roughing Hobs Compared to the Chip Space in the Complete Tool

5.2.4 Übertragung auf das Wälzfräsen im Industrieversuch

Transfer to Gear Hobbing in an Industrial Trial

Basierend auf dem produktivsten Versuchspunkt im Modellversuch zum Räumzahnwälzfräsen mit Spanbrechernuten in einem Axialdurchgang wurde ein Versuch in zwei Zustellungen durchgeführt, **Bild 5.24**. Für diese Untersuchungen wurde im ersten Durchgang mit einem Axialvorschub von f_a = 4,2 mm, einer Radialzustellung von a_{e1} = 29,4 mm und einer Schnittgeschwindigkeit von v_c = 65 m/min bearbeitet. Im zweiten Durchgang wurde ein Axialvorschub von f_a = 6,0 mm bei gleicher Schnittgeschwindigkeit und einer Radialzustellung von a_{e2} = 4 mm gewählt. Dieser Versuch bildet die Basis für einen folgenden Industrieversuch mit vollständigen Wälzfräsern.

In einem Modellversuch, in dem das Versuchswerkzeug sowohl zum Schruppen als auch zum Schlichten eingesetzt wurde, wurde eine Standlänge von L = 6,7 m erreicht. Entsprechend den Ergebnissen der Bearbeitung in zwei Zustellungen an Werkstück 1 wurde die Standlänge auch bei dieser Auslegung gegenüber einer Bearbeitung in einem Axialdurchgang bei vergleichbaren Parametern (L = 8,4 m) reduziert.

Werkstück:
Werkstoff: 18CrNiMo7-6
Modul m_n = 16 mm
Zähnezahl z_2 = 35
Durchmesser d_a = 615 mm

Werkzeug:
Räumzahn-Schlagzahn
Auslegung i_0/z_0 = 20/1

Parameter (Schruppen):
Gleichlauf
Vorschub f_a = 4,2 mm
Schnittgschw. v_c = 65 m/min
Zustellung a_{e1} = 29,4 mm

Parameter (Schlichten):
Gleichlauf
Vorschub f_a = 6,0 mm
Schnittgschw. v_c = 65 m/min
Zustellung a_{e2} = 4 mm
Standlänge L = 6,7 m

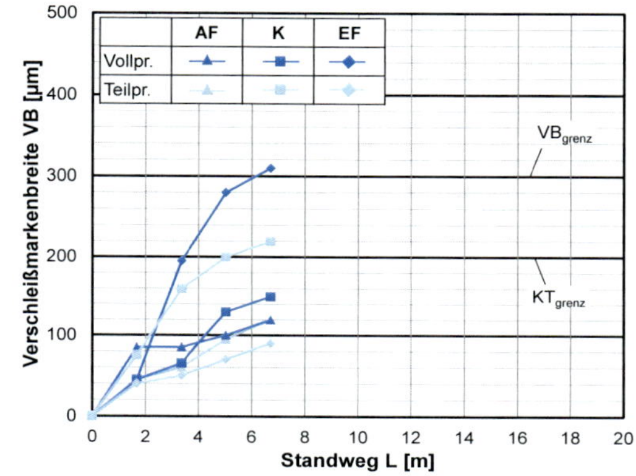

Bild 5.24: Verschleißverlauf der Bearbeitung in zwei Zustellungen von Werkstück 2
Wear Progression of Machining in Two Passes of Part 2

Auch in diesem Prozess bestimmte der Freiflächenverschleiß an der einlaufenden Flanke der Vollprofilschneide die Standlänge des Werkzeugs. Die Verschleißausprägung an der Vollprofilschneide bei Standzeitende ist in **Bild 5.25** dargestellt. Die Spanablaufspuren auf der Spanfläche des Werkzeugs entsprechen denen der vorangegangenen Untersuchungen des Schruppschnitts. Sie wurden durch die Schlichtbearbeitung nicht wesentlich beeinflusst. Kolkverschleiß trat in diesem Versuch nicht auf. An der auslaufenden Flanke des Werkzeugs sowie in den Bereichen außerhalb der Spanbrechernuten konnte auch bei dieser Untersuchung ein gleichmäßiger Abrasivverschleiß der Freifläche beobachtet werden. Das Standzeitende erreichte das Werkzeug auch in diesem Prozess durch Verschleiß der zum Kopf hin liegenden Ecke der Spanbrechernut an der einlaufenden Flanke. Auch an den Kanten der Spanbrechernut am Zahnkopf trat ein verstärkter Freiflächenverschleiß auf.

Analog zum beschriebenen Schlagzahnversuch mit einer Zweischnitt-Strategie wurde ein Versuch mit einem Räumzahnwälzfräser durchgeführt. Entsprechend dem Schlagzahnversuch wurde im ersten Durchgang mit einer Schnittgeschwindigkeit von v_c = 65 m/min und einem Axialvorschub von f_a = 4,2 mm bearbeitet. Der zweite Schnitt wurde mit einer Schnittgeschwindigkeit von v_c = 65 m/min und einem Vorschub von f_a = 6,0 mm durchgeführt. Im Schlagzahnversuch wurde eine um ΔT = 4 mm reduzierte Tauchtiefe eingestellt, um eine Nachbearbeitung mit einem Vollwerkzeug zu ermöglichen. Dieses Vorgehen ist im Industrieversuch nicht notwendig. So wurde im zweiten Schnitt das Fertigmaß für die Fräsbearbeitung erreicht. Die Tauchtiefe des ersten Schnitts beträgt a_{e1} = 33,4 mm. Im zweiten Schnitt wurde ein radiales Aufmaß von ΔT = 4 mm bearbeitet und eine Tauchtiefe von a_{e2} = 37,4 mm erreicht. In dieser Auslegung ergeben sich maximale Spanungsdicken von $h_{cu,max}$ = 0,43 mm im ersten Schnitt und $h_{cu,max}$ = 0,21 mm im zweiten Schnitt. Die Hauptzeit beträgt t_H = 45,4 min für den ersten und t_H = 29,1 min für den zweiten Schnitt.

Werkstück:
Werkstoff: 18CrNiMo7-6
Modul m_n = 16 mm
Zähnezahl z_2 = 35
Durchmesser d_a = 615 mm

Werkzeug:
Räumzahn-Schlagzahn
Auslegung i_0/z_0 = 20/1

Parameter (Schruppen):
Gleichlauf
Vorschub f_a = 4,2 mm
Schnittgschw. v_c = 65 m/min
Zustellung a_{e1} = 29,4 mm

Parameter (Schlichten):
Gleichlauf
Vorschub f_a = 6,0 mm
Schnittgschw. v_c = 65 m/min
Zustellung a_{e2} = 4 mm
Standlänge L = 6,7 m

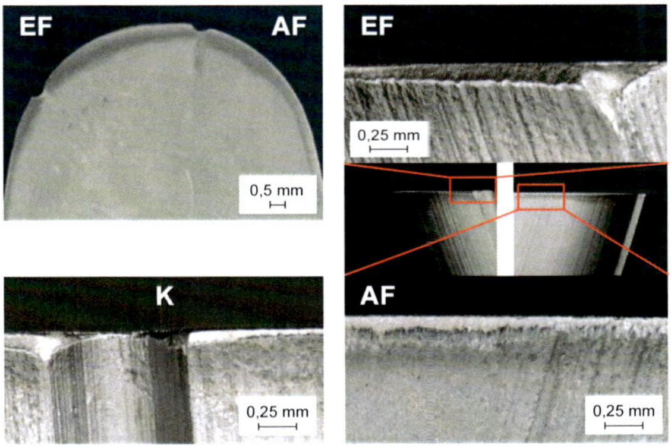

Bild 5.25: Verschleißausprägung 2-Schnitt-Bearbeitung von Werkstück 2 am Standzeitende
Tool Wear of the 2-Pass-Machining of Part 2 at Tool Life

Im Gegensatz zum Schlagzahnversuch, in dem ein Zahn jeden im Prozess entstehenden Span erzeugt, werden die Zähne im Axialwälzfräsprozess eines Werkstücks jeweils nur mit den Spänen einer Wälzstellung belastet. Eine Verteilung der Belastung wird durch eine Shiftbewegung des Werkzeugs nach der Fertigung eines Werkstücks erreicht. Die Belastung eines Zahns mit Spänen aus allen Wälzstellungen kann nur erreicht werden, wenn die Anzahl der gefertigten Teile einem Vielfachen der Anzahl an Wälzstellungen im Prozess entspricht. Eine solche Auslegung ist für die hier betrachteten Prozesse nicht möglich, da das Standzeitende der Werkzeuge vor dieser Werkstückanzahl eintritt. Zum Erreichen der Standlänge von L = 6,7 m aus dem Schlagzahnversuch bei einer vollständigen Ausnutzung der Fräserlänge werden 28 Werkstücke benötigt. Die Standlänge ist hier bezogen auf einen Zahn im Shiftbereich des Werkzeugs angegeben. Bereits in früheren Arbeiten [HIPK11; WINK05] wurde gezeigt, dass die im Schlagzahnversuch ermittelten Standlängen höher sind als die Standlängen der einzelnen Zähne im Shiftbereich ganzer Wälzfräswerkzeuge. Beim Fräsen mit PM-HSS Werkzeugen wird von einer Standlänge von ca. 50% gegenüber dem Schlagzahnversuch ausgegangen. Aus diesem Grund wurde das Werkzeug in einer Multizyklus-Shiftstrategie eingesetzt, die nach jeweils einem Viertel des Standwegs aus dem Schlagzahnversuch eine möglichst gleichmäßige Belastung des Wälzfräsers ergibt, **Bild 5.26**.

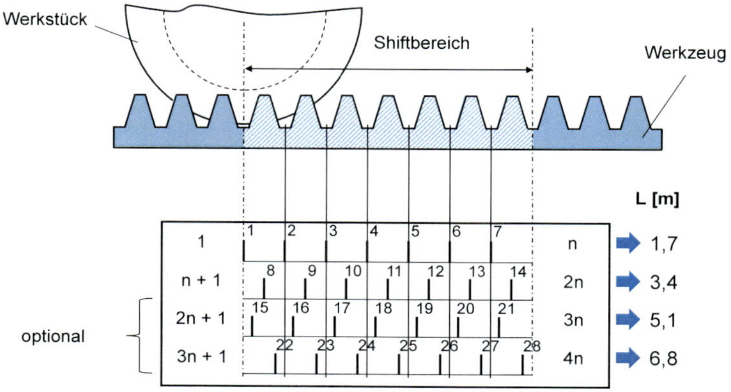

Bild 5.26: Shiftstrategie im Industrieversuch
Shifting Strategy in the Industrial Trial

Das im Versuch eingesetzte Werkzeug verfügte über Spanbrecher, die im Gegensatz zu der Ausführung im Schlagzahnversuch nicht als Nuten ausgeführt sind. Das Profil der Werkzeuge ist an diesen Werkzeugen in Form eines Geradenabschnitts gegenüber dem Bezugsprofil zurückgesetzt, **Bild 5.27**. Die Vollprofilschneide ist an der einlaufenden Flanke, der Räumzahn an der auslaufenden Flanke zurückgesetzt. Durch diese Aufteilung ist die wirksame Spannutenzahl im Bereich der Kopfrundungen halbiert. Der in den Schlagzahnversuchen beobachtete Verschleiß an den Randbereichen der Spanbrecher ist bei dieser geänderten Geometrie nicht in gleicher Form zu erwarten.

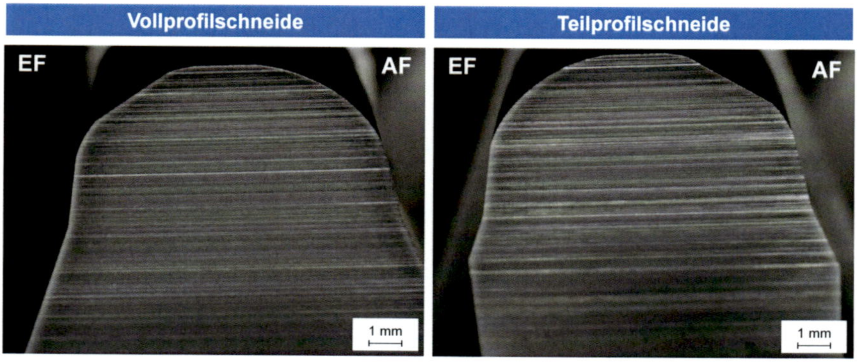

Bild 5.27: Schneidengeometrien im Industrieversuch
Blade Geometries in the Industrial Trial

Das Standzeitende wird im Industrieversuch nach dem zehnten zerspanten Werkstück durch Freiflächenverschleiß im Kopfbereich von drei Vollprofilschneiden erreicht. Diese Anzahl Werkstücke entspricht einer Standlänge von L = 2,4 m bezogen auf einen Zahn im Shiftbereich. Die Belastung ist zu diesem Zeitpunkt ungleichmäßig auf die Schneiden verteilt. Einzelne Zähne sind bereits so belastet, wie nach einem vollständigen zweiten Shiftdurchgang. Dieser Zustand entspricht der erwarteten Standlänge von L = 3,4 m.

Die Verteilung des Freiflächenverschleißes über den einzelnen Zähnen ist in **Bild 5.28** gezeigt. Die Nummerierung der Abszisse entspricht hierbei jeweils einer Schneidengruppe mit einer Vollprofilschneide und dem darauf folgenden Räumzahn, die in getrennten Kurvenverläufen dargestellt sind. Das Standzeitende wird durch einen sprunghaft ansteigenden Freiflächenverschleiß im Kopfbereich der Vollprofilschneiden 20, 22 und 24 erreicht. Dieser liegt an der Schneide 20 bei VB_{max} = 1355 µm, an Schneide 22 bei VB_{max} = 1290 µm und an Schneide 24 bei VB_{max} = 920 µm. Die jeweils dazwischen liegenden Vollprofilschneiden sowie die Räumzähne weisen jeweils einen deutlich geringeren Freiflächenverschleiß auf. Der Freiflächenverschleiß beträgt abseits der standzeitkritischen Schneidenbereiche an den Vollprofilschneiden unter VB = 100 µm. Der maximale Freiflächenverschleiß der Räumzähne beträgt VB = 65 µm.

Werkstück:
Werkstoff: 18CrNiMo7-6
Modul m_n = 16 mm
Zähnezahl z_2 = 35
Durchmesser d_a = 615 mm

Werkzeug:
Räumzahn-Wälzfräser
Auslegung i_0/z_0 = 20/1

Parameter (Schruppen):
Gleichlauf
Vorschub f_a = 4,2 mm
Schnittgschw. v_c = 65 m/min
Zustellung T = 33,4 mm

Parameter (Schlichten):
Gleichlauf
Vorschub f_a = 6,0 mm
Schnittgschw. v_c = 65 m/min
Zustellung T = 37,4 mm
Standlänge L = 2,4 m/ 10 Wst.

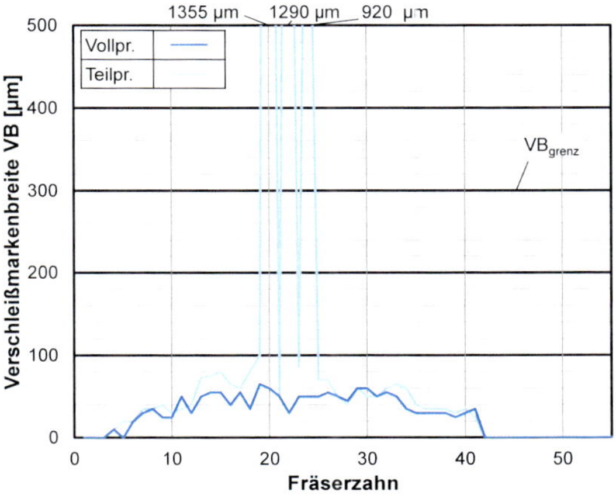

Bild 5.28: Verteilung des Freiflächenverschleißes über dem Werkzeug im Industrieversuch
Distribution of Flank Wear along the Tool in the Industrial Trial

Die Verteilung des Kolkverschleißes über den einzelnen Zähnen ist in **Bild 5.29** dargestellt. Der Verlauf des Kolkverschleißes ist zwischen den Vollprofilschneiden und den Räumzähnen um vier Zähne versetzt. Der erste Kolkverschleiß tritt am Räumzahn der Schneidengruppe 7 auf. An der Vollprofilschneide beginnt der Kolkverschleiß bei Schneidengruppe 11. Dieser Versatz bleibt über dem Werkzeug bestehen. So tritt in Schneidengruppe 32 der letzte Kolkverschleiß an einem Räumzahn und in Schneidengruppe 36 der letzte Kolkverschleiß an einer Vollprofilschneide auf. Maxima sind an den Vollprofilschneiden der Gruppen 12, 20 und 22 mit Kolktiefen von KT = 73 µm bis 78 µm erkennbar. Der Kolkverschleiß ist in diesem Prozess nicht standzeitkritisch.

Werkstück:
Werkstoff: 18CrNiMo7-6
Modul m_n = 16 mm
Zähnezahl z_2 = 35
Durchmesser d_a = 615 mm

Werkzeug:
Räumzahn-Wälzfräser
Auslegung i_0/z_0 = 20/1

Parameter (Schruppen):
Gleichlauf
Vorschub f_a = 4,2 mm
Schnittgschw. v_c = 65 m/min
Zustellung T = 33,4 mm

Parameter (Schlichten):
Gleichlauf
Vorschub f_a = 6,0 mm
Schnittgschw. v_c = 65 m/min
Zustellung T = 37,4 mm
Standlänge L = 2,4 m/ 10 Wst.

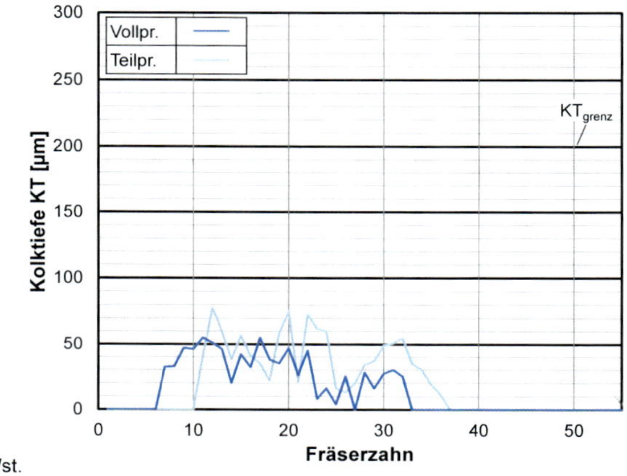

Bild 5.29: Verteilung des Kolkverschleißes über dem Werkzeug im Industrieversuch
Distribution of Crater Wear along the Tool in the Industrial Trial

Um die Belastung der einzelnen Schneiden zum Standzeitende bestimmen zu können, müssen die lokalen Spanungskenngrößen der einzelnen Schneiden des Wälzfräsers ausgewertet werden. Da die Schneiden durch die großen Shiftsprünge jeweils in unterschiedlichen Wälzstellungen zerspant haben, werden Spanungskenngrößen der vorliegenden Wälzstellungen jeweils über der Verzahnungsbreite kumuliert und diese dann für jeden Zahn des Werkzeugs aufaddiert. Die maximale Spanungsdicke, die kumulierte Schnittbogenlänge, das maximale bezogene zerspante Volumen und die maximale Anzahl Schneideneingriffe sind in **Bild 5.30** über den Schneidengruppen aufgetragen. Der Maximalwert des bezogenen zerspanten Volumens von V' = 260.000 mm^3/mm liegt zum Standzeitende an der Schneide 20 vor. Auch bei der Betrachtung der Anzahl Schneideneingriffe liegt an diesem Zahn mit n = 35.000 nahezu das Maximum vor. Die über alle Schneideneingriffe kumulierte Schnittbogenlänge hat an diesem Zahn das Maximum von $l_{cu,ges}$ = 1.220.000 mm.

Basierend auf den Spanungskenngrößen kann Zahn 20 als der Zahn mit der maximalen Belastung identifiziert werden. Weiterhin weisen die Ergebnisse im Bereich starker Belastungen für die maximale Spanungsdicke jeweils zwischen zwei Schneidengruppen schwankende Spanungskenngrößen auf, die mit dem geringeren Verschleiß jeder zweiten Vollprofilschneide korrelieren.

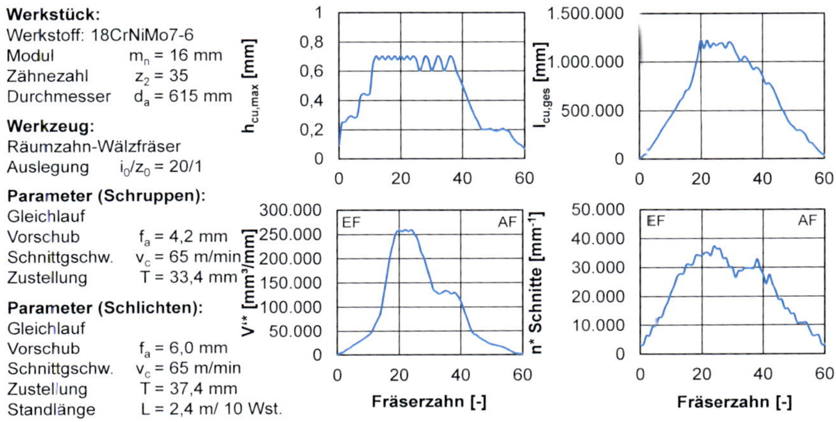

Bild 5.30: Kenngrößenverläufe der Vollprofilschneiden über dem Fräser

Distribution of Characteristic Process Values for Full Profile Blades along the Tool

In **Bild 5.31** ist die Verschleißausprägung der standzeitkritischen Schneidengruppe 20 dargestellt. Die Spanflächen der Schneiden weisen in dieser Schneidengruppe jeweils Kolkverschleiß auf. Am Räumzahn tritt Kolkverschleiß, entsprechend der Verschleißausprägung im Schlagzahnversuch, an der Zahnkopfmitte auf. Dieser Verschleiß korreliert mit den großen Spanungsdicken in diesem Bereich bei der Verwendung von Vollprofil-Werkzeugen. Weiterhin tritt an dieser Schneide ein Kolkverschleiß größerer Fläche an der einlaufenden Flanke auf. Die Position dieses Verschleißes entspricht dem Ort an der Vollprofilschneide, an der die maximale Abweichung vom Bezugsprofil durch die Spanbrecher vorliegt. Auch an der Vollprofilschneide tritt ein vergleichbarer Kolkverschleiß an der auslaufenden Flanke in dem Bereich der Spanbrecher des Räumzahns auf. In diesen Bereichen entspricht die Belastung der eines Werkzeugs mit der halben Spannutenzahl. Der Verlauf des verfärbten Kontaktbereichs der Spanfläche weist auf entsprechend große Spanungsdicken in diesen Bereichen hin.

Der Freiflächenverschleiß verläuft in großen Bereichen der Schneide gleichmäßig bei Werten von VB ≤ 65 µm. Das Standzeitende wird durch ein lokales Verschleißmaximum der Vollprofilschneide im Übergang des Zahnkopfes zur Kopfrundung der auslaufenden Flanke des Profils erreicht. Die Lage dieses Verschleißmaximums korreliert mit dem Anfang des Spanbrechers am Räumzahn. Eine Beeinflussung des Verschleißverhaltens durch diese Geometrie ist nicht auszuschließen. Der kritische Verschleißmarke mit VB_{max} = 1855 µm weist Kammrisse ausgehend von der Schneidkante in der Mitte der Verschleißmarke auf. Diese können aus einer großen Wärmeeinbringung durch die Reibung an der verschlissenen Freifläche resultieren. Auch im Bereich starken Kolkverschleißes können ähnliche Risse auftreten.

Ähnlich dem Verschleiß am Tandem-Schlagzahn mit Spanbrechernuten ist der Verschleiß in diesem Versuch von Effekten im Bereich der Spanbrechernuten dominiert. Der positive Effekt dieser Geometrien bezüglich dem benötigten Spanraum steht einer negativen Beeinflussung des Standzeitverhaltens der Schneidkanten gegenüber. Eine detaillierte Untersuchung der Auslegung solcher Geometrien unter Berücksichtigung der lokalen Zerspanbedingungen verspricht weiteres Potenzial zur Optimierung der Leistungsfähigkeit von Wälzfräsern für Großverzahnungen.

Werkstück:
Werkstoff: 18CrNiMo7-6
Modul m_n = 16 mm
Zähnezahl z_2 = 35
Durchmesser d_a = 615 mm

Werkzeug:
Räumzahn-Wälzfräser
Auslegung i_0/z_0 = 20/1

Parameter (Schruppen):
Gleichlauf
Vorschub f_a = 4,2 mm
Schnittgschw. v_c = 65 m/min
Zustellung T = 33,4 mm

Parameter (Schlichten):
Gleichlauf
Vorschub f_a = 6,0 mm
Schnittgschw. v_c = 65 m/min
Zustellung T = 37,4 mm
Standlänge L = 2,4 m/ 10 Wst.

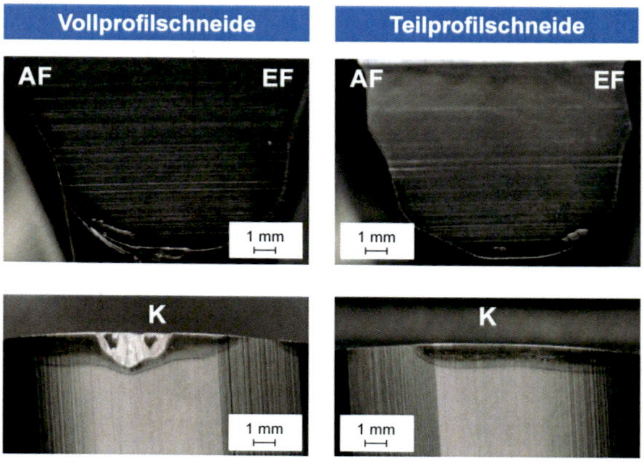

Bild 5.31: Verschleißausprägungen in Schneidengruppe 20

Tool Wear at Blade Group 20

5.3 Verschleißuntersuchungen an Werkzeugen aus Hartmetall

Wear in Machining with Indexable Insert Tools

Im Gegensatz zu Schnellarbeitsstahl verfügt Hartmetall über eine deutlich gesteigerte Härte und Temperaturfestigkeit. Aus diesem Grund werden diese Schneidstoffe sowohl unter Verwendung von Kühlschmierstoff als auch im Trockenschnitt eingesetzt. Die höhere Härte des Schneidstoffs geht jedoch mit einer geringeren Duktilität einher, wodurch die Empfindlichkeit für Ausbrüche und Rissbildung höher ist. Diese Untersuchungen orientieren sich an Prozessauslegungen nach dem Stand der Technik. Die Versuche wurden, mit Ausnahme eines Versuchs zum Trockenwälzfräsen, unter Einsatz von nichtwassermischbaren Kühlschmiermitteln durchgeführt.

5.3.1 Versuchsplanung

Design of Experiments

Die Untersuchungen des Verschleißverhaltens von Hartmetallwerkzeugen werden an dem bereits in Kapitel 5.2 beschriebenen Planetenrad mit m_n = 16 mm durchgeführt. In ersten Versuchen am kompletten Wälzfräser werden die Einflüsse der unterschiedlichen Spanungsgeometrien der verschiedenen Wälzstellungen auf den Werkzeugverschleiß bestimmt.

Nachfolgend werden die Einflüsse einzelner Spanungskenngrößen im Modellprozess zum Profilfräsen untersucht. Aufgrund der im Gegensatz zum Wälzfräsen einfacheren Kinematik werden in diesem Prozess gleiche Spangeometrien wiederholt gebildet. Dies vereinfacht die Untersuchung der Einflüsse einzelner Spanungskenngrößen auf den Werkzeugverschleiß.

Den Ausgangspunkt der Zerspanversuche zum Profilfräsen bildet ein Prozess mit einer maximalen Spanungsdicke von $h_{cu,max}$ = 0,42 mm. Dieser Wert entspricht der maximalen Spanungsdicke im Ausgangsprozess für das Wälzfräsen mit HSS-Werkzeugen, siehe Kap. 5.2.3. Die Schnittgeschwindigkeit im Ausgangsprozess liegt bei v_c = 110 m/min. Dieser Wert orientiert sich an den aktuellen Empfehlungen verschiedener Werkzeughersteller für vergleichbare Bearbeitungsprozesse. Er entspricht einer Verdopplung der Schnittgeschwindigkeit gegenüber dem Ausgangspunkt der vorangegangenen Untersuchungen.

Das Belastungskollektiv im Profilfräsprozess mit einem Vorschub von f_z = 0,6 mm ist anhand der Kenngrößen maximale Spanungsdicke ($h_{cu,max}$), mittlere Spanungsdicke ($h_{cu,mit}$), Schnittbogenlänge (l_{cu}) und bezogenes Spanvolumen (V') in **Bild 5.32** über der abgewickelten Schneidkante dargestellt. Aufgrund der Aufteilung der eingesetzten Werkzeuge variiert der effektive Vorschub je Schneide über dem Profil (vgl. Bild 4.12). Der Bereich der Kopfmitte wird von jeder Schneide des Werkzeugs bearbeitet, wodurch hier ein Vorschub von f_{eff} = 0,3 mm wirkt.

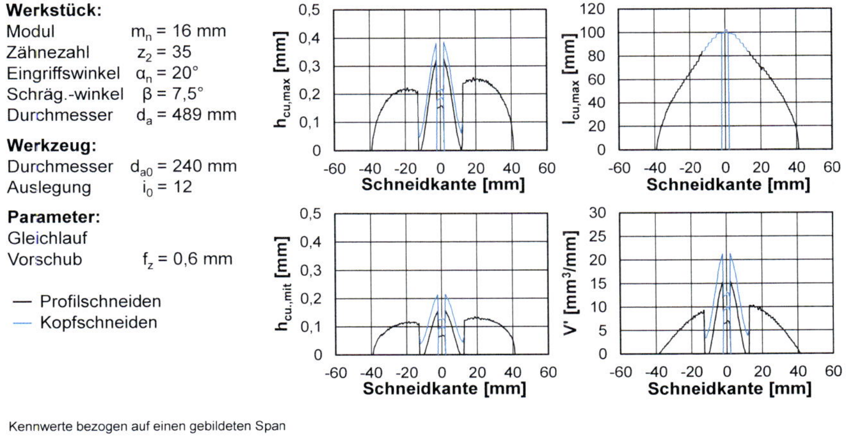

Bild 5.32: Spanungskenngrößen im Profilfräsprozess

Characteristic Values for Chips in Form Milling

Die Spanungsdicke und das bezogene Zerspanvolumen sind daher in diesem Bereich kleiner als am Schneideneckenradius. Die Maximalwerte dieser Größen werden im Bereich der Schneidenecken erreicht. Der Zielwert einer maximale Spanungsdicke von $h_{cu,max}$ = 0,42 mm in der Zahnkopfmitte wird in diesem Prozess nicht erreicht. Da an den Flanken des Profils ausschließlich die Profilschneiden bearbeiten, ist die Anzahl effektiver Schneiden hier halbiert. Der effektive Vorschub ist daher mit f_{eff} = 1,2 mm in diesem Bereich verdoppelt. Hierdurch ergibt sich eine gleichmäßigere Verteilung der Spanungsdicken und des bezogenen Spanvolumens als bei Vollprofilwerkzeugen (vgl. Bild 4.10).

Auf dem eingesetzten Versuchswerkzeug sind die Vollprofilschneiden im Kopfbereich radial gegenüber den Kopfschneiden um $\Delta r_{a,0}$ = 0,03 mm zurückgesetzt. Dies führt zu größeren Werten der Spanungsdicke und des bezogenen Spanvolumens an diesen Schneiden. Die Schnittbogenlänge wird durch diese Auslegung nicht signifikant beeinflusst. Die Zerspanuntersuchungen wurden im Modellprozess zum Profilfräsen (siehe Kapitel 5.1.2) durchgeführt.

5.3.2 Profilfräsen mit Wendeschneidplatten

Form Milling with Indexable Carbide Inserts

Aufgrund der geringeren Komplexität der Zerspankinematik werden zunächst Untersuchungen zu Einflüssen auf den Werkzeugverschleiß im Profilfräsprozess durchgeführt. Der Referenzprozess wird mit einer Schnittgeschwindigkeit von v_c = 110 m/min und einer maximalen Spanungsdicke von $h_{cu,max}$ = 0,42 mm ausgelegt. Dieser Wert entspricht einem Vorschub je effektiver Kopfschneide von f_z = 0,6 mm. Die Vorschubgeschwindigkeit ergibt sich zu v_f = 280 mm/min. Die Zerspanung ohne Nebenzeiten benötigt bei diesen Parametern t_h = 59,6 min. Diese Auslegung orientiert sich der maximalen Spanungsdicke des Wälzfräsprozesses.

Der Verlauf des Freiflächenverschleißes in diesem Prozess ist in **Bild 5.33** über dem Standweg, bezogen auf eine effektiver Kopfschneide, dargestellt. Bei der beschriebenen Bestückung des Werkzeugs werden Z_{eff} = 4 effektive Kopfschneiden eingesetzt. Der Verlauf des Freiflächenverschleißes ist für alle eingesetzten Wendeschneidplatten bis zum Standzeitende nahezu identisch. Im ersten Messintervall ist ein Einlaufverschleiß der Platten von VB_{max} = 50 µm zu beobachten. Im Anschluss weist der Freiflächenverschleiß bis zu einer Standlänge von L = 14 m einen Bereich mit geringer, linearer Verschleißzunahme auf. Bis zu dieser Standlänge werden an den Flankenplatten etwas größere Verschleißbeträge festgestellt als an den Kopfplatten. Das Standzeitende wird in diesem Prozess bei einer Standlänge von L = 14,5 m durch einen Ausbruch an einer linken Kopfplatte erreicht.

Wie in Bild 4.10 dargestellt, werden die linken Schneidplatten im Prozess geringfügig stärker belastet als die Rechten. Der Verschleißverlauf der linken und rechten Platten ist nahezu identisch mit geringfügig größeren Verschleißwerten der linken Schneidplatten. Bis zum Erreichen des Standkriteriums werden verschiedene Stadien des Verschleißes durchlaufen. Bei einer Standlänge von L = 3,9 mm werden auf den Spanflächen Bereiche festgestellt, in denen Schneidstoff frei liegt. Dies kann sowohl auf einem Verschleiß der Schicht als auch auf einer Ermüdung des darunter befindlichen Schneidstoffs basieren. Im Folgenden wird dieser Effekt als Schichtversagen bezeichnet. Nach L = 6,7 m Standlänge werden Kammrisse an den Schneiden festgestellt. Diese sind auf eine thermische Wechselbelastung zurückzuführen. Durch die hohen Temperaturen der Schneiden im Schnitt und die Abkühlung durch den Kühlschmierstoff entstehen Spannungen, die zu Rissen senkrecht zur Schneidkante führen [VIER70] (vgl. Kapitel 2.3.1). Der Ausbruch an der Schneidkante erfolgt entlang der Kammrisse.

Werkstück:
18CrNiMo7-6
Modul m_n = 16 mm
Zähnezahl z_2 = 35
Eingriffswinkel α_n = 20°
Schräg.-winkel β_2 = 7,5°
Durchmesser d_a = 615 mm

Werkzeug:
Substrat: HM K30
Beschichtung: (Ti,Al)N
Durchmesser d_{a0} = 300 mm
Eff. Schneiden Z_{eff} = 4

Prozess:
Gleichlauf, Nass (Öl)
Schnittgeschw. v_c = 110 m/min
Vorschubgeschw. v_f = 280 mm/min
Vorschub f_z = 0,60 mm
Spanungsdicke h_{cu} = 0,42 mm
Tauchtiefe T = 34,4 mm

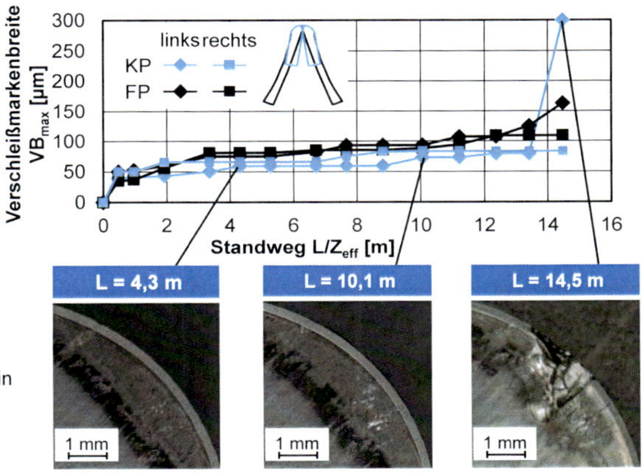

Bild 5.33: Verschleißverlauf und Verschleißausprägung im Referenzprozess
Wear Progression and Form in the Reference Process

Eine Übersicht über die in weiteren Versuchen erreichten Standlängen ist in **Bild 5.34** dargestellt. Die Versuche werden in drei Schnittgeschwindigkeitsstufen und in drei Stufen der maximalen Spanungsdicke durchgeführt. Die Basis der Untersuchungen bildet der in Bild 5.33 beschriebene Referenzprozess. Die Tauchtiefe im Prozess wird mit T = 34,4 mm konstant gehalten.

Ausgehend vom Referenzprozess wird der Einfluss der Schnittgeschwindigkeit untersucht. Dieser Versuchspunkt wird bei einer Schnittgeschwindigkeit von v_c = 185 m/min durchgeführt. Hierbei werden die Spanungsgeometrien im Prozess nicht verändert. Die Vorschubgeschwindigkeit wird proportional zur Schnittgeschwindigkeit um 68% gesteigert.

Im Folgenden wird der Einfluss der Spanungsgeometrien untersucht. Werden das Werkstück, das Werkzeug und die Tauchtiefe konstant gehalten, ist eine Variation der Spanungsgeometrien ausschließlich durch eine Änderung des Vorschubs (f_z) im Prozess möglich. In diesem Versuchspunkt wird der Vorschub ausgehend vom Referenzprozess so gesteigert, dass eine um 50% auf $h_{cu,max}$ = 0,64 mm größere maximale Spanungsdicke erreicht wird. Der Vorschub je effektiver Kopfschneide liegt bei diesem Prozess bei f_z = 0,95 mm.

Weiterhin werden die Einflüsse der Spangeometrie und der Schnittgeschwindigkeit in einem vierten Versuch gegenübergestellt. Dies wird durch eine gleichzeitige Senkung der Schnittgeschwindigkeit und einer Steigerung des Vorschubs erreicht. Die maximale Spanungsdicke in diesem Prozess wird bezogen auf den Referenzversuch um 25% auf $h_{cu,max}$ = 0,54 mm gesteigert. Der resultierende Vorschub in diesem Prozess beträgt f_z = 0,8 mm. Die Steigerung des Vorschubs um 33% wird durch eine entsprechende Reduktion der Schnittgeschwindigkeit kompensiert, sodass die Vorschubgeschwindigkeit derjenigen im Referenzprozess entspricht. Die resultierende Schnittgeschwindigkeit beträgt v_c = 85 m/min.

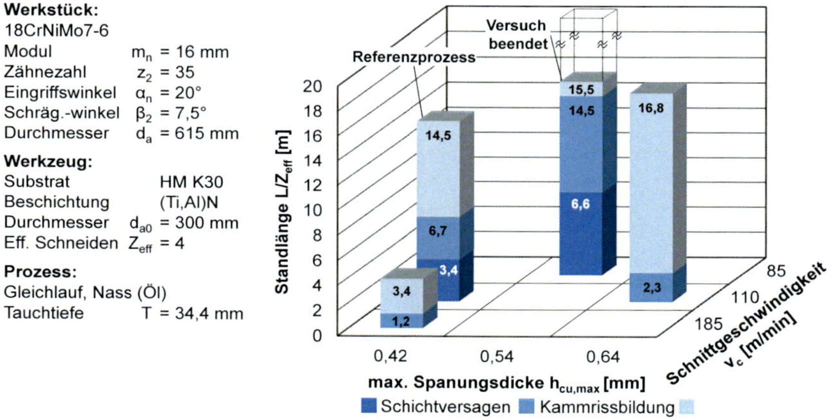

Bild 5.34: Standzeitübersicht für den Modellversuch

Tool Life Overview for the Model Trial

Die in den Versuchen erreichten Standlängen sind in Form eines Säulendiagramms dargestellt. In diesem Diagramm sind je Versuch drei Werte für verschiedene Verschleißkriterien aufgetragen. Der untere, dunkle Säulenabschnitt stellt jeweils den Standweg dar, bei dem Schichtversagen auftritt. Die nächste Stufe ist der Standweg, bei dem der erste Kammriss an der Oberfläche der Schneidplatten erkennbar ist. Die oberste Markierung stellt die Standlänge dar, bei der ein Verschleiß von VB = 300 µm erreicht wird. Diese Verschleißgrenze wird in den durchgeführten Versuchen ausschließlich durch einen Ausbruch der Schneidkanten im Kopfrundungsradius der Kopfplatten erreicht.

Die Steigerung der Schnittgeschwindigkeit auf v_c = 185 m/min gegenüber dem in Bild 5.33 dargestellten Referenzversuch führt zu einer auf L = 3,4 m reduzierte Standlänge. Das erste Schichtversagen wird gleichzeitig mit dem ersten Kammriss beobachtet. Kammrisse treten bereits nach L = 1,2 m sowohl an linken als auch an rechten Kopfplatten auf. Das Standzeitkriterium wird durch einen Ausbruch im Schneidenradius der linken Kopfplatte erreicht. Das im Gegensatz zum Referenzversuch frühe Auftreten von Kammrissen in diesem Versuch ist auf eine gesteigerte Zerspantemperatur zurückzuführen. Durch eine Steigerung der Schnittgeschwindigkeit bei gleichen Spanungsgeometrien wirken höhere Temperaturen in der Zerspanstelle [KLOC08, HERZ14]. Hierdurch steigt die Amplitude der Temperaturschwankungen. Die Anzahl der Temperaturwechsel bezogen auf eine festgelegte Standlänge ist bei gleichen Spanungsgeometrien in diesem Prozess konstant. Die Frequenz der Temperaturschwankungen wird proportional mit der Schnittgeschwindigkeit gesteigert. Die Zerspankraft wird mit steigenden Schnittgeschwindigkeiten geringer [VIER70]. Die reduzierte Standlänge kann daher nicht auf eine gesteigerte mechanische Belastung zurückgeführt werden.

Weiterhin wurde der Einfluss der Spanungsgeometrien auf den Prozess untersucht. In einem Versuch mit einer maximalen Spanungsdicke von $h_{cu,max}$ = 0,64 mm tritt der erste sichtbare Kammriss gleichzeitig mit dem ersten Schichtversagen auf. An einer Kopfplatte der linken Profilhälfte sind nach L = 2,3 m Kammrisse erkennbar. Das Standzeitende wird jedoch deutlich später, bei einer Standlänge von L = 16,8 m, durch einen Ausbruch einer Kopfplatte der rechten Profilhälfte erreicht. Auch in diesem Prozess treten Kammrisse deutlich früher auf als im Referenzversuch. Der Standweg bis zu diesem Kriterium ist im Gegensatz zum Referenzversuch um 34% reduziert. In diesem Prozess ist die Frequenz der thermischen und mechanischen Wechselbelastung identisch mit der im Referenzversuch. Nach HERZHOFF [HERZ14] treten auch mit einer Steigerung der Spanungsdicke höhere Temperaturen in der Zerspanstelle auf. Diese wirken aufgrund der kleineren Schnittgeschwindigkeit länger auf das Werkzeug ein. Die Zerspankräfte steigen mit der Spanungsdicke an, sodass die Schneide stärker mechanisch belastet wird.

Zur Bewertung des Auftretens von Kammrissen wird neben der Standlänge die Anzahl von Lastzyklen herangezogen. Diese entspricht der Anzahl Schneideneingriffe, die ein Schneidenbereich bis zum Erreichen eines Standkriteriums durchführt. Dieser Wert bezogen auf eine bestimmte Standlänge beim Profilfräsen ist zum Vorschub (f_z) antiproportional. Während jede Schneide bezogen auf einen Meter Standweg im Referenzversuch n = 2073 Schneideneingriffe ausführt, beträgt dieser Wert im dritten Versuch n = 1309 Schneideneingriffe. Die Anzahl Schneideneingriffe bis zum Auftreten von Kammrissen beträgt in diesem Versuch n = 3011. Die Anzahl ertragener Lastzyklen vor dem Auftreten von Kammrissen liegt somit 20% über dem Versuch bei gesteigerter Schnittgeschwindigkeit mit n = 2487.

Die hohe Standlänge nach dem Auftreten von Kammrissen kann auf Basis dieser Analyse nicht direkt erklärt werden. Ein Vergleich mit dem Referenzversuch bezüglich der Anzahl Schneideneingriffe bis zum Standzeitende zeigt jedoch eine reduzierte Anzahl ertragener Lastzyklen in diesem Versuch auf. Während der Referenzversuch nach einer Anzahl von n_{ges} = 29.997 Schneideneingriffen das Standzeitende erreicht, bricht die Schneidkante im Versuch mit gesteigertem Vorschub nach n_{ges} = 21.957 Schneideneingriffen aus.

In einem weiteren Versuch werden die Kenngrößen Schnittgeschwindigkeit auf v_c = 85 m/min und Spanungsdicke auf $h_{cu,max}$ = 0,54 mm gleichzeitig geändert. Die

Schnittgeschwindigkeit weist in den vorangegangenen Versuchen bei gleicher Steigerung der Vorschubgeschwindigkeit einen größeren Einfluss auf die Standlänge auf als die Spanungsdicke. Das erste Schichtversagen wird in diesem Versuch nach einem Standweg von L = 6,6 m erreicht. Kammrisse treten nach einer Standlänge von L = 14,5 m auf. Das Standzeitende wird bis zu einer Standlänge von L = 15,5 m nicht erreicht. An diesem Punkt wird der Versuch abgebrochen. Die Standlänge bis zum Schichtversagen im Gegensatz zum Referenzversuch verdoppelt. Die Steigerung der Standlänge bis zum Auftreten von Kammrissen beträgt für diese Parameter 116%. Für die Auslegung eines Versuchs mit hoher Standlänge für den Versagensmechanismus Kammrisse ist eine Reduktion der Schnittgeschwindigkeit bei gleichzeitiger Erhöhung der Spanungsdicke vorteilhaft. So wird eine Steigerung der Spanungsdicken auf Werte über $h_{cu,max}$ = 0,5 mm bei großen Standlängen möglich.

Die Verschleißausprägungen der beiden Versuche bei v_c = 110 m/min bei einer Standlänge von L = 13,4 m sind in **Bild 5.35** dargestellt. Bei dieser Standlänge erreichte das Werkzeug im Referenzversuch bereits aufgrund von Schneidkantenausbrüchen sein Standzeitende. In Bild 5.35 ist die nicht ausgebrochene Schneidplatte aus dem zweiten eingesetzten Schneidkollektiv dargestellt.

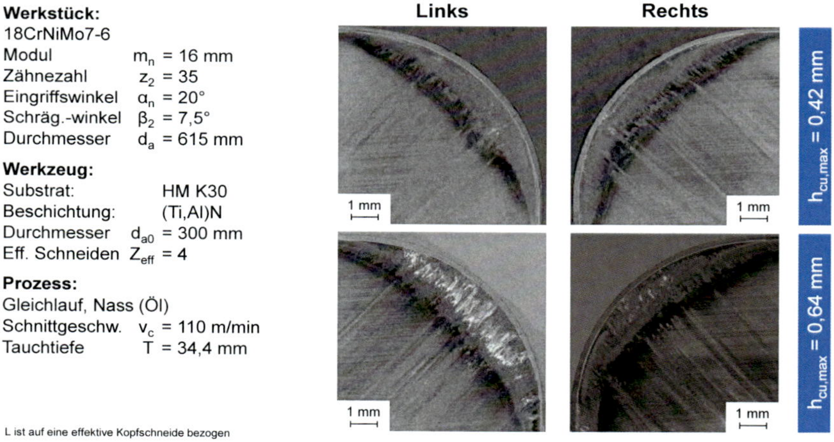

Bild 5.35: Spanflächenverschleiß nach L = 13,4 m (140 Lücken) beim Profilfräsen mit v_c = 110 m/min

Wear at the Rake Face after L = 13,4 m (140 Gaps) in Form Milling at v_c = 110 m/min

Im Versuch mit einer größeren Spanungsdicke von $h_{cu,max}$ = 0,64 mm waren bei diesem Standweg bereits deutliche Kammrisse sichtbar. Ein Ausbruch der Schneidkante erfolgte jedoch später als im Referenzversuch. Im Bild sind die Spanflächen jeweils einer linken und einer rechten Kopfplatte untereinander dargestellt. Im Versuch bei größerer Spanungsdicke ist der Spanflächenverschleiß der linken Kopfplatte deutlich stärker ausgeprägt als an der rechten Kopfplatte. Große Bereiche des

Schneidstoffs liegen frei und weisen Kammrisse auf. An der linken Kopfplatte des Referenzversuchs liegt ebenso Schneidstoff frei und Kammrisse sind erkennbar. Die Bereiche in denen Schneidstoff frei liegt sind kleiner und die Anzahl der Kammrisse ist an dieser Schneide geringer. Auch die rechte Kopfplatte ist im Referenzversuch weniger stark verschlissen als im Versuch mit gesteigertem Vorschub. Dieser Effekt ist jedoch weniger deutlich ausgeprägt. Die frühere Kammrissbildung und der stärker ausgeprägte Spanflächenverschleiß würden ein früheres Versagen der Schneide bei hohem Vorschub erwarten lassen. Im Versuch erreichte die Schneide im Referenzprozess jedoch früher das Standzeitende durch Ausbruch.

Die Verläufe des Freiflächenverschleißes über dem Standweg sind in **Bild 5.36** für die verschiedenen Plattengeometrien im Vergleich dargestellt. Bis auf den Ausbruch, der das Standzeitende bestimmt, verläuft der Verschleiß in beiden Versuchen nahezu identisch. Nach einem Einlaufverschleiß von ca. VB_{max} = 50 µm nimmt der Verschleiß bis zum Standzeitende langsam linear zu. Das Standzeitende erreicht der Versuch mit größerer Spanungsdicke durch einen Ausbruch an der spanflächenseitig weniger verschlissenen rechten Kopfplatte. Der Freiflächenverschleiß ist in diesen Versuchen für das Erreichen des Standzeitendes nicht kritisch.

Werkstück:
18CrNiMo7-6
Modul m_n = 16 mm
Zähnezahl z_2 = 35
Eingriffswinkel α_n = 20°
Schräg.-winkel β_2 = 7,5°
Durchmesser d_a = 615 mm

Werkzeug:
Substrat: HM K30
Beschichtung: (Ti,Al)N
Durchmesser d_{a0} = 300 mm
Eff. Schneiden Z_{eff} = 4

Prozess:
Gleichlauf, Nass (Öl)
Schnittgeschw. v_c = 110 m/min
Tauchtiefe T = 34,4 mm

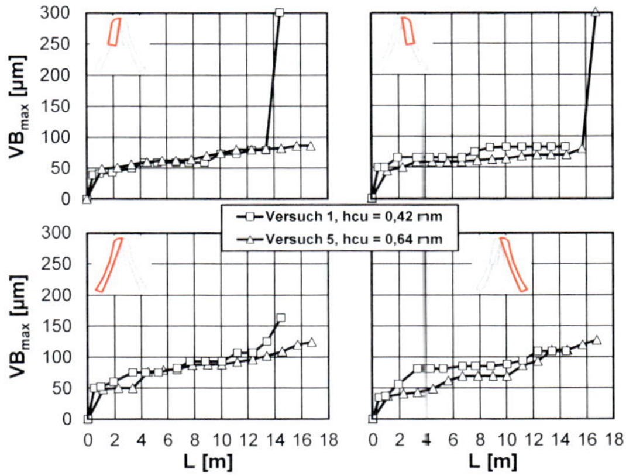

L ist auf eine effektive Kopfschneide bezogen

Bild 5.36: Entwicklung des Freiflächenverschleißes beim Profilfräsen mit v_c = 110 m/min

Progression of Flank Wear in Form Milling at v_c = 110 m/min

Die Verschleißausprägungen bei einer Veränderung der Schnittgeschwindigkeit sind in **Bild 5.37** dargestellt. Die Schneidplatten sind bei einer Standlänge von L = 3,4 m abgebildet. Bei dieser Standlänge hat bereits eine linke Kopfplatte im Versuch bei v_c = 185 m/min durch einen Ausbruch das Standzeitende erreicht. Hier ist die linke Kopfplatte des zweiten Schneidkollektivs abgebildet.

Bei dieser Standlänge weist die linke Kopfplatte im Referenzversuch erste Bereiche auf, in denen die Beschichtung auf der Spanfläche verschlissen ist. An der linken Wendeschneidplatte im Prozess bei höherer Schnittgeschwindigkeit hingegen liegen bereits deutliche Kammrisse und größerer Bereiche freiliegenden Substrats im Bereich der Kammrisse vor. Auch an der rechten Kopfplatte in diesem Prozess sind Kammrisse erkennbar. Die linken Kopfplatten weisen auch in diesem Prozess einen stärkeren Verschleiß der Spanflächen auf.

Werkstück:
18CrNiMo7-6
Modul m_n = 16 mm
Zähnezahl z_2 = 35
Eingriffswinkel α_n = 20°
Schräg.-winkel β_2 = 7,5°
Durchmesser d_a = 615 mm

Werkzeug:
Substrat: HM K30
Beschichtung: (Ti,Al)N
Durchmesser d_{a0} = 300 mm
Eff. Schneiden Z_{eff} = 4

Prozess:
Gleichlauf, Nass (Öl)
Vorschub f_z = 0,60 mm
Spanungsdicke h_{cu} = 0,42 mm
Tauchtiefe T = 34,4 mm

L ist auf eine effektive Kopfschneide bezogen

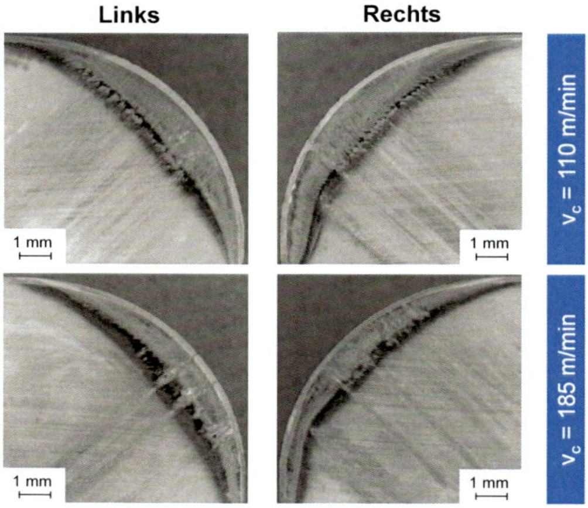

Bild 5.37: Spanflächenverschleiß nach L = 3,4 m (35 Lücken) beim Profilfräsen mit h_{cu} = 0,42 mm

Wear at the Rake Face after L = 3,4 m (35 Gaps) in Form Milling at h_{cu} = 0,42 mm

In **Bild 5.38** sind die Verläufe des Freiflächenverschleißes für die unterschiedlichen Schneiden dargestellt. Die Verschleißbeträge liegen hier für die gesteigerte Schnittgeschwindigkeit durchgehend über den Werten aus dem Referenzprozess. Auch in diesem Prozess brach die linke Kopfplatte ausgehend von Kammrissen aus. Die gesteigerte Schnittgeschwindigkeit bewirkt einen höheren Freiflächenverschleiß. Der gleichmäßige Fortschritt des Freiflächenverschleißes erreicht jedoch auch in diesem Versuch nicht das standzeitkritische Niveau.

Der Verschleiß der zweiten linken Kopfplatte bei Standzeitende wurde in lichtmikroskopischen und rasterelektronenmikroskopischen Aufnahmen näher untersucht. Aufnahmen sind in **Bild 5.39** und **Bild 5.40** dargestellt. In der Mitte von Bild 5.39 ist die Spanfläche und am rechten Bildrand die Freifläche der Schneide abgebildet. Auf der Spanfläche ist die Kontaktzone entlang der Schneidkante als verfärbter Bereich sichtbar. In diesem Bereich treten zum Standzeitende vier Kammrisse auf. Diese Risse reichen jeweils ausgehend von der Schneidkante bis zum Rand der Kontaktzone. An diesen Kammrissen tritt jeweils Schichtversagen auf. Ausgehend von diesen Kammrissen sind auf der Spanfläche Spanablaufspuren erkennbar.

Werkstück:
18CrNiMo7-6
Modul m_n = 16 mm
Zähnezahl z_2 = 35
Eingriffswinkel α_n = 20°
Schräg.-winkel β_2 = 7,5°
Durchmesser d_a = 615 mm

Werkzeug:
Substrat: HM K30
Beschichtung: (Ti,Al)N
Durchmesser d_{a0} = 300 mm
Eff. Schneiden Z_{eff} = 4

Prozess:
Gleichlauf, Nass (Öl)
Vorschub f_z = 0,60 mm
Spanungsdicke h_{cu} = 0,42 mm
Tauchtiefe T = 34,4 mm

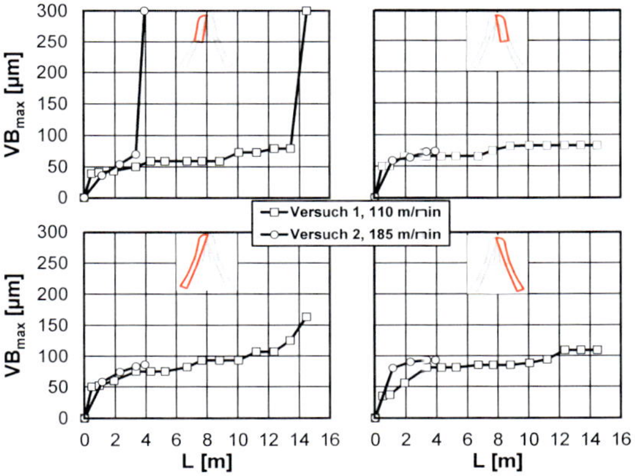

L ist auf eine effektive Kopfschneide bezogen

Bild 5.38: Entwicklung des Freiflächenverschleißes beim Profilfräsen mit h_{cu} = 0,42 mm
Progression of Flank Wear in Form Milling at h_{cu} = 0,42 mm

Auch wenn die dargestellten Kammrisse an der Spanfläche jeweils die gleiche Länge haben, unterscheidet sich die Ausprägung an den Freiflächen. Während der Kammriss D an der Freifläche kaum zu erkennen ist, ist der Kammriss B deutlich auf der Freifläche ausgeprägt. Neben der Länge des Risses von l_r = 1,2 mm fällt hier eine Richtungsänderung im Riss auf. Nach einer Länge von l_r = 200 µm verläuft der Riss nicht mehr senkrecht, sondern unter einem Winkel von 45° zur Schneidkante. Nach weiteren l_r = 300 µm verläuft der Riss parallel zur Schneidkante. Ein Rissverlauf parallel zur Schneidkante (Querrisse) wird auf eine Druckschwellbelastung der Schneide im Zerspanprozess zurückgeführt [KLOC08]. Die Ablenkung des Rissverlaufs weist darauf hin, dass in einer Tiefe von l_r = 200 µm der Anteil der Spannung der thermischen Wechselbelastung von weiteren Spannungen überlagert wird. Eine Erklärung hierfür ist die abnehmende Wärmeeinbringung des Spans mit zunehmendem Abstand von der Schneide. Die Überlagerung der Druckschwellbelastung, die aus der Zerspankraft resultiert, führt zu diesem Effekt. Die beschriebene Form der Rissausbreitung konnte auch in den weiteren Prozessen beobachtet werden. Dieser Mechanismus führt im weiteren Prozessverlauf zu einer Kombination mehrerer Risse. Diese destabilisieren die Schneidkante in den Bereichen zwischen den Rissen. Diese Bereiche brechen im Folgenden aus.

In Bild 5.40 sind rasterelektronenmikroskopische Aufnahmen der Oberfläche der Schneidplatte dargestellt. In diesen Aufnahmen ist das freiliegende Hartmetall deutlich erkennbar. Kammrisse gehen an dieser Wendeschneidplatte immer mit Bereichen einher, in denen die Beschichtung vollständig verschlissen ist. Neben diesen Aufnahmen wurde ein Schliffbild dieser Schneidplatte angefertigt. Die Position des Schliffs ist als Schnitt A-A im Bild oben rechts eingetragen. Die Ausprägung der Risse in diesem Schliff entspricht auch in einer Tiefe von ca. 0,5 mm der Ausprägung an der Werkzeugoberfläche. Durch diese Risse wird die Schneide destabilisiert. Dies führt im weiteren Verschleißverlauf zu großflächigen Schneidkantenausbrüchen.

Werkstück:
18CrNiMo7-6
Modul m_n = 16 mm
Zähnezahl z_2 = 35
Eingriffswinkel α_n = 20°
Schräg.-winkel β_2 = 7,5°
Durchmesser d_a = 615 mm

Werkzeug:
Substrat: HM K30
Beschichtung: (Ti,Al)N
Durchmesser d_{a0} = 300 mm
Eff. Schneiden Z_{eff} = 4

Prozess:
Gleichlauf, Nass (Öl)
Schnittgeschw. v_c = 185 m/min
Vorschubgeschw. v_f = 470 mm/min
Vorschub f_z = 0,60 mm
Spanungsdicke h_{cu} = 0,42 mm
Tauchtiefe T = 34,4 mm

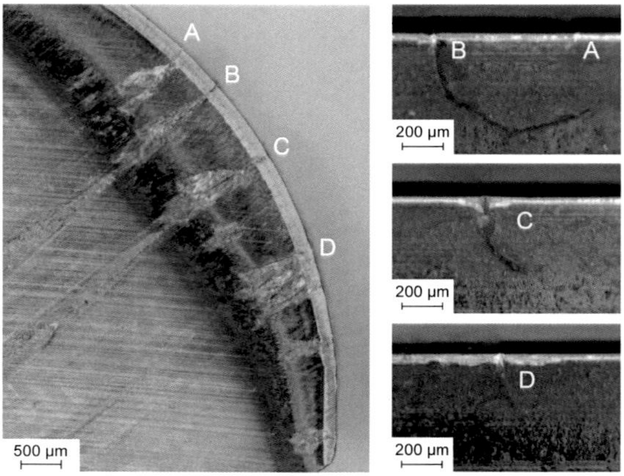

Bild 5.39: Verschleiß der Kopfplatte bei Standzeitende (L = 3,9 m) im Profilfräsversuch mit $h_{cu,max}$ = 0,42 mm und v_c = 185 m/min

Wear of the Tip Insert at Tool Life End (L = 3,9 m) in Form Milling at $h_{cu,max}$ = 0,42 mm and v_c = 185 m/min

Werkstück:
18CrNiMo7-6
Modul m_n = 16 mm
Zähnezahl z_2 = 35
Eingriffswinkel α_n = 20°
Schräg.-winkel β_2 = 7,5°
Durchmesser d_a = 615 mm

Werkzeug:
Substrat: HM K30
Beschichtung: (Ti,Al)N
Durchmesser d_{a0} = 300 mm
Eff. Schneiden Z_{eff} = 4

Prozess:
Gleichlauf, Nass (Öl)
Schnittgeschw. v_c = 185 m/min
Vorschubgeschw. v_f = 470 mm/min
Vorschub f_z = 0,60 mm
Spanungsdicke h_{cu} = 0,42 mm
Tauchtiefe T = 34,4 mm

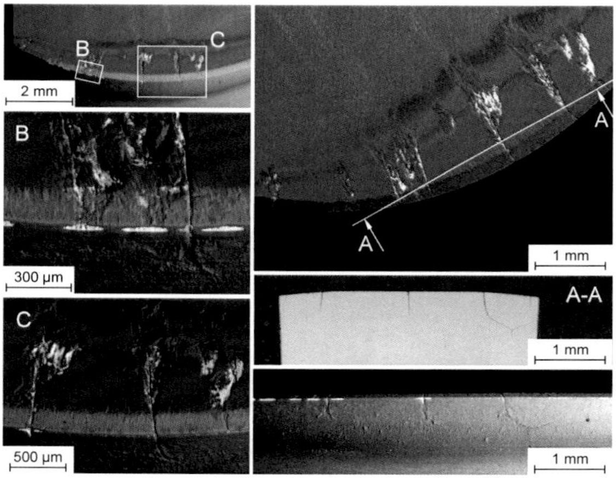

Bild 5.40: Verschleiß der Kopfplatte bei Standzeitende (L = 3,9 m) im Profilfräsversuch mit $h_{cu,max}$ = 0,42 mm und v_c = 185 m/min

Wear of the Tip Insert at Tool Life End (L = 3,9 m) in Form Milling at $h_{cu,max}$ = 0,42 mm and v_c = 185 m/min

Da in den betrachteten Profilfräsprozessen ausschließlich Ausbrüche an Kopfplatten zum Standzeitende der Werkzeuge führten, wurde ein weiterer Versuch durchgeführt, in dem ausschließlich Flankenplatten eingesetzt wurden. Die Verteilung der Schneidplatten auf dem Versuchswerkzeug ist in Bild 5.2 dargestellt. Der Vorschub wurde in diesem Versuch so angepasst, dass die gleichen maximalen Spanungsdicken erreicht wurden wie im Referenzprozess. Die Standlänge des Werkzeugs in diesem Versuch ist in **Bild 5.41** der Standlänge des Referenzversuchs gegenübergestellt. In beiden Versuchen liegt nominell die gleiche Belastung der Schneiden vor. Im Versuch ohne Kopfplatten wird jedoch mit L = 31,4 m die doppelte Standlänge je effektiver Schneide erreicht wie im Referenzversuch. Auch das Auftreten von Schichtversagen und Kammrissen ist zu größeren Standwegen verlagert. Dieser Effekt ist durch lokale Kenngrößen an der Schneide nicht direkt erklärbar und bedarf daher weiterer Untersuchungen.

Das Ergebnis dieses Versuchs legt zwei verschiedene Vorgehensweisen beim Einsatz dieser Werkzeuge nahe. Einerseits kann ausschließlich mit Profilplatten gearbeitet werden und bei reduzierter Schneidenanzahl die gleiche Anzahl Werkstücke gefräst werden wie mit Kopfplatten. Dies führt jedoch zu einem Produktivitätsverlust. Andererseits erreichen die Profilplatten im Referenzprozess nur nahezu die Hälfte ihrer möglichen Standlänge. Es wäre also auch möglich, diese nur bei jeder zweiten Aufbereitung des Werkzeugs auszutauschen.

Werkstück:
18CrNiMo7-6
Modul m_n = 16 mm
Zähnezahl z_2 = 35
Eingriffswinkel α_n = 20°
Schräg.-winkel β_2 = 7,5°
Durchmesser d_a = 615 mm

Werkzeug:
Substrat HM K30
Beschichtung (Ti,Al)N
Durchmesser d_{a0} = 300 mm
Eff. Schneiden Z_{eff} = 2; 4

Prozess:
Gleichlauf, Nass (Öl)
Schnittgesch. v_c = 110 m/min
Spanungsdicke h_{cu} = 0,42 mm
Tauchtiefe T = 34,4 mm

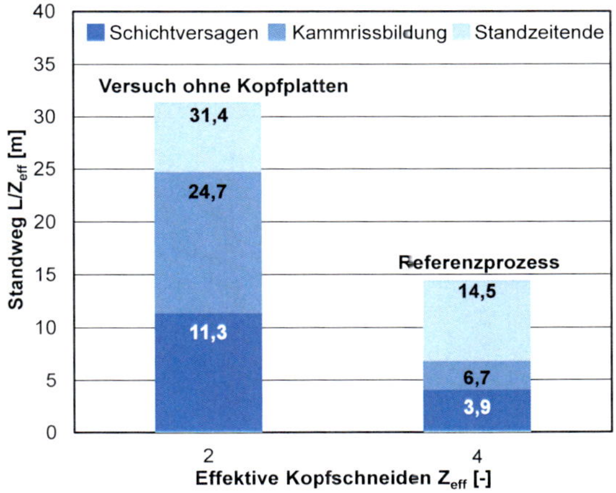

Bild 5.41: Standlängenvergleich von Prozessen mit und ohne Kopfschneiden
Comparison of Tool Life in Processes with and without Tip Cutters

Zur Erklärung der Diskrepanz zwischen den Standlängen der unterschiedlichen Schneiden wurden verschiedene Messungen an den Werkzeugen durchgeführt. Diese umfassten die Messung der Schneidkantenverrundung, der Schartigkeit, Rauheit der Werkzeugoberflächen, der Schichtdicke sowie der Eigenspannungen der Schneidplatten auf der Beschichtung und in der Randzone zwischen Beschichtung und Substrat. Alle Messungen ergaben vergleichbare Werte, sodass ein Einfluss der Schneidenpräparation auf das Standverhalten der Werkzeuge ausgeschlossen wurde. Aus diesem Grund wird die Spanabfuhr als Ursache für die reduzierten Standlängen vermutet.

5.3.3 Spanverformung und -ablauf beim Fräsen mit Wendeschneidplatten

Chip Deformation and Removal in Machining Processes

Zur Analyse des Spanflusses wurden in einem ersten Schritt Schliffbilder durch die Kopfspäne beim Profilfräsen mit verschiedenen Parametern angefertigt, **Bild 5.42**. Die Änderung der Schnittgeschwindigkeit von v_c = 110 m/min auf 185 m/min und der maximalen Spanungsdicke von $h_{cu,max}$ = 0,42 mm auf 0,64 mm lassen Änderungen der Spanstauchung sowie der Spankrümmung erwarten. Die Schnittbogenlänge beträgt in allen betrachteten Prozessen l_{cu} = 105 mm. Die Längen der Späne in dieser Untersuchung hingegen weisen deutliche Unterschiede auf. Die Spanlänge bei den Ausgangsparametern ist mit l_{ch} = 39 mm kürzer als in den Versuchen mit gesteigerter Schnittgeschwindigkeit und Spanungsdicke. Die Späne werden also bei den produktiveren Prozessen weniger gestaucht. Diese Beobachtung deckt sich mit den Beschreibungen von VIEREGGE [VIER70]. Die Spanbildung führt zu Spanstauchungsfaktoren von λ = 2,3 – 2,7. Trotz der unterschiedlichen Spanstauchung sind die Späne auf den gleichen Durchmesser von d = 10,8 mm aufgerollt. Bei einem freien Spanfluss ist dies für die unterschiedlichen Prozessparameter nicht zu erwarten.

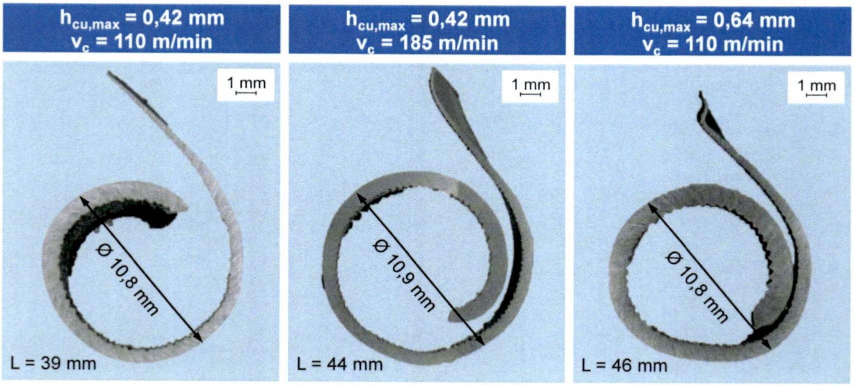

Bild 5.42: Spankrümmung und Spanstauchung bei den Kopfspänen

Curvature and Thickening of Tip Chips

Wie bereits in Bild 5.39 gezeigt wurde, erzeugen die Späne Reibspuren auf den Spanflächen der Schneidplatten. Diese weisen auf die Richtung des Spanflusses im Prozess hin und sind an den Kopf- und Flankenplatten unterschiedlich ausgeprägt. Zur Berechnung der Spanflussrichtung gibt es verschiedene Methoden, die auf einer Betrachtung der Spanungsquerschnitte basieren. Neigungswinkel der Spanfläche werden in diesen Verfahren nicht betrachtet. In dieser Arbeit wurde das Seileckverfahren nach OKUSHIMA [OKUS56] angewendet. Das Seileckverfahren basiert auf der Annahme, dass ein Span bei unbehindertem Spanfluss orthogonal zur Schneidenecke abfließt. Für verschiedene Abschnitte der Schneidkante werden daher orthogonal zur Schneidkante einzelne Spanfließrichtungen ermittelt, **Bild 5.43**. Diese werden im Folgenden mit der jeweiligen Spanungsdicke gewichtet und aufeinander addiert. Die Summe der Einzelvektoren ergibt die Spanflussrichtung des gesamten Spans.

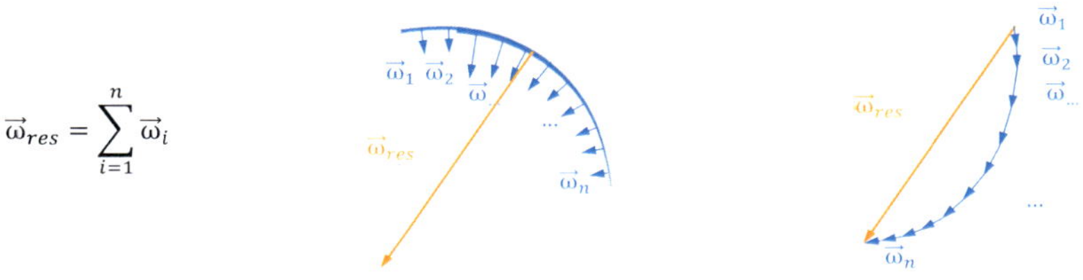

Bild 5.43: Bestimmung der Spanflussrichtung im Seileckverfahren

Determination of the Chip Flow Direction using the Funicular Polygon Method

Die Ergebnisse dieser Berechnungen sind in **Bild 5.44** den verformten Spänen aus den Zerspanprozessen gegenübergestellt. Die Späne wurden jeweils in der letzten Position der Spanbildung im Versuchswerkzeug fotografiert. Die Spanflussrichtungen wurden jeweils für den Anfang (ω_1) und das Ende (ω_2) der Spanbildung bestimmt.

Der Span der dargestellten Kopfplatte fließt in diesem Fall orthogonal zur Kopfrundung der Platte. Die Spanflussrichtung ist über der Länge des Spans konstant. Die theoretisch bestimmte Fließrichtung stimmt mit der Lage des Spans im Spanraum überein. Im Spanraum trifft der Span auf eine Kontur, an der er über die Spanbildung hinaus umgeformt wird. Der Radius der Kontur im Zerspanwerkzeug entspricht dem Radius der aufgerollten Kopfspäne aus Bild 5.42.

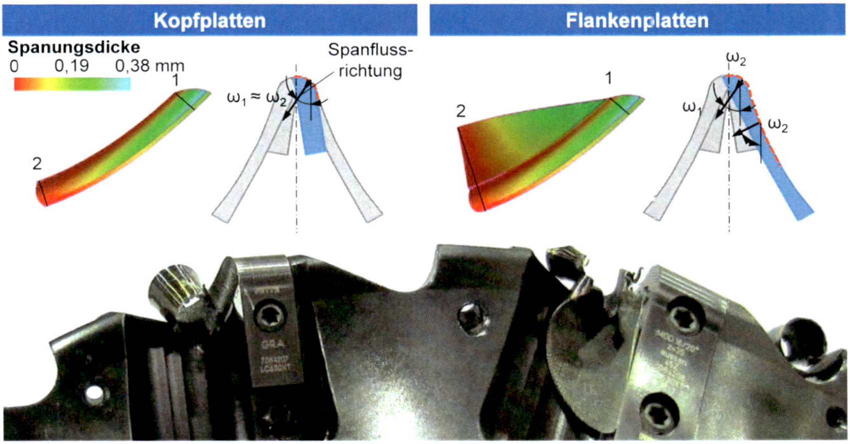

Bild 5.44: Vergleich der Spanflussrichtung für Kopf- und Flankenplatten

Comparison of the Chip Flow at Tip an Flank Cutters

Der Verlauf der Spanflussrichtung der Flankenplatten ist im rechten Bildbereich dargestellt. Zu Eingriffsbeginn wird ausschließlich am Kopfbereich der Schneide zerspant. Der Winkel der Spanflussrichtung zur Mittelsenkrechten des Profils beträgt $\omega = 34°$. Im folgenden Verlauf der Spanbildung kommt der Flankenbereich der Schneide zunehmend in Eingriff. Dies führt zu einer Änderung der Spanflussrichtung über dem Schnittverlauf. Im weiteren Verlauf knickt der gebildete Span im Protuberanzbereich ein. Aus diesem Grund sind die Spanflussrichtungen bei Schneidenaustritt in Bild 5.44 rechts für die beiden Schneidenbereiche getrennt dargestellt. In den Protuberanzbereich fließt Spanmaterial sowohl aus dem Kopfbereich als auch aus dem Flankenbereich der Schneide. Hierdurch kommt es während der Spanbildung zu Selbstkontakt und einer Verformung des Spans.

Der Werkzeuggrundkörper verschleißt durch den Reibkontakt zum ablaufenden Spanmaterial. Am deutlichsten ist der Verschleiß des Grundkörpers an der Kante im Spanraum, an der Späne der Kopfschneiden Kontakt haben. Im Spanraum der Flankenplatte entsteht eine leichte Verfärbung entlang der gesamten Schneide durch Abrieb. Ein verstärkter Verschleiß an der Kante im Kopfbereich kann an diesen Schneiden nicht beobachtet werden. Bei der Auslegung der Werkzeuge sollte die Richtung des Spanflusses, wie sie im folgenden Prozess auftritt, berücksichtigt werden. Zur genauen Vorhersage der Spanflussrichtung bei den komplexen Eingriffsbedingungen des Verzahnungsfräsens mit Wendeschneidplatten sind weitere wissenschaftliche Untersuchungen notwendig.

5.3.4 Wälzfräsen mit Wendeschneidplatten

Gear Hobbing with Indexable Carbide Inserts

Neben der Bearbeitung mit Profilfräsern werden Großverzahnungen in vielen Anwendungsfällen mit Wendeschneidplatten-Wälzfräsern bearbeitet. In diesen Prozessen werden an jeder Schneide unterschiedliche Spanungsgeometrien erzeugt (vgl. Kapitel 2.1.1). Die resultierenden Belastungen werden durch ein Shiften des Werkzeugs gleichmäßig auf die Werkzeugbreite verteilt. Um den Einfluss der in den unterschiedlichen Wälzstellungen gebildeten Späne auf den Verschleiß des Werkzeugs bestimmen zu können, wurden Versuche an einem Vollwerkzeug ohne Shiften durchgeführt. So erfährt jede Schneide nur die Belastung der Spanungsgeometrie einer Wälzstellung.

In einem ersten Versuch wurde ein industrietypisches Werkzeug mit einer effektiven Kopfschneidenzahl von Zeff = 17 und einem Außendurchmesser von $d_{a,0} = 300$ mm ohne Kühlschmierstoff eingesetzt. Vergleichbar mit dem Profilfräser verfügt das Werkzeug im Kopfbereich über die doppelte Schneidenanzahl wie im Flankenbereich des Profils. Die Prozessdaten wurden in Anlehnung an die Spanungsdicke im Profilfräsprozess mit einem Axialvorschub von $f_a = 3{,}0$ mm ausgelegt. Entsprechend dem Profilfräsversuch wurde die Bearbeitung bei einer Schnittgeschwindigkeit von $v_c = 110$ m/min durchgeführt.

In diesem Prozess wurden entgegen den Beobachtungen aus dem Profilfräsprozess deutliche Defekte an der Oberfläche des Zahnfußes der Versuchsverzahnung beobachtet, **Bild 5.45**. Diese Defekte gehen mit einer Stauchung der Späne im Zahnkopfbereich des Werkzeugs einher. Im oberen rechten Bildbereich sind zwei Späne aus dem Versuch abgebildet. Der links gezeigte Span besteht aus mehreren Spänen, die an der gleichen Schneide gebildet wurden. An dieser Schneide wurde ein Span nach dem Schnitt nicht aus der Spannut abgeführt und kam in dieser Form ein zweites Mal in den Eingriff. Eine eindeutige Zuordnung dieses Spans ist aufgrund der großen Verformung nicht möglich. Der rechts abgebildete Span wurde an einer Schneide erzeugt, die sowohl im Fuß als auch im Flankenbereich des Werkstücks an der einlaufenden Flanke zerspant. Während dieser Span im Flankenbereich keine Verformung aufweist, die nicht auf die Spanbildung zurückgeführt werden kann, ist der Kopfbereich des Spans stärker verformt.

Werkstück:
18CrNiMo7-6
Modul m_n = 16 mm
Zähnezahl z_2 = 35
Eingriffswinkel α_n = 20°
Schräg.-winkel β_2 = 7,5°, rechts
Durchmesser d_a = 615 mm

Werkzeug:
Substrat: HM K30
Beschichtung: (Ti,Al)N
Durchmesser d_{a0} = 300 mm
Gangzahl z_0 = 1
Eff. Schneiden Z_{eff} = 17

Prozess:
Gleichlauf, Trocken
Vorschub f_a = 3,0 mm
Schnittgeschw. v_c = 110 m/min
Tauchtiefe T = 34,4 mm

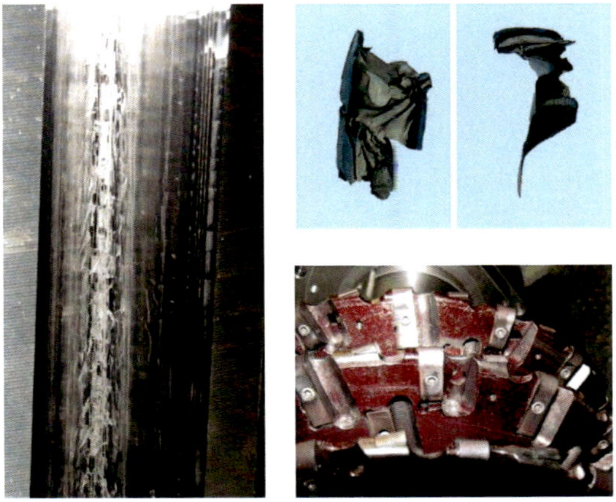

Bild 5.45: Bearbeitung ohne Kühlschmiermittel bei Ausgangsparametern
Dry Cutting Process using the Starting Parameters

Um eine Bewertung des Spanablaufs im Werkzeug zu ermöglichen, wurden die Spanräume des Werkzeugs vor der Bearbeitung mit Tragbildlack eingefärbt. So konnten die Bereiche, in denen ablaufende Späne in Kontakt mit der Oberfläche der Spanräume kommen, identifiziert werden. Im Bereich des Zahnkopfs des Werkzeugbezugsprofils wurden bei dieser Betrachtung deutliche Reibspuren festgestellt. Diese Beobachtungen lassen den Schluss zu, dass die Späne im Kopfbereich des Werkzeugs nicht frei abfließen. Diese Beobachtung deckt sich mit den Erkenntnissen aus den Versuchen zum Profilfräsen (vgl. Kap. 5.3.3). Nach der Zerspanung werden sie im, durch die gefräste Lücke abgeschlossenen, Spanraum weiter umgeformt und führen zu Oberflächendefekten. Die Oberflächendefekte können der Kategorie 2 nach STUCKENBERG zugeordnet werden [STUC14]. Weiterhin können sich die Späne in den Spanräumen einklemmen, sodass sie nach dem Schnitt im Spanraum verbleiben und wieder in den Eingriff kommen. Aufgrund der Gefahr des Werkzeugbruchs bei vollständig gefüllten Spanräumen wurde dieser Versuch nach der Fertigung eines Werkstücks beendet.

Im Anschluss an diesen Versuch wurde ein weiterer Versuch im trockenen Wälzfräsprozess durchgeführt. In diesem Prozess wurde der Axialvorschub von f_a = 3,0 mm auf f_a = 1,8 mm reduziert. Diese Veränderung der Auslegung führte zu einem reduzierten Volumen der einzelnen Späne. Das Ergebnis dieses Versuchs ist in **Bild 5.46** dargestellt. Trotz einer Reduktion des Vorschubs und somit auch des Spanvolumens um 40% sind die Ergebnisse mit denen der vorangegangenen Prozesses vergleichbar. Die Oberfläche im Zahnfuß des Werkstücks weist auch in diesem Prozess Oberflächendefekte auf und die gebildeten Späne sind mit dem vorangegangenen Prozess vergleichbar verformt. Durch den verringerten Vorschub werden die Eingriffbedingungen des Werkzeugs in erster Linie bezüglich der Spanungsdicke beeinflusst. Die Schnittbogenlänge und die Schneidenabschnitte, die in den jeweiligen Wälzstellungen in Eingriff kommen, werden durch diese Anpassung weniger stark beeinflusst.

Werkstück:
18CrNiMo7-6
Modul m_n = 16 mm
Zähnezahl z_2 = 35
Eingriffswinkel α_n = 20°
Schräg.-winkel β_2 = 7,5°, rechts
Durchmesser d_a = 615 mm

Werkzeug:
Substrat: HM K30
Beschichtung: (Ti,Al)N
Durchmesser d_{a0} = 300 mm
Gangzahl z_0 = 1
Eff. Schneiden Z_{eff} = 17

Prozess:
Gleichlauf, Trocken
Vorschub f_a = 1,8 mm
Schnittgeschw. v_c = 160 m/min
Tauchtiefe T = 34,4 mm

Bild 5.46: Bearbeitung ohne Kühlschmiermittel bei reduziertem Vorschub (f_a = 1,8 mm)
Dry Cutting Process with Reduced Axial Feed (f_a = 1,8 mm)

Für das Auftreten der Oberflächendefekte ist die Länge des Spans im Kopfbereich und die Form des Spanraums entscheidend. Die Spanlänge kann durch die Schnittbogenlänge und den Spanstauchungsfaktor (λ) beschrieben werden. Während die Schnittbogenlänge durch die geometrischen Bedingungen im Prozess bestimmt ist, resultiert die Spanstauchung aus der Spanbildung. Nach der Theorie der Scherebene hängt die Spanstauchung von der Lage der Scherebene im Zerspanprozess ab. Diese lässt sich näherungsweise anhand des Werkzeug-Orthogonalspanwinkels und des Reibungswinkels berechnen. [KLOC08] Um die Beeinflussung der Spanstauchung durch die Änderung der Prozessparameter zu bewerten, wurde die Spanstauchung für verschiedene Späne der jeweiligen Prozesse bestimmt, **Bild 5.47**. Hierbei konnten keine signifikanten Veränderungen durch die Vorschubänderung festgestellt werden. Unabhängig vom betrachteten Span und der Schnittgeschwindigkeit liegen die Werte in diesen Prozessen zwischen λ = 5,4 und 5,7. Bei einer Schnittbogenlänge im Kopfbereich von l_{cu} = 105 mm im Kopfbereich der Verzahnung resultieren bei diesen Stauchungsfaktoren Spanlängen zwischen l_{ch} = 18 und 20 mm. In den Spanräumen des Werkzeugs mit einer Länge von b = 12 mm in Schnittrichtung können Späne dieser Länge nicht ohne Kontakt zur Werkstückoberfläche gebildet werden.

Werkstück:
Modul m_n = 16 mm
Zähnezahl z_2 = 35
Eingriffswinkel α_n = 20°
Schräg.-winkel β_2 = 7,5°, rechts
Durchmesser d_a = 615 mm

Werkzeug:
Durchmesser d_{a0} = 300 mm
Gangzahl z_0 = 1
Eff. Schneiden Z_{eff} = 17

Prozesse:
Schruppschnitt, Trocken
Tauchtiefe T = 34,4 mm
Gleichlauf
Prozess 1:
Vorschub f_a = 3,0 mm
Schnittgeschw. v_c = 110 m/min
Prozess 2:
Vorschub f_a = 1,8 mm
Schnittgeschw. v_c = 160 m/min

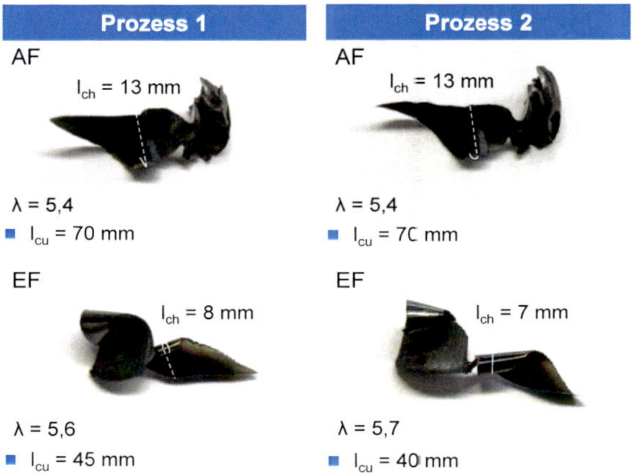

Bild 5.47: Spanstauchung in der Trockenbearbeitung
Chip Thickening in Dry Cutting

Die Schnittbogenlänge ist in erster Linie von Werkzeug-Außendurchmesser und von der Tauchtiefe im Fräsprozess abhängig. Bei einer bestehenden Werkzeug-Werkstück Kombination, können diese Parameter in einer Einschnittbearbeitung nicht beeinflusst werden.

Um eine Beeinflussung des Werkzeugverschleißes durch den Spanablauf auszuschließen, wurden die Spanräume des Versuchswerkzeugs für die nachfolgenden Untersuchungen vergrößert (vgl. **Bild 5.48**). Weiterhin wurde der folgende Versuch unter Verwendung von Öl durchgeführt. Die Prozessparameter wurden entsprechend dem ersten Prozess zu f_a = 3,0 mm und v_c = 110 m/min festgelegt.

Der Prozess wurde nach einer Standlänge von L = 98 m aus Kapazitätsgründen abgebrochen. Dies entspricht sieben bearbeiteten Werkstücken in derselben Shiftposition. Sowohl an der auslaufenden Flanke als auch an der einlaufenden Flanke liegt ein maximaler Verschleiß der Freiflächen von VB = 110 µm vor. Der Verschleißzuwachs in diesem Prozess ist nach einem anfänglichen Einlaufverschleiß nahezu linear. Der Verschleißzustand der Schneiden in verschiedenen Wälzstellungen ist in **Bild 5.49** dargestellt.

Abhängig von der Wälzstellung sind unterschiedliche Verschleißphänomene erkennbar. An allen dargestellten Wendeschneidplatten sind die Bereiche der Spanfläche, in denen Kontakt mit dem Werkstoff stattgefunden hat, dunkel verfärbt. Weiterhin sind in Bereichen der Freiflächen dunkle Beläge sichtbar. Diese gehen mit dem Bereich einher, der der höchsten thermischen Belastung unterliegt. Mittels EDX-Analysen können in diesen Belägen große Anteile oxidischer Verbindungen identifiziert werden. Der Freiflächenverschleiß bildet sich in diesem Prozess an den jeweiligen Schneiden gleichmäßig aus. Über den unterschiedlichen Wälzstellungen und in verschiedenen Bereichen des Profils entwickelt er sich unterschiedlich schnell.

Werkstück:
18CrNiMo7-6
Modul m_n = 16 mm
Zähnezahl z_2 = 35
Eingriffswinkel α_n = 20°
Schräg.-winkel β_2 = 7,5°, rechts
Durchmesser d_a = 615 mm

Werkzeug:
Substrat: HM K30
Beschichtung: (Ti,Al)N
Durchmesser d_{a0} = 300 mm
Gangzahl z_0 = 1
Eff. Schneiden Z_{eff} = 17

Prozess:
Gleichlauf, Nass
Vorschub f_a = 3,0 mm
Schnittgeschw. v_c = 110 m/min
Tauchtiefe T = 34,4 mm

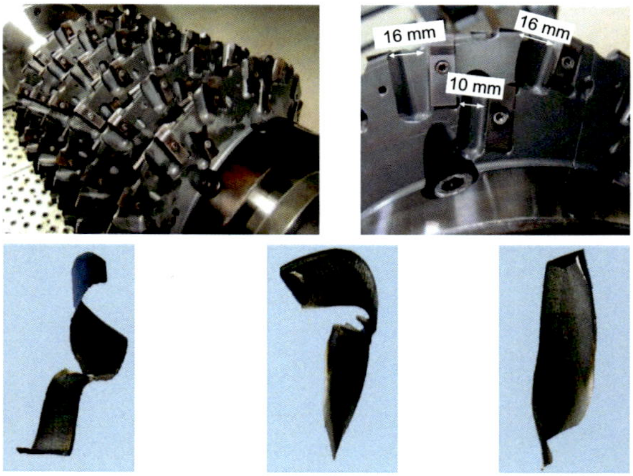

Bild 5.48: Bearbeitung mit Öl am ganzen Werkzeug mit aufgeweiteten Spanräumen

Cutting Process with Coolant using a Full Tool with Enlarged Chip Space

Die Profilschneide an der auslaufenden Flanke in Wälzstellung -8 weist einen geringen Freiflächenverschleiß auf. Jedoch ist an dieser Schneide ein Bereich auf der Spanfläche Beschichtung abgeplatzt. Diese Platte wurde im Prozess bereits nach dem ersten Werkstück ausgetauscht, da es zu einem großflächigen Ausbruch der Schneidplatte aufgrund einer Vorschädigung kam.

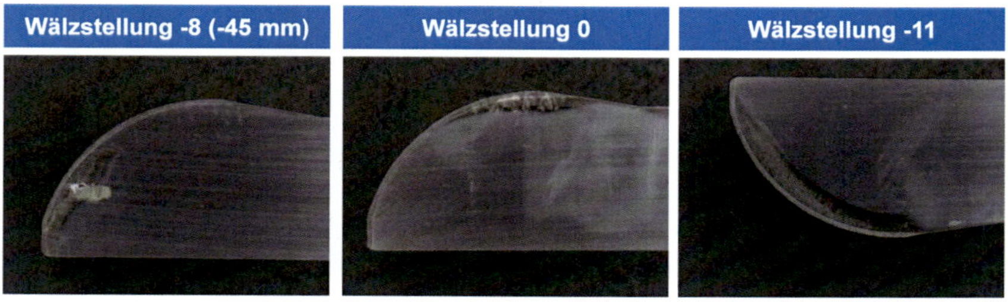

Schichtabplatzung auf der Spanfläche | VB_{max} = 110 µm | VB_{max} = 110 µm

Bild 5.49: Verschleiß nach 7 Werkstücken ohne Shiften (L = 98 m)

Wear After 7 Workpieces without Shifting (L = 98 m)

In **Bild 5.50** sind Verläufe der Maximalwerte des bezogenen Spanvolumens (V‘), der maximalen Spanungsdicke ($h_{cu,max}$) und der maximalen Schnittbogenlängen ($l_{cu,max}$) über den Wälzstellungen im Prozess dargestellt. Die Schneiden der einlaufenden Flanken erreichen ihre maximalen Spanungsdicken bereits bei Wälzstellung -12. Darauf folgen bei Wälzstellung -9 die maximalen bezogenen Spanvolumen und bei Wälzstellung -4 die maximalen Schnittbogenlängen. Die Schneiden der auslaufenden Flanken erreichen ihre Maximalwerte in der gleichen Reihenfolge, jedoch später beginnend mit der Wälzstellung -10. An Wälzstellung -8 treten an der auslaufenden Schneide hohe Spanungsdicken auf, jedoch stellen diese nicht das Maximum über dem gesamten Prozess dar. Eine endgültige Erklärung für das Versagen der Schicht in dieser Wälzstellung kann basierend auf diesen Ergebnissen nicht gegeben werden.

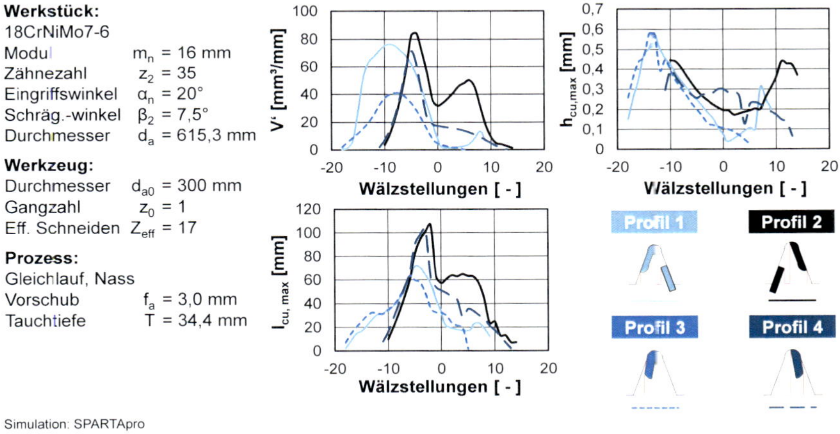

Bild 5.50: Kennwertverläufe im Wälzfräsprozess

Characteristic Chip Values in the Gear Hobbing Process

5.4 Fazit

Conclusion

In diesem Kapitel wurden Modellprozesse entwickelt, die eine Untersuchung des Einsatzverhaltens verschiedener Werkzeugsysteme beim Fräsen von Großverzahnungen erlauben. Durch die Reduktion des Werkzeugs auf einzelne Schneidenkollektive kann das Verschleißverhalten der Werkzeuge mit einem reduzierten Materialaufwand ermittelt werden. Die Modellprozesse wurden anhand geometrischer Betrachtungen sowie durch den Abgleich mit Ergebnissen aus dem abgebildeten Zerspanprozess verifiziert. In diesen Prozessen wurden für die Schneidstoffe PM-HSS und Hartmetall Zerspanversuche durchgeführt.

Die Bearbeitungsversuche mit PM-HSS Werkzeugen zeigten ein Potenzial zur Produktivitätssteigerung durch eine Steigerung des Vorschubs im Prozess. Die resultierende geringere Anzahl Schneideneingriffe bei größeren Spanungsdicken wirkte sich teilweise bei gesteigerter Produktivität positiv auf die Standzeit aus. Die Werkzeuge erreichten das Standzeitende zum größten Teil durch Freiflächenverschleiß. Mit steigender Schnittgeschwindigkeit trat der Kolkverschleiß in den Vordergrund. Weiterhin wurde ein negativer Einfluss der eingesetzten Spanbrechernuten auf das Verschleißverhalten der Werkzeuge bezüglich Freiflächenverschleiß aufgezeigt. Bei Einsatz im Modellprozess unter vergleichbaren Bedingungen wurde eine Steigerung der Standlänge durch den Einsatz eines Werkzeugs ohne Spanbrechernuten um 150% erreicht. Der durch den Einsatz von Spanbrechernuten erwünschte Effekt einer Reduzierung des benötigten Spanraums wurde in diesen Untersuchungen nachgewiesen. Ein Einsatz von Werkzeugen ohne Spanbrechernuten führt daher zu einem gesteigerten Bedarf für Spanraum, der mit geringeren Schneidenzahlen am Werkzeug einhergeht. Diese Untersuchungen bildeten im Folgenden die Grundlage für die Modellierung des Verschleißverhaltens.

Die für das Profilfräsern eingesetzten Wendeschneidplatten erreichten ihr Standzeitende nahezu ausschließlich durch Ausbrüche entlang von Kammrissen an der Schneidkante. Den größten Einfluss auf diese Verschleißform hat die Schnittgeschwindigkeit.

In Untersuchungen mit vollbestückten Wendeschneidplatten-Wälzfräsern, die ohne Shiftversatz im Vollschnitt eingesetzt wurden, konnten die Einflüsse verschiedener Spanungsgeometrien auf den Werkzeugverschleiß sowie die dominanten Kenngrößen für die Verschleißmodellierung bestimmt werden. In den folgenden Untersuchungen in Modellprozessen wurden die geometrisch-kinematischen Bedingungen variiert. Neben diesen Ergebnissen konnte die Relevanz der Werkzeuggestaltung für das Einsatzverhalten der Werkzeuge aufgezeigt werden. Besonders das Verhältnis der Größe des Spanraums zur Spanlänge im Prozess ist für das Prozessergebnis von Bedeutung. Da die Schnittbogenlänge in erster Linie von der Tauchtiefe im Prozess und den Außendurchmesser des Werkzeugs beeinflusst werden, ist eine Abschätzung des benötigten Spanraums anhand dieser Größen denkbar.

6 Prozessauslegung und -auswahl

Process Design and Selection

Basierend auf der Kenntnis der Einflüsse der geometrisch-kinematischen Bedingungen auf lokale Spanungskenngrößen in Fräsprozessen für Großverzahnungen sowie des Verschleißverhaltens der Werkzeuge unter definierten Zerspanbedingungen wird im Folgenden eine Methode zur Prozessauslegung und –auswahl entwickelt. Die zugrunde liegenden Berechnungen der Prozesszeiten, Werkzeug- und Maschinenkosten werden als bekannt vorausgesetzt und sind nicht Teil der Beschreibung.

Neben den Anforderungen an eine sicher erreichbare Qualität der Werkstücke werden Zerspanprozesse in der Regel nach wirtschaftlichen Gesichtspunkten ausgelegt. Hierbei können verschiedene Auslegungsstrategien und Zielgrößen für die Auslegung gewählt werden. Stehen begrenzte Fertigungskapazitäten für eine Fertigung zur Verfügung, kann eine Maximierung der Produktivität einzelner Anlagen eine wichtige Zielgröße darstellen, um eine möglichst große Anzahl von Werkstücken zu fertigen. Ist eine Anlage hingegen aufgrund einer geringen Anzahl von Fertigungsaufträgen nicht ausgelastet, kann eine Reduzierung der Fertigungskosten einzelner Prozesse ohne Berücksichtigung der Kosten für die Anlage sinnvoll sein. Die Auslegung für Prozesse einer Linienfertigung basiert auf alternativen Zielgrößen. Ist hier eine Taktzeit der Fertigungslinie vorgegeben, muss diese unbedingt eingehalten werden. Längere Prozesszeiten führen zu einem Stillstand der weiteren Maschinen und somit zu Kosten und Produktivitätseinbußen eines gesamten Fertigungssystems. Eine Reduktion der Prozesszeit unter die Taktzeit einer Fertigungslinie führt zu Stillstandszeiten und hat keinen positiven Effekt auf die Maschinenkosten. Der Fokus muss hierbei also auf einer Reduktion der Werkzeugkosten liegen.

6.1 Methodischer Ansatz

Methodical Approach

Um in diesem Umfeld unterschiedlicher Anforderungen an die Auslegung von Fertigungsprozessen optimierte Prozessauswahlen und Auslegungen zu ermöglichen, wird im Folgenden eine Methodik entwickelt. Hierbei bildet die Werkstückgeometrie in der Regel die einzige feste Größe zur Prozessauslegung und Auswahl. Weiterhin muss jedoch auch eine Möglichkeit bestehen, aktuelle Werkzeuge und Werkzeugmaschinen in einer solchen Prozessauslegung zu berücksichtigen. Diese bilden Einschränkungen bezüglich der einsetzbaren Werkzeugdurchmesser und Längen, aber auch bezüglich der Drehzahlen von Werkzeug und Werkstück.

Wird die Anschaffung von Werkzeugen für einen auszulegenden Prozess in Erwägung gezogen, ist eine Abschätzung möglicher Werkzeuge für den jeweiligen Prozess notwendig. Hierzu wird im Folgenden, basierend auf der Schnittbogenlänge und der Spanstauchung in den durchgeführten Prozessen, eine Formel zur Abschätzung der möglichen Anzahl von Schneiden am Umfang des Werkzeugs ermittelt.

Da die Tauchtiefe im Prozess durch die Gestaltung des Werkstücks vorgegeben ist, sind die Parameter Axialvorschub, Schnittgeschwindigkeit und der Außendurchmesser der Werkzeuge variabel. Die Anzahl Schneiden auf dem Umfang wird, entsprechend der im Folgenden beschriebenen Methode, größtmöglich ausgelegt. Auf diese Art werden möglichst große Standzeiten des Gesamtwerkzeugs bei großer Produktivität der Prozesse erreicht.

6.2 Modelle für die Beschreibung des Werkzeugverschleißes

Model for the Tool Wear

Zur kostenoptimalen Auslegung von Zerspanprozessen ist die Kenntnis der Standzeiten möglicher Werkzeuge bei verschiedenen Zerspanbedingungen notwendig. Basierend auf den Ergebnissen der in Kapitel 5.2 und Kapitel 5.3 beschriebenen Untersuchungen werden daher mathematische Beschreibungen der erreichten Standzeiten, abhängig von den relevanten Spanungskenngrößen, abgeleitet. Die Werkzeuge weisen, in Abhängigkeit vom eingesetzten Werkzeugsystem und von den Zerspanbedingungen, unterschiedliche standzeitkritische Verschleißformen auf. Diese basieren auf verschiedenen Verschleißmechanismen und hängen von unterschiedlichen Belastungen ab. Aus diesem Grund werden die Verschleißformen im Folgenden getrennt voneinander betrachtet.

6.2.1 Verschleiß von Schnellarbeitsstahl-Werkzeugen

Wear of High Speed Steel Tools

In den in Kapitel 5.2 beschriebenen Untersuchungen wurde das Standzeitende der Werkzeuge durch Freiflächenverschleiß oder durch Kolkverschleiß der Spanfläche erreicht. Während der maximale Freiflächenverschleiß in allen Prozessen im Protuberanzbereich der Verzahnungen auftrat, lag das Maximum des Kolkverschleißes und der Anfangspunkt der Verschleißentwicklung am Zahnkopf. Aus diesem Grund werden diese Verschleißformen im Folgenden einzeln betrachtet.

Zur Untersuchung der Einflüsse verschiedener Belastungen auf den Freiflächenverschleiß wurden Untersuchungen an Versuchswerkstück 1 durchgeführt. Ein volles Versuchswerkzeug wurde ohne Shiften eingesetzt. Durch dieses Vorgehen werden die in den einzelnen Wälzstellungen auftretenden Belastungen separiert. So kann der Einfluss wiederkehrender, definierter Einzellasten auf den Verschleiß des Werkzeugs beobachtet und bewertet werden.

Dieser Versuch wurde bei den Referenzparametern aus der industriellen Anwendung durchgeführt (v_c = 55 m/min; f_a = 1,4 mm). In diesem Prozess kam es im Schlagzahnprozess nicht zur Ausbildung von Kolkverschleiß. Der Prozess wurde bis zum Standzeitende durch einen maximalen Freiflächenverschleiß von VB = 150 µm durchgeführt. Das Standzeitende wurde nach der Fertigung von 30 Werkstücken bei einer Standlänge von L = 233 m erreicht. Der Verschleiß des Werkzeugs wurde im Anschluss über den einzelnen Zähnen des Werkzeugs ausgewertet. Die jeweiligen Maxima des Freiflächenverschleißes über den Wälzstellungen sind in **Bild 6.1** unten dargestellt. Ausgehend von der kleinsten Wälzstellung im Prozess steigt der Freiflächenverschleiß über den Wälzstellungen an. Hierbei treten einzelne lokale Maxima im Bereich negativer Wälzstellungen auf. Ausgehend von Wälzstellung -5 steigt der Betrag des maximalen Freiflächenverschleißes kontinuierlich an, bis er sein globales Maximum bei Wälzstellung 0 erreicht. Ausgehend von dieser Wälzstellung fällt der Betrag bis zu Wälzstellung 3 schnell ab und fällt bis zu Wälzstellung 12 mit geringerer Steigung weiter.

Werkstück:
Werkstoff: 18CrNiMo7-6
Modul m_n = 11 mm
Zähnezahl z_2 = 40
Eingriffswinkel α_n = 20°
Schräg.-winkel β = 10,5°, rechts
Durchmesser d_a = 489 mm

Werkzeug:
Schneidstoff: PM-HSS S390; (Al,Cr)N
Durchmesser d_{a0} = 200 mm
Auslegung n_i/z_0 = 12/2

Parameter:
Ungeshifteter Einsatz
Vorschub f_a = 1,4 mm
Schnittgschw. v_c = 55 m/min
Standlänge L = 233 m

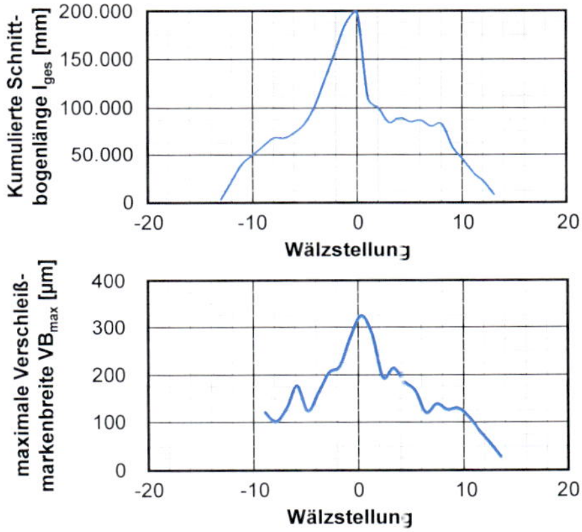

Bild 6.1: Gegenüberstellung von Spanungskenngrößen und Verschleiß im Wälzfräsprozess ohne Shiften

Comparison of Characteristic Values and Wear in Gear Hobbing without Shifting

Diesem Verlauf ist der Verlauf der Kenngröße maximale kumulierte Schnittbogenlänge über dem Profil gegenübergestellt, Bild 6.1 oben. Da an den jeweiligen Zähnen jeweils die gleiche Anzahl von Spänen gebildet wurde und die Geometrie der Späne einer Wälzstellung konstant ist, ist dieser Wert proportional zum jeweils zurückgelegten kumulierten Schnittweg über der Standzeit des Werkzeugs. Während die Kenngrößen maximale Spanungsdicke und maximales bezogenes Spanvolumen ihre Maxima im Bereich negativer Wälzstellungen aufweisen, hat der Verlauf der maximalen Schnittbogenlänge einen mit der Verschleißmarkenbreite vergleichbaren Verlauf. Weiterhin liegen die größten Schnittbogenlängen im Bereich der Protuberanz an der auslaufenden Flanke des Werkzeugs vor. Diese Position entspricht der Position des maximalen Freiflächenverschleißes. Die Schnittbogenlänge ist der dominante Parameter für den Verschleiß des Werkzeugs. Neben der Möglichkeit, den Standweg als Eingangsparameter für die Prozessauslegung zu verwenden, bildet der kumulierte Schnittweg eine Standgröße, die im Gegensatz zum zerspanten Volumen und der zerspanten Zahnlückenbreite einen direkten Einfluss auf die Entwicklung des abrasiven Freiflächenverschleißes hat. Für die Modellierung des Verschleißverhaltens wird die Standzeit der Werkzeuge aus PM-HSS daher im Folgenden als maximal zurückgelegte kumulierte Schnittbogenlänge ausgedrückt.

Die bis zum Standzeitende kumulierte Schnittbogenlänge der Werkzeuge in dieser Auswertung ist in **Bild 6.2** für Werkstück 1 mit einem Modul von m_n = 11 mm dargestellt. Durch diese Anpassung der Auswertung ändern sich die Verhältnisse der Standlängen zueinander. Die zurückgelegte Schnittbogenlänge eines Schneidenbereichs zur Zerspanung einer bestimmten Lückenbreite ist nahezu entgegengesetzt proportional zum Vorschub. Der Einfluss der Schnittgeschwindigkeit wird durch diese Anpassung nicht verändert. Während bei der Betrachtung der erreichten Standlänge als zerspante Lückenbreite (vgl. Bild 5.9) eine mit dem Vorschub steigende Schnittbogenlänge aufweist, ist dieser Effekt bei einer Betrachtung des zurückgelegten Schnittwegs umgekehrt.

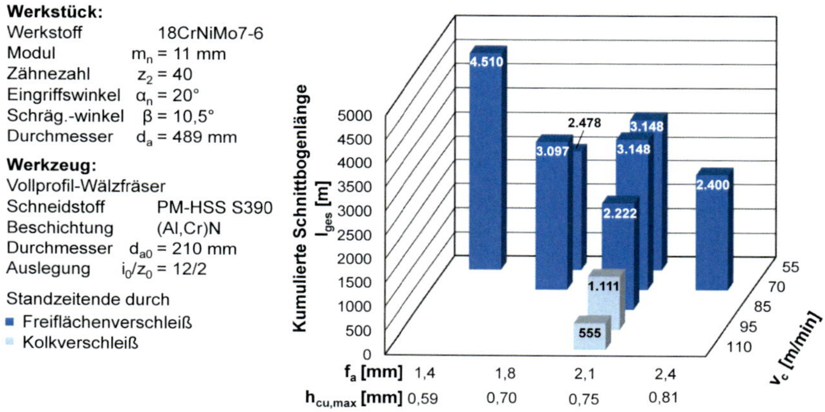

Bild 6.2: Kumulierte Schnittbogenlänge der HSS-Werkzeuge Modul m_n = 11 mm bis zum Standzeitende

Cumulated cutting length of the HSS-Tools for Module m_n = 11 mm until tool life end

Auf Basis dieser Betrachtung werden in der gleichen Form die kumulierten Schnittbogenlängen der Versuche an Werkstück 2 mit Vollprofil-Werkzeugen bis zum Erreichen des Standzeitendes dargestellt, **Bild 6.3**. Für die Modellbildung wird der Freiflächenverschleiß der verwendeten Räumzahnwerkzeuge nicht berücksichtigt, da dieser durch den Bereich der Spanbrechernuten geprägt ist und daher nicht mit Werkzeugen ohne Spanbrechernuten vergleichbar ist. Während die Betrachtung in Bild 5.21 keinen Einfluss der Spanungsdicke auf die Standlänge ausweist, ist eine Reduktion des zurückgelegten Schnittwegs mit steigender Spanungsdicke in Bild 6.3 deutlich erkennbar. Basierend auf diesen Verschleißbetrachtungen wird im Folgenden ein Verschleißmodell entwickelt.

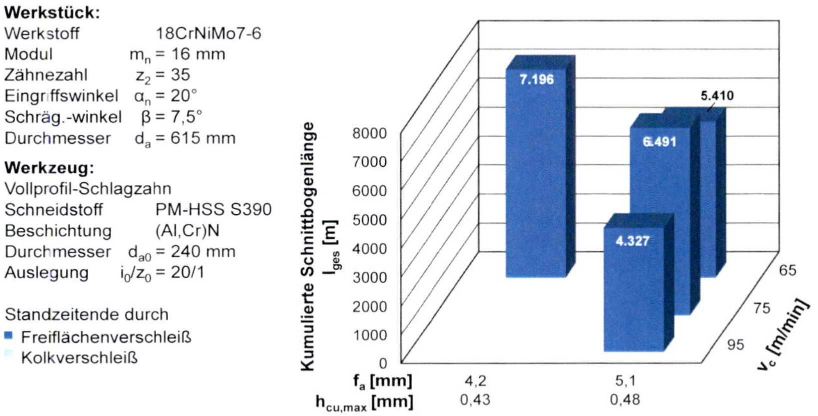

Bild 6.3: Kumulierte Schnittbogenlänge der HSS-Werkzeuge Modul m_n = 16 mm bis zum Standzeitende

Cumulated cutting length of the HSS-Tools for Module m_n = 16 mm until tool life end

Der standzeitkritische Freiflächenverschleiß wurde in allen durchgeführten Versuchen an der Protuberanz erreicht. Dieser Effekt korreliert jedoch nicht mit dem Verlauf der bisher betrachteten Spanungskennwerte, da diese entweder an der Kopfmitte oder der Kopfeckenrundung maximal sind. Aufgrund der Prozesskinematik bei der Herstellung von Blockwälzfräsern ist der Freiwinkel vom Profilwinkel des Werkzeugs abhängig. Die Profilwinkel haben an der Protuberanz ihr Minimum Auch der Freiwinkel der Schneiden ist daher in diesem Bereich minimal.

Der Einfluss des Freiwinkels (α) wird im Folgenden durch das Verhältnis zwischen dem Schneidkantenversatz (SV) senkrecht zur Schnittrichtung und dem resultierenden Freiflächenverschleiß abgebildet, **Bild 6.4**. Das Verhältnis dieses Abstands und dem Abstand von der Schneidkante in Schnittrichtung kann entsprechend dem Zusammenhang von Schneidkantenversatz und Freiflächenverschleiß durch den Formelzusammenhang:

$$SV = \frac{VB}{\tan(\alpha)} \tag{6.1}$$

beschrieben werden. Dieser Wert wird im Folgenden genutzt um die maximale Spanungsdicke so zu skalieren, dass sie über dem Profil eine gute Korrelation mit dem Freiflächenverschleiß aufweist.

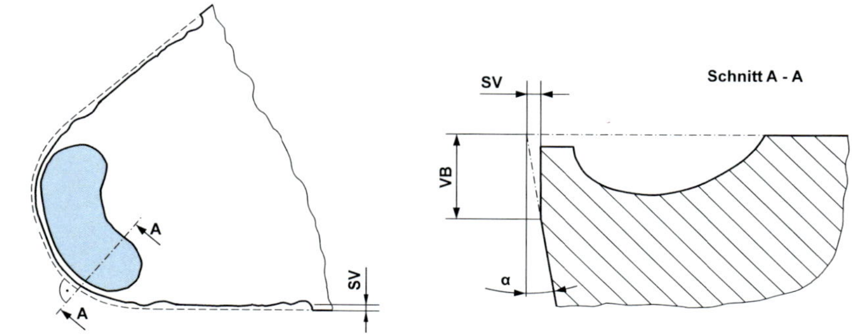

Bild 6.4: Zusammenhang zwischen dem Freiflächenverschleiß und dem Schneidkantenversatz an Schneidwerkzeugen

Relation of the amount of flank wear to the cutting edge offset of cutting tools

Basierend auf diesen Kenngrößen wurde ein Verschleißmodell für den Freiflächenverschleiß über den Versuchen an Werkstück 1 und Werkstück 2 entwickelt, **Bild 6.5**. Die maximale Schnittbogenlänge weist bei der Modellierung keine Signifikanz auf und wurde daher als Einflussfaktor vernachlässigt. Da diese Größe in den beschriebenen Versuchen die einzige Eingangsgröße darstellt, die direkt vom Verzahnungsmodul abhängt, ist ein Einfluss der Verzahnungsgröße auf den Freiflächenverschleiß in diesen Prozessen nicht erkennbar. Auf die Berücksichtigung des bezogenen zerspanten Volumens wurde verzichtet, da sich dieser Kennwert als Produkt aus der mittleren Spanungsdicke und der Schnittbogenlänge ergibt.

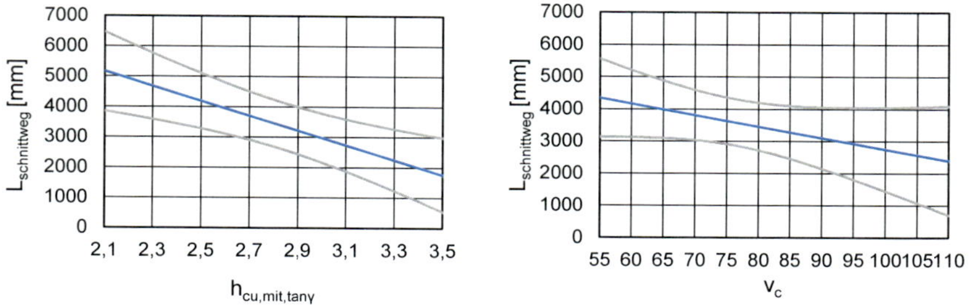

$$L_{Schnittweg} = 13131{,}94 - 2432{,}98 \cdot h_{cu,mit,\tan\alpha} - 35{,}4442 \cdot v_c$$

mit

$$h_{cu,mit,\tan\alpha} = \frac{h_{cu,mit}}{\tan\alpha}$$

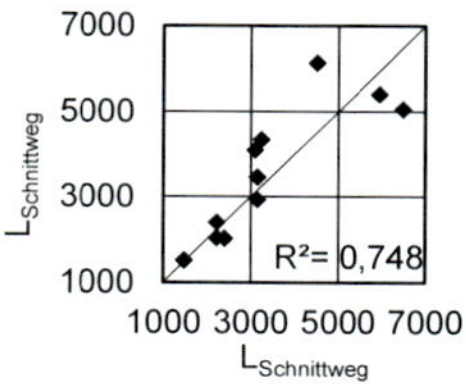

Bild 6.5: Verschleißmodell für den Freiflächenverschleiß beim Fräsen mit HSS-Werkzeugen

Wear Model for Flank Wear in Hobbing with HSS-Tools

Für die Modellierung des Spanflächenverschleißes wird, wie für den Freiflächenverschleiß, die Standlänge als zurückgelegter Schnittweg modelliert, **Bild 6.6**. Der Kolkverschleiß tritt in den durchgeführten Versuchen durchgehend in der Kopfmitte des Werkzeugprofils auf, an der die Spanungsdicke maximal ist. Entsprechend den Untersuchungen von MUNDT [MUND92] wird die Spanungsdicke in diesem Modell über die Kenngröße mittlere Spanungsdicke ($h_{cu,mit}$) berücksichtigt. Neben diesem Kennwert geht die Schnittgeschwindigkeit sowie die maximale Schnittbogenlänge mit in das Modell ein. Da in diesen Untersuchungen nur wenige Versuche bis zum Standzeitende das Standzeitkriterium für Kolkverschleiß erreicht haben, wurde das Modell basierend auf einem Ansatz ähnlich dem von SCHALASTER [SCHA11] aufgebaut. Zur Bewertung des Kolkverschleißes wurde der Standweg bei dem der erste Kolkverschleiß auftrat verwendet. Das Bestimmtheitsmaß dieses Modells beträgt R^2 = 0,857.

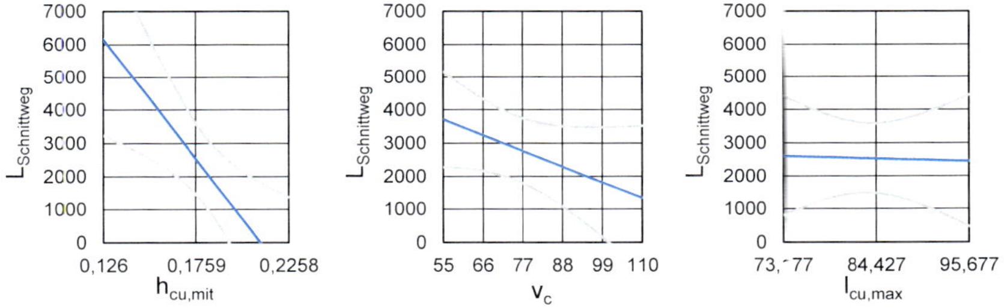

$$L_{Schnittweg} = 2066{,}078 + (-2084{,}2) * \frac{h_{cu,mit} - 0{,}187667}{0{,}028626} + (-802{,}11) * \frac{v_c - 74{,}16667}{18{,}56602} + 66{,}8302 * \frac{l_{cu,max} - 79{,}00987}{9{,}652253}$$

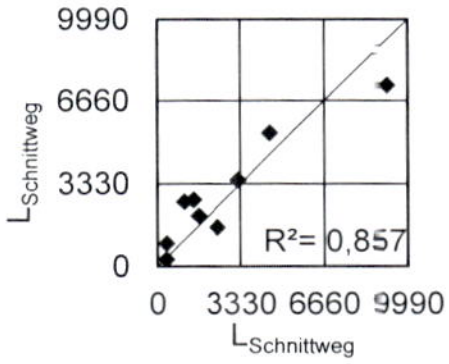

Bild 6.6: Verschleißmodell für den Kolkverschleiß beim Fräsen mit HSS-Werkzeugen
Model for Crater Wear in Hobbing with HSS-Tools

6.2.2 Verschleiß von Hartmetall-Werkzeugen

Wear of Carbide Tools

Auf Basis der Versuchsergebnisse zum Profilfräsen wird im Folgenden ein Standzeitmodell für den Verschleiß der eingesetzten Werkzeuge entwickelt. Wendeschneidplattenwerkzeuge zum Verzahnungsfräsen sind in der Regel mit einer großen Anzahl von Wendeschneidplatten ausgestattet. Da der Verschleiß durch Schneidenausbruch nach der Entstehung von Kammrissen einer hohen Streuung unterliegt, werden hieraus resultierende Standzeitpotenziale nicht in der Modellbildung berücksichtigt. Die Modellbildung basiert auf dem Auftreten von Kammrissen als Standzeitkriterium.

Da dieser Verschleißmechanismus auf wiederholten thermischen Lastwechseln beruht [KLOC08, VIER70], wird die Standzeit für die Modellbildung, alternativ zur in diesem Bereich gängigen Darstellung, nicht in Metern verzahnter Zahnlückenbreite, sondern in der Anzahl Schneideneingriffe ausgedrückt, **Bild 6.7**. Jeder Schnitt entspricht hierbei einem Lastwechsel bis zum Erreichen des Standkriteriums. Im Gegensatz zur Darstellung in Bild 5.34 sind die Verhältnisse der Standzeiten zueinander in diesem Diagramm verschieden, da mit steigendem Vorschub weniger Schneideneingriffe zur Bearbeitung einer bestimmten Lückenbreite benötigt werden.

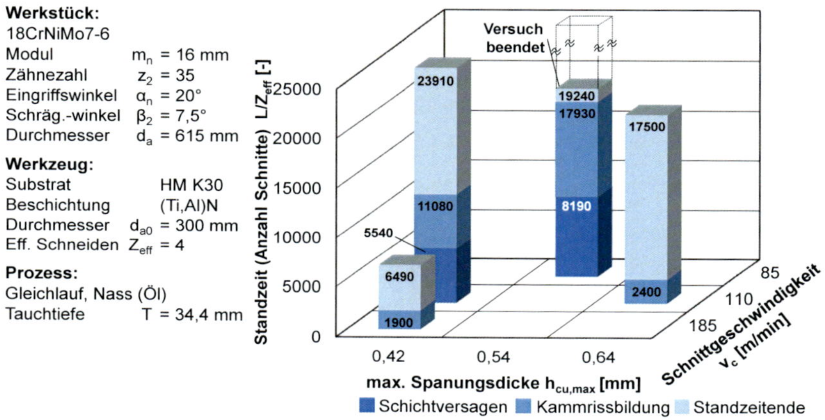

Bild 6.7: Standzeit der Wendeschneidplatten angegeben als Anzahl Lastzyklen
Tool Life of Cutting Inserts Stated as Number of Cuts

Auf Basis dieser Betrachtungen werden die Standlängen im Folgenden in einer Formel beschrieben. Für das Auftreten von Kammrissen ist sowohl die Anzahl der thermischen Belastungen als auch die Intensität der einzelnen Belastung von Bedeutung. Aufgrund der großen Schnittbogenlängen im Prozess von $l_{cu,max}$ = 105 mm wird hier davon ausgegangen, dass sich bis zum Schneidenaustritt eine stationäre Temperaturverteilung an der Schneide einstellt und die Schnittbogenlänge daher keinen Einfluss auf die Intensität des auftretenden Thermoschocks hat. Weiterhin befinden sich die Schneiden ausreichend lange außer Eingriff, um durch das Kühlschmiermittel abgekühlt zu werden. Die Intensität der einzelnen Belastung wird durch die Kenngrößen Schnittgeschwindigkeit und maximale Spanungsdicke im Prozess beschrieben.

Zur Beschreibung wird die Standzeit mit Exponentialfunktion abgebildet. Die maximale Spanungsdicke geht hierbei linear in den Exponenten ein, die Schnittgeschwindigkeit hingegen mit dem Kehrwert. Die resultierende Formel für die eingesetzte Kombination aus Werkzeug und Werkstück sowie ein Flächendiagramm zu den Modellergebnissen sind in **Bild 6.8** dargestellt. Im Diagramm wird deutlich, dass eine Reduktion der Spanungsdicke und eine Reduktion der Schnittgeschwindigkeit zu sehr stark steigenden Standlängen führen.

- Standlänge bis zum Ausbruch nach dem Auftreten von Kammrissen nicht prozesssicher nutzbar.
- Modell zur Anzahl thermischer Lastwechsel bis zum Auftreten von Kammrissen.
- Formel:

$$L_{Schnitte} = e^{c_1 + \left(\frac{c_2}{v_c}\right) - c_3 \cdot h_{cu}}$$

$$c_1 = 7{,}857881$$

$$c_2 = 484{,}3297 \, \frac{m}{min}$$

$$c_3 = 6{,}98674 \, mm^{-1}$$

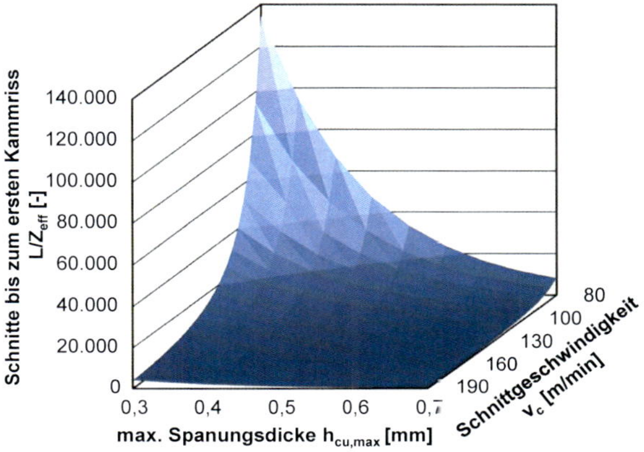

Bild 6.8: Mathematische Beschreibung der Standzeit bis zur Entstehung von Kammrissen
Mathematical Description of Tool Life until the Appearance of Thermal Cracks

Um die Übertragbarkeit der Ergebnisse auf das Wälzfräsen mit Wendeschneidplatten-Werkzeugen zu untersuchen, wurden Zerspanuntersuchungen in einem Modellprozess zum Wälzfräsen durchgeführt. Dieser Modellprozess entspricht kinematisch dem bereits beschriebenen Schlagzahnversuch. In diesem Prozess wird ein Modellwerkzeug eingesetzt, dass einem Teil eines vollen Wendeschneidplatten-Wälzfräsers entspricht. Durch die Schneckenform des Werkzeugs entsteht in diesem Prozess zwischen dem Eingriff zweier Schneiden der Versatz in Werkzeugachsrichtung, der auch am vollen Werkzeug vorliegt. Der Versatz bis zum Wiedereintritt der gleichen Schneide wird über einen kontinuierlichen Shiftvorschub realisiert.

Der hier durchgeführte Versuch wurde bei einer Schnittgeschwindigkeit von v_c = 185 m/min und einem Axialvorschub von f_a = 1,8 mm durchgeführt, **Bild 6.9**. Die maximale Spanungsdicke in diesem Prozess beträgt $h_{cu,max}$ = 0,34 mm. Zur Beschreibung der Standzeit in diesem Prozess wurde die maximale Anzahl Schneideneingriffe über dem Schneidenprofil verwendet. In diesem Prozess traten nach N = 132 Tangentialüberläufen im Prozess die ersten Kammrisse an der Kopfplatte der auslaufenden Flanke auf. Diese Standlänge entspricht einer maximalen Anzahl von n = 3240 Schneideneingriffen bis zum Erreichen des Standzeitkriteriums Kammrisse.

Ein Abgleich mit dem berechneten Wert aus dem für das Profilfräsen ermittelte Standzeitmodell weist eine Abweichung von weniger als 0,5% auf. Auf Basis dieses Ergebnisses wird das Modell als tauglich erachtet und in den kommenden Betrachtungen für die Auslegung des Wälzfräsens bezüglich dem Auftreten von Kammrissen eingesetzt.

Werkstück:
18CrNiMo7-6
Modul m_n = 16 mm
Zähnezahl z_2 = 35
Eingriffswinkel α_n = 20°
Schräg.-winkel β_2 = 7,5°
Durchmesser d_a = 615 mm

Werkzeug:
Substrat HM K30
Beschichtung (Ti,Al)N
Durchmesser d_{a0} = 300 mm
Gangzahl z_0 = 1
Eff. Schneiden Z_{eff} = 17

Prozess:
Gleichlauf, Nass (Öl)
Axialvorschub f_a = 1,8 mm
Spanungsd. $h_{cu,max}$ = 0,34 mm
Schnittgeschw. v_c = 185 m/min
Tauchtiefe T = 34,4 mm

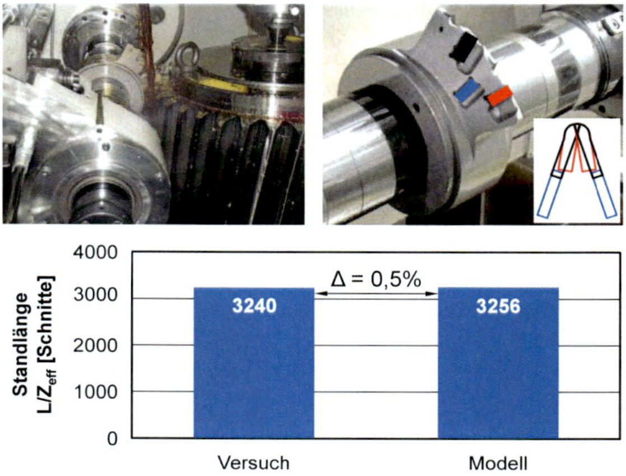

Bild 6.9: Anwendung des Modells auf den Wälzfräsprozess
Application of the Model in the Gear Hobbing Process

Für die Verwendung des entwickelten Modells ist zu beachten, dass es auf dem Auftreten von Kammrissen bei moderatem Freiflächenverschleiß basiert. Weitere mögliche Verschleißformen, die bei deutlich abweichenden Zerspanbedingungen in den Vordergrund treten können, müssen in getrennten Standzeitmodellen abgebildet werden. So konnte ein Ausfall der Werkzeuge durch starken Verschleiß der Freiflächen oder Ausbrüche durch eine mechanische Überlast auf Basis der bestehenden Versuchsergebnisse nicht berücksichtigt werden.

6.3 Ermittlung möglicher Werkzeuggestaltungen

Calculation of Possible Tools

Basierend auf den Approximationsformeln zur Berechnung der maximalen Spanungsdicken sowie dem Standzeitmodell für das Auftreten von Kammrissen beim Fräsen mit Wendeschneidplatten im Nassschnitt wird im Folgenden eine Methode zur Prozessauswahl und Auslegung entwickelt. Die Bewertung der jeweiligen Prozesse bedingt neben der Kenntnis der Werkstückgeometrie und der Einflüsse verschiedener Prozesseinstellgrößen auf Spanungsgeometrien und Werkzeugverschleiß auch die Kenntnis möglicher Werkzeugauslegungen. Um eine Abschätzung der möglichen Werkzeuggestaltungen für eine Auswahl der Prozesse zu geben, wird eine Näherungsformel für die mögliche Anzahl effektiver Kopfschneiden auf dem Werkzeugumfang für Wendeschneidplatten in **Bild 6.10** beschrieben. In dieser Vorgehensweise wird, basierend auf den Erkenntnissen der durchgeführten Zerspanversuche, davon ausgegangen, dass die maximale Schnittbogenlänge die Größe der benötigten Spanräume am Werkzeug bestimmt. Die maximale Schnittbogenlänge wird hierbei, entsprechend der in Kapitel 4.2.1 beschriebenen Modellbetrachtung, abhängig von der Zustellung im Fräsprozess und dem Werkzeugaußendurchmesser abgeschätzt, Bild 6.10 links. Basierend auf den Untersuchungen der Spangeometrien nach der Zerspanung wird weiterhin ein Spanstauchungsfaktor von λ_h = 2,5 mm angenommen. Zur Bestimmung der Breite der benötigten Spannut wird im Folgenden vereinfachend davon ausgegangen, dass diese die Form eines Halbkreises beschreibt und der Span bis zum Kontakt mit der Werkstückoberfläche entlang dieser Kontur fließt. Die Breite der Spannut wird daher entsprechend der Formel 6.2 berechnet.

$$b_{nut} = \frac{2 \cdot l_{ch}}{\pi} \,. \tag{6.2}$$

Für die Bestimmung des Zusammenhangs zwischen der Anzahl effektiver Kopfschneiden am Umfang und dem Werkzeugaußendurchmesser wird von einer Gestaltung des Werkzeugs mit getrennten Schneiden für die linke und rechte Flanke des Profils ausgegangen. So müssen für eine effektive Kopfschneide am Werkzeugumfang zwei Platten und Spanräume vorliegen. Da die maximale Schnittbogenlänge bei den betrachteten Verfahren im Kopfbereich des Werkzeugprofils auftritt, wird weiterhin die Annahme getroffen, dass die maximale Breite der Spanräume ausschließlich am Außendurchmesser des Werkzeugs vorliegen muss. Die maximale Anzahl effektiver Kopfschneiden für einen beliebigen Durchmesser des Werkzeugs ergibt sich aus einer Betrachtung des Außendurchmessers im Folgenden zu

$$Z_{eff} = \frac{d_{a,0} \cdot \pi}{2 \cdot (b_{nut} + b_s)} \,. \tag{6.3}$$

Die benötigte Breite für einen Plattensitz wird im Folgenden als b_s = 20 mm angenommen. Diese Berechnung bietet die Möglichkeit, die Anzahl Schneiden für einen bestimmten Werkzeugdurchmesser abzuschätzen.

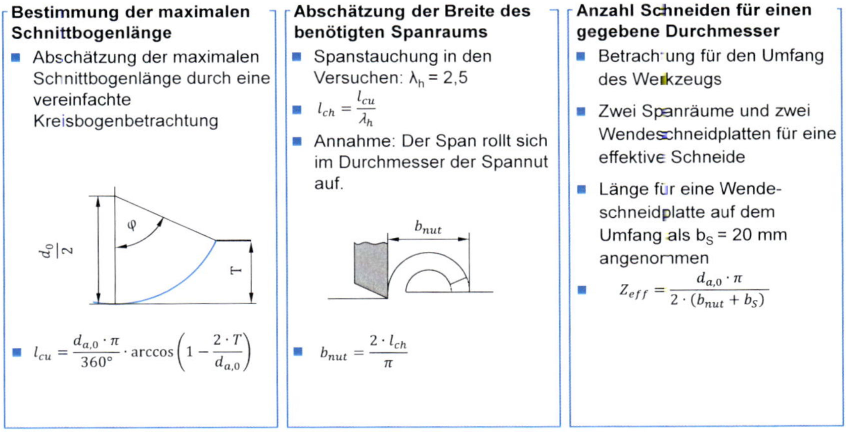

Bild 6.10: Methode zur Abschätzung der möglichen Scheidenanzahl an einem Fräswerkzeug

Method for the Estimation of the Applicable Number of Blades on a Milling Tool

6.4 Ermittlung der Prozessparameter für unterschiedliche Werkzeuge

Calculation of Process Parameters for Different Tool Designs

Basierend auf den beschriebenen Modellen kann eine Prozessauslegung und eine Verfahrensauswahl durchgeführt werden. Ein Ablauf der Auslegung ist in **Bild 6.11** dargestellt. Größen, die nur für die Auslegung des Wälzfräsens Relevanz haben, sind in Klammern dargestellt. Als Eingangswerte für die Auslegung der Prozess ist die Kenntnis der Werkstückgeometrie notwendig. Für die Beschreibung möglicher Werkzeuge kann der beschriebene Modellansatz verwendet werden oder bestehende Werkzeuge beschrieben werden. Die möglichen Werte für den Vorschub im Prozess können, entsprechend dem Stand der Technik, über die prozessbedingten geometrischen Abweichungen der Zahnflanken durch Vorschubmarkierungen eingeschränkt werden. Durch eine Anwendung der Modelle für die maximale Spanungsdicke wird im Folgenden für die möglichen Werkzeug-Werkstück-Kombinationen eine maximale Spanungsdicke berechnet und durch Anwendung des Standzeitmodells, basierend auf dieser maximalen Spanungsdicke über der Schnittgeschwindigkeit, jeweils die Standlänge der Wendeschneidplatten bestimmt. Bei bekannten Kosten für die einzelne Platte und bei bekannter Anzahl Schneiden werden hieraus die Werkzeugkosten ermittelt. Weiterhin kann die Anzahl gefertigter Teile mit einer Werkzeugbestückung ermittelt werden und die möglichen Prozesse entsprechend den gefertigten Losgrößen eingeschränkt werden.

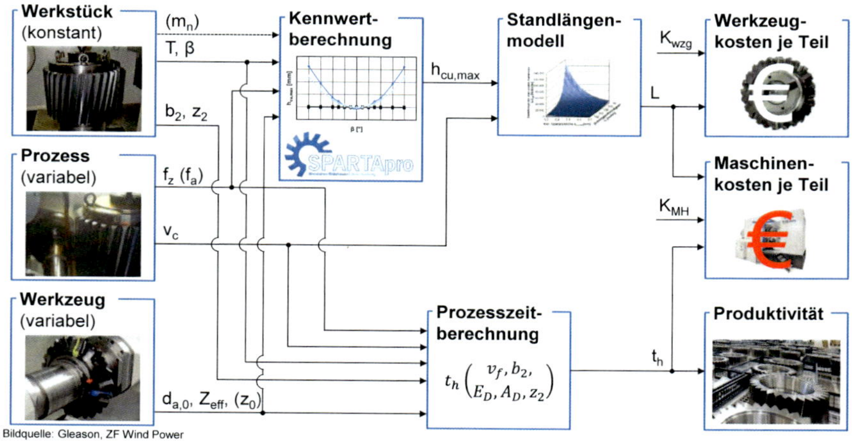

Bild 6.11: Methode zur Auslegung von Fräsprozessen

Method for the Design of Gear Cutting Processes

Analog wird auf Basis dieser Parameterkombinationen, entsprechend dem Stand der Technik, jeweils die Bearbeitungszeit und über diese die Maschinenkosten für die Bearbeitung der Werkstücke bestimmt und so jeweils ein Gesamtkostensatz für die

Bearbeitung ermittelt. Somit stehen die notwendigen Daten zur Verfügung, um eine optimale Auslegung sowohl für das Wälzfräsen als auch für das Profilfräsen bezüglich Prozesskosten und Produktivität zu ermitteln. Basierend auf diesen Prozessen wird im Folgenden die Entscheidung für einen dieser Prozesse gefällt.

6.5 Fazit

Conclusion

In diesem Kapitel wurden, basierend auf den Ergebnissen der in Kapitel 1 beschriebenen Zerspanversuche, Standzeitmodelle für Hartmetall und PM-HSS bezüglich unterschiedlicher Verschleißformen entwickelt. Diese Modelle bilden, neben den in Kapitel 1 entwickelten Modellen zur Bestimmung der Spanungskenngrößen, die Basis einer Prozessauslegung.

Die in diesem Kapitel beschriebene Methode bietet die Möglichkeit, für einen definierten Parameterraum einen wirtschaftlich optimalen Verzahnprozess auszuwählen. Die Grundlage hierzu bieten die in den vorangestellten Kapiteln beschriebenen Modelle zur Bestimmung der Zerspanbedingungen und der Standlänge bezüglich verschiedener Verschleißformen.

7 Zusammenfassung und Ausblick

Summary and Outlook

7.1 Zusammenfassung

Summary

Für das Vorverzahnen großmoduliger Stirnverzahnungen werden die Verfahren Wälzfräsen und Profilfräsen eingesetzt. Für das Profilfräsen werden in der Regel Werkzeuge mit Hartmetall-Wendeschneidplatten verwendet. Im Wälzfräsprozess kommen zudem auch Blockwerkzeuge aus Schnellarbeitsstahl zum Einsatz. Die Auslegung der jeweiligen Fertigungsprozesse und die Auswahl der geeignetsten Werkzeug-Prozess Kombination ist auf Basis der bestehenden Auslegungsverfahren nur bedingt möglich. Aus diesem Grund war das Ziel dieser Arbeit eine Methode zur Auswahl und Auslegung wirtschaftlicher Fräsprozesse für Großverzahnungen zu entwickeln.

Basierend auf der Forschungshypothese: „Die Prozessauswahl und -auslegung für das Fräsen von Großverzahnungen kann basierend auf geometrisch-kinematischen Größen durchgeführt werden.“ gliederte sich das Vorgehen in drei Schritte:

1. Die Bestimmung der Einflüsse der Werkzeug- und Prozessauslegung auf die geometrisch-kinematischen Prozessgrößen
2. Die Bestimmung der Einflüsse verschiedener geometrisch-kinematischer Prozessgrößen auf den Verschleiß der Werkzeuge
3. Die Synthese zu einem Auslegungsmodell

Zur Bestimmung der geometrisch-kinematischen Bedingungen in Fräsprozessen von Großverzahnungen wurden Berechnungsmethoden an die jeweils eingesetzten Werkzeuge angepasst und aus diesen Methoden Einflüsse verschiedener Prozessparameter auf lokale Spanungskenngrößen für die jeweiligen Prozesse abgeleitet. Diese wurden in Regressionsanalysen beschrieben.

Zur Bestimmung des Verschleißverhaltens in Fräsprozessen für Großverzahnungen auf Basis geometrisch-kinematischer Prozessgrößen wurden Modellprozesse entwickelt. Diese erlauben die Abbildung der Belastungskollektive am voll bestückten Zerspanwerkzeug auf einzelne Schneiden. In diesen Prozessen wurden im Folgenden Zerspanuntersuchungen in Modellprozessen für das Wälzfräsen und das Profilfräsen durchgeführt. Hierbei wurden neben Prozesseinstellgrößen auch die Werkstückgröße und der Schneidstoff variiert.

Zur Bestimmung von dominanten Einflüssen auf das Verschleißverhalten der Werkzeuge wurden weiterhin Untersuchungen im Wälzfräsprozess durchgeführt. Durch eine konstante Shiftposition in der Bearbeitung wurden hierbei die Zerspanbedingungen an den Werkzeugzähnen jeweils konstant gehalten. Dies erlaubte eine Bestimmung des Verschleißverhaltens in einzelnen Wälzstellungen bei den konstanten Zerspanbedingungen. Auf Basis dieser Untersuchungen wurden Einflussgrößen auf jeweils eine Verschleißform identifiziert und getrennte Verschleißmodelle für Kolkverschleiß, Freiflächenverschleiß und Kammrissbildung an den verschiedenen Schneidstoffen abgeleitet.

Basierend auf den Modellen zur Bestimmung der Spanungskenngrößen in den jeweiligen Prozessen und den Verschleißmodellen wurde eine Methodik zur Auslegung der Prozesse abgeleitet. Hierzu wurde weiterhin eine Methode entwickelt, die eine Abschätzung möglicher Werkzeuge für die jeweilige Bearbeitung erlaubt.

Die Ergebnisse dieser Arbeit erlauben die Bestimmung wirtschaftlich optimierter Bearbeitungsparameter für die Bearbeitung großmoduliger Stirnräder sowie eine Verfahrens- und Werkzeugauswahl. So ist eine optimierte Prozessauslegung bereits in der Fertigungsplanung möglich.

7.2 Ausblick

Outlook

In den durchgeführten Untersuchungen wurde ein Einfluss der Spanraumgestaltung auf das Einsatzverhalten der Werkzeuge zum Fräsen von Großverzahnungen beobachtet. Besonders bei der Trockenbearbeitung im Wälzfräsversuch wurde festgestellt, dass ein ausreichender Spanraum für die Erzeugung einer defektfreien Oberfläche und die Nutzung der Leistungspotenziale des Schneidstoffs notwendig ist. Durch eine Methode zur Auslegung von Spanräumen an Fräswerkzeugen für Großverzahnungen werden weitere Steigerungen der Leistungsfähigkeit dieser Prozesse erwartet.

Eine solche optimierte Spanraumgestaltung bietet zusätzlich die Möglichkeit, die Auslegung einer trockenen Bearbeitung mit Wendeschneidplattenwerkzeugen ausschließlich auf Basis der geometrisch-kinematischen Bedingungen im Prozess und Berücksichtigung der Belastbarkeit des eingesetzten Werkzeugkonzepts durchzuführen. Einflüsse und Einschränkungen durch eine Behinderung des Spanablaufs können so vermieden werden. Einen weiteren möglicher Forschungsschwerpunkt stellt die verfahrensspezifische Auswahl von Schneidstoffen für diese Prozesse dar. Beim Profilfräsen im Nassschnitt erreichten die eingesetzten Werkzeuge aufgrund von Kammrissen durch thermische Wechsellast das Standzeitende. Dieser Verschleißform kann durch eine gezielte Schneidstoffauswahl entgegengewirkt werden. Durch die Vermeidung des schroffen Abkühlens durch Kühlschmierstoff kann im Trockenschnitt von abweichenden Anforderungen an die eingesetzten Schneidstoffe ausgegangen werden. Eine detaillierte Untersuchung der Belastungen im Nass- und Trockenschnitt kann zur Möglichkeit weiterer Prozessoptimierungen führen.

In den Untersuchungen zum Fräsen mit Räumzahnwälzfräsern aus Schnellarbeitsstahl wurde weiterhin festgestellt, dass das Verschleißverhalten der Werkzeuge durch die Spanbrechernuten negativ beeinflusst wurde. Gleichzeitig wurde, durch die erzielte Aufteilung der Späne in mehrere Segmente, der benötigte Spanraum reduziert. Dies ermöglicht eine Steigerung der Anzahl von Schneiden auf dem Werkzeugumfang. Durch Untersuchungen zur Gestaltung von Spanbrechern kann eine weitere Steigerung der Leistungsfähigkeit von Schnellarbeitsstahl-Werkzeugen erwartet werden.

Die Auslegung von Wendeschneidplattenwerkzeugen bietet, neben den in dieser Arbeit berücksichtigten Freiheitsgraden, die Möglichkeit die kinematischen Winkel im Prozess gezielt einzustellen. Neben einer Beeinflussung des Verschleißverhaltens der Werkzeuge, sind Einflüsse auf die Spanstauchung und die Zerspankräfte im Prozess zu erwarten. Eine Untersuchung dieser Einflüsse ist für die Werkzeuggestaltung von großem Wert.

8 Summary and Outlook

8.1 Summary

For green machining of large module cylindrical gears the processes gear hobbing and form milling are applied. For form milling, mostly indexable insert tools are applied. In gear hobbing solid high speed steel tools are additionally used. The possibility to design the processes and select of a tool-process combination based on existing methods is limited. Due to this, the objective of this thesis is to develop a method for selection and design of milling and hobbing processes for large module gears.

Based on the research hypothesis: "The process selection and design for milling and hobbing large module gears can be carried out based on geometrical-kinematic values." the approach is structured in three steps.

1. Identifying influences of tool and process design on geometric and kinematic process values
2. Identifying influences of the geometric and kinematic process values on tool wear
3. The sythesis into a design model

For determining the geometrical-kinematic conditions in milling and hobbing processes, calculation methods were adapted to the currently used tools. From these methods, influences on local cutting conditions were derived. The mathematical description was developed in a regression analysis.

For determining the wear behavior in cutting processes for large module gears, model processes were developed. These processes allow a transfer of the load condition of a fully equipped tool onto single cutting edges. Subsequently, cutting tests were carried out at varying process parameters.

To identify the dominant influencing parameters, furthermore, trials in the gear hobbing process were carried out. By keeping the position of the shifting axis constant, constant cutting conditions at each tooth of the tool were achieved. This allowed the independent analysis of the wear behavior of each generating position. Based on these investigations influencing factors for the different occurring wear form were identified. Tool life models for crater wear, wear land and thermal cracks were developed.

Based on the models for the cutting conditions within the processes and the tool life models a methodology for process design was derived. Additionally, an approach to estimate the possible tool designs for a given machining process was developed.

The results of this thesis allow to calculate optimized process parameters for machining large module cylindrical gears and to select process and tool based on these designs. This allows an optimized process design already in the design stage of a production.

8.2 Outlook

A relevant influence of the design of the chip room for the performance of cutting tools was identified. Especially, in dry cutting processes a sufficient amount chip room is necessary to produce defect free surfaces and make use of the potentials of the applied cutting material. Developing a method for an optimized design of chip room for cutting tools for large module gears is expected to lead to a further improvement of the performance of these processes. Such optimized chip room design can also lead to the possibility to design dry cutting processes for large module gears solely based on the geometrical-kinematic cutting conditions and the load-bearing capacity of the tools.

A further field of research is the choice of suitable cutting materials for the investigated processes. Form milling under wet cutting conditions led to thermal cracks in each of the trials. The application of alternative cutting material can lead to a higher resistance against this form of wear. By abolishing the thorough cooling by the applied coolant, the load collective in dry cutting processes will differ. This will lead to different requirements concerning applied cutting materials. A detailed research on the load collectives with and without coolant can lead to further process optimization.

In the investigations on hobbing with heavy-duty HSS hobs, a negative influence of the chip flutes in the cutter profile on tool life was detected. At the same time, the chip segmentation by these geometries leads to a reduction of the necessary chip room. This allows an increased number of cutting edges on the tool circumference. An optimization of the position and the design of these chip flutes can lead to a further increase in the performance of HSS-tools.

The design of indexable insert tools allows a free definition of the kinematic angles in the cutting processes. Besides their influence on wear progression, an influence on chip deformation and the cutting forces is expected. Research on these influences has a large value for the tool design and process performance.

9 Literaturverzeichnis

References

[ABLE03] Abler, J.; Felten, K.; Kobialka, C.; Lierse, T.; Mundt, A.; Pomp, J.; Sulzer, G.: Verzahntechnik Informationen für die Praxis. Kempten: Liebherr-Verzahntechnik, 2003

[ABOO02a] Abood, A. M.; Bicker, R.; Pennell, T.: An Analysis of Cutting Forces in Gear Hobbing. In: VDI-Berichte Nr. 1665 (2002), S. 129-143

[ABOO02b] Abood, A. M.: Dynamic Analysis of the Cutting Forces in Gear Hobbing. Diss. Univertity of Newcastle, 2002

[ANTO02a] Antoniadis, A; Vidakis, N.; Bilalis, N.: Fatigue Fracture Investigation of Cemented Carbide Tool in Gear Hobbing, Part 1: FEM Modeling of Fly Hobbing and Computational Interpretation of Experimental Results. In: Transactions of the ASME. 2002, Nr. 124, S. 784-791

[ANTO02b] Antoniadis, A; Vidakis, N.; Bilalis, N.: Fatigue Fracture Investigation of Cemented Carbide Tool in Gear Hobbing, Part 2:.The Effect of Cutting Parameters on the Level of Tool Stresses – A Quantitative Parametric Analysis. In: Transactions of the ASME. 2002, Nr. 124, S. 792-798

[BAUS12] Bausch, T. (Hrsg.): Innovative Zahnradfertigung: Verfahren, Maschinen und Werkzeuge zur kostengünstigen Herstellung von Stirnrädern mit hoher Qualität. 4. Aufl. Renningen-Malmsheim: Expert, 2014

[BOBZ08] Bobzin, K.; Bagcivan, N.; Immich, P.; Pinero, C.; Goebbels, N.; Krämer, A.: PVD – Eine Erfolgsgeschichte mit Zukunft. In: Materialwissenschaft und Werkstofftechnik. Bd. 39, 2008, Nr. 1, S. 5-12

[BORC72] Borchert, W.: Untersuchungen über die Auswirkung von Wälzfräserfehlern auf die Flankenform der Stirnradverzahnung. Diss. RWTH Aachen, 1972

[BOUE08] Bouzakis, E.: Steigerung der Leistungsfähigkeit PVD-beschichteter Hartmetallwerkzeuge durch Strahlbehandlung. Diss. RWTH Aachen, 2008

[BOUZ81a] Bouzakis, K.-D.: Konzept und technologische Grundlagen zur automatisierten Erstellung optimaler Bearbeitungsdaten beim Wälzfräsen.
Habil. RWTH Aachen, 1981

[BOUZ81b] Bouzakis, K.-D.; König, W.: Process models for the incorporation of gear hobbing into an information centre for machining data.
In: Annals of the CIRP. 30. Jg., 1981, Nr. 1, S. 77-82

[BOUZ88] Bouzakis, K.-D.; Antoniadis, A.: Optimal Selection of Machining Data in Gear Hobbing Regarding the Tool Mechanical Stresses Occuring During the Cutting Process.
In: Annals of the CIRP, 37. Jg., 1988, Nr. 1, S.109-112

[BOUZ93] Bouzakis, K.-D.; Antoniadis, A.: Berechnungen der mechanischen Werkzeugspannungen beim Hartmetall-Wälzfräsen.
In: VDI-Z. 135. Jg., 1993, Nr. 9, S. 83-88

[BOUZ97] Bouzakis, K.-D.; Vidakis, N.: Effect of the mechanical stresses developed during gear hobbing on the fatigue failure of tool coatings.
In: Journal for Manufacturing Science and Production. 1. Jg., 1997, Nr. 1, S. 51-58

[BOUZ02] Bouzakis, K.-D.; Friderikos, O.; Maliaris, G.; Lili, S.; Kombogiannis, S.; Korlos, A.: Chip formation in gear hobbing, visualized by means of FEM supported simulation techniques.
In: Proceedings of 4th CIRP International Seminar on intelligent computation in manufacturing engineering. 30. Juni – 02. Juli 2002, Sorrento, Italien

[BOUZ02b] Bouzakis, K.-D.; Kombogiannis, S.; Antoniadis, A.; Vidakis, N.: Gear hobbing cutting process simulation and tool wear prediction models.
In: Transactions of the ASME, 2002, Nr. 124, S. 42-51

[BOUZ05] Bouzakis, K.-D.; Friderikos, O.; Mirisidis, I.; Tsiafis, I.: FEM-based simulation of the cutting process in gear hobbing with various kinematics.
In: Proceedings of the 2nd International Conference on Manufacturing Engineering. 5.-7. Oktober 2005, Chalkidiki, Griechenland

[BOUZ08a] Bouzakis, K.-D.; Friederikos, O.; Tsifalis, I.: FEM-supported simulation of chip formation and flow in gear-hobbing of spur and helical gears.
In: CIRP Journal of Manufacturing Science and Technology, 2008, Nr. 1, S. 18-26

[BOUZ08b] Bouzakis, K.-D.; Lili, E.; Michailidis, N.; Friderikos, O.: Manufacturing cylindrical gears by generating cutting processes: A critical synthesis of analysis methods.
In: CIRP Annals – Manufacturing Technology, 2008, Nr. 57, S. 676-696

[BOUZ08c] Bouzakis, K.-D.; Chatzis, K.; Kombogiannis, S.; Friderikos, O.: Effect of chip geometry and cutting kinematics on the wear of coated PM HSS tools in milling.
In: Proceedings of the 7th International Conference "THE" Coatings in Manufacturing Engineering, 1.-3. Oktober 2008, Chalkidiki, Griechenland, S.197-208

[BOUZ12] Bouzakis, K.-D.; Michailidis, N.; Skordaris, G.; Bouzakis, E.; Biermann, D.; M'Saoubi, R.: Cutting with coated tools: Coating technologies, characterization methods and performance optimization.
In: CIRP Annals – Manufacturing Technology, 2012, Nr. 61, S. 703-723

[BOUZ13] Bouzakis, K.-D.; Makrimallakis, S.; Skordaris, G.; Bouzakis, E.; Kombogiannis, S.; Katirtzoglou, G.; Maliaris, G.: Coated tools' performance in up and down milling stainless steel, explained by film mechanical and fatigue properties.
In: Wear, 2013, Nr. 303, S. 546-559

[BREC13] Brecher, C.; Klocke, F.; Brumm, M.; Hardjosuwito, A.: Simulation based model for tool life prediction in bevel gear cutting.
In: Production Engineering. 7. Jg., 2013, S. 223-231

[BREC15] Brecher, C.; Brumm, M.; Krömer, M.: Design of Gear Hobbing Processes Using Simulations and Empirical Data.
In: Procedia CIRP. 2015, Nr. 33. S. 484-489

[CLAU09] Claudin, C.; Rech, J.: Development of a new rapid characterization method of hob's wear resistance in gear manufacturing – Application to the evaluation of various cutting edge preparations in high speed dry gear hobbing.
In: Journal of Materials Processing Technology, 2009, Nr. 209, S. 5152-5160

[DAMM82] Dammer, L.J.: Ein Beitrag zur Prozessanalyse und Schnittwertvorgabe beim Messerkopffräsen.
Diss. RWTH Aachen, 1982

[DEGN09] Degner, W.; Lutze, H.; Smejkal, E.: Spanende Formung – Theorie – Berechnung – Richtwerte.
München: Hanser, 2009

[DENK11] Denkena, B.; Tönshoff, H. K.: Spanen: Grundlagen. 3. Aufl. Berlin: Springer, 2011

[DIN62] DIN 8000: Bestimmungsgrößen und Fehler an Wälzfräsern für Stirnräder mit Evolventenverzahnung, Grundbegriffe. Deutsches Institut für Normung (Hrsg.), Berlin: Beuth, 1962

[DIN81] DIN 6583: Begriffe der Zerspantechnik – Standbegriffe. Deutsches Institut für Normung (Hrsg.), Berlin: Beuth, 1981

[DIN87] DIN 3960: Begriffe und Bestimmungsgrößen für Stirnräder (Zylinderräder) und Stirnradpaare (Zylinderradpaare) mit Evolventenverzahnung. Deutsches Institut für Normung (Hrsg.), Berlin: Beuth, 1987

[DIN03a] DIN 8580: Fertigungsverfahren – Begriffe, Einteilung. Deutsches Institut für Normung (Hrsg.), Berlin: Beuth, 2003

[DIN03b] DIN 8589-0: Fertigungsverfahren Spanen – Teil 0: Allgemeines, Einordnung, Unterteilung, Begriffe. Deutsches Institut für Normung (Hrsg.), Berlin: Beuth, 2003

[DIN05] DIN ISO 513: Klassifizierung und Anwendung von harten Schneidstoffen für die Metallzerspanung mit geometrisch bestimmten Schneiden – Bezeichnungen der Hauptgruppen und Anwendungsgruppen. Deutsches Institut für Normung (Hrsg.), Berlin: Beuth, 2005

[EVER06] Eversheim, W.; Pfeifer, T.; Weck, M. (Hrsg): 100 Jahre Produktionstechnik. Berlin: Springer, 2006

[FELT11] Felten, K.: Verzahntechnik: Das aktuelle Grundwissen über Herstellung und Prüfung von Zahnrädern. 3. Aufl. Renningen-Malmsheim: Expert, 2011

[FETT84] Schutzrecht EP 0050270B1 (08.08.1984). Wilhelm Fette GmbH: Wälzfräser mit Wendeschneidplatten.

[FRIE02] Friemuth, T.: Herstellung spanender Werkzeuge. Diss. Universität Hannover, 2002

[GERS98] Gerschwiler, K.: Untersuchungen zum Verschleißverhalten von Cermets beim Drehen und Fräsen. Diss. RWTH Aachen, 1998

[GOLD07] Gold , P.: Windkraftanlagen werden zum Wachstumsmarkt. In: VDMA Nachrichten. Jg., 2007, Nr. 1, S. 49-50

[GUTM88] Gutmann, P.: Zerspankraftberechnung beim Wälzfräsen. Diss. RWTH Aachen, 1988

[HARD13] Hardjosuwito, A.: Vorhersage des lokalen Werkzeugstandweges und der Standmenge beim Kegelradfräsen.
Diss. RWTH Aachen, 2013

[HAUF72] Haufe, W.: Schnellarbeitsstähle.
München: Hanser, 1972

[HERH03] Herzhoff, P.: Trockenbearbeitung und Minimalmengenschmierung beim Wälzfräsen mit HSS-Werkzeugen.
Diss. Universität Magdeburg, 2003

[HERZ14] Herzhoff, S.: Werkzeugverschleiß bei mehrflankiger Spanbildung.
Diss. RWTH Aachen, 2014

[HIPK11] Hipke, M.: Wälzfräsen mit pulvermetallurgisch hergestelltem Schnellarbeitsstahl.
Diss. Universität Magdeburg, 2011

[HOFF70] Hoffmeister, B.: Über den Verschleiß am Wälzfräser:
Diss. RWTH Aachen, 1970

[HORN67] Hornbogen, E.; Warlimont, H.: Metallkunde – Eine kurze Einführung in den Aufbau und die Eigenschaften von Metallen und Legierungen. Berlin: Springer, 1967

[HUTH09] Huth, S.A.: Entwicklung neuer pulvermetallurgischer Stähle für Anwendungen unter Verschleiß- und Korrosionsbeanspruchung.
Diss. Universität Bochum, 2009

[JOPP77] Joppa, K.: Leistungssteigerung beim Wälzfräsen mit Schnellarbeitsstahl durch Analyse, Beurteilung und Beeinflussung des Zerspanprozesses.
Diss. RWTH Aachen

[KAIS92] Kaiser, M: Grundlagenuntersuchungen zur Technologie der Feinbearbeitung einsatzgehärteter Verzahnungen mit definierter Schneide.
Diss. RWTH Aachen, 1992

[KAMM77] Kamm, H.: Beitrag zur Optimierung des Messerkopffräsens.
Diss. Universität Karlsruhe, 1977

[KASS95] Kassack, J.: Einfluß von Kühlschmierstoff-Additiven auf Werkzeugverschleiß, Zerspankraft und Bauteilqualität.
Diss. RWTH Aachen, 1995

[KAUV87] Kauven, R.: Wälzfräsen mit Titannitrid-beschichteten HSS-Werkzeugen.
Diss. RWTH Aachen, 1987

[KECK56] Keck, K.F.: .Die Zahnradpraxis – Teil 1: Geradzahn-Stirnräder. München: Oldenburg, 1956

[KIEN54] Kienzle, O.; Victor, H.: Einfluß der Wärmebehandlung von Stählen auf die Hauptschnittkraft beim Drehen.
In: Stahl und Eisen. 74. Jg., 1954, Nr. 9, S. 530-539

[KIEN57] Kienzle, O.; Victor, H.: Spezifische Schnittkräfte in der Metallbearbeitung.
In: Werkstatttechnik und Maschinenbau. 47. Jg., 1975, Nr. 5, S.224-225

[KLEI03] Kleinjans, M.:Einfluss der Randzoneneigenschaften auf den Verschleiß von beschichteten Hartmetalwälzfräsern.
Diss. RWTH Aachen, 2003

[KLEI04] Kleinjans, M.: Vorbearbeitung von Zylinderrädern für Nutzfahrzeuggetriebe – Warum nicht trocken? oder Warum eigentlich trocken?.
In: Tagungsband zum Seminar „Trockene Zahnradvorbearbeitung“. WZL, RWTH Aachen, 12.-13. Oktober 2004

[KLIN60] Schutzrecht DE 1066072 (17.03.1960). W. Ferd.Klingelnberg Söhne: Wälzfräser mit eingesetzten Zahnleisten.

[KLOC04] Klocke, F.; Kleinjans, M.; Klein, A.: Mikrometer für Millisekunden.
In: VDI-Z, 146. Jg., 2004, Nr. 11/12, S.67-69

[KLOC05] Klocke, F.; Schröder, T.; Schalaster, R.: Einsatzverhalten von Cermets beim Wälzfräsen.
Abschlussbericht zum Forschungsvorhaben Nr. 458 der FVA (Förderung: FVA, FWF), 2005

[KLOC08] Klocke, F.; König, W.: Fertigungsverfahren Band 1: Drehen, Fräsen, Bohren.
Berlin: Springer, 2008

[KLOC10] Klocke, F.; Gorgels, C.; Stuckenberg, A.; Schalaster, R.: Software-based process design in gear finish hobbing.
In: Gear Technology. 2012, Nr. 5, S. 48-52

[KLOC10a] Klocke, F.; Gorgels, C.; Weber, G.: Belastung an der Schneide – Optimierung eines Zerspankraftmodells beim Wälzfräsen.
In: Tagungsband zum Seminar „Aktuelle Entwicklungen beim Vorverzahnen“. WZL, RWTH Aachen, 08.-09. Dezember 2010

[KLOC10b] Klocke, F.; Gorgels, C.; Schalaster, R.: Wälzfräsen im zweiten Schnitt.
Abschlussbericht zum Vorhaben Nr. 576 der FVA. FVA-Heft Nr. 955, Frankfurt, 2010

[KLOC11] Klocke, F.; Gorgels, C. Weber, G.-T.; Schalaster, R.: Prognosis of the local tool wear in gear finish hobbing.
In: Prod. Eng. RES. Devel. 2011, Nr. 5, S. 651-657

[KNOC05] Knoche, H.-J.; Molitor, M.: Wirtschaftliches Hochleistungsfräsen durch Einsatzoptimierung von PM-HSS Werkzeugen bei der Trockenbearbeitung.
Abschlussbericht zum Forschungsvorhaben AiF 13451 BR, Universität Magdeburg, 2005

[KOBI01] Kobialka, C.:Prozessanalyse für das Trockenwälzfräsen mit Hartmetallwerkzeugen.
Diss. RWTH Aachen, 2001

[KOBI12] Kobialka, C.: Leistungssteigerung beim Vorverzahnen Großmoduliger Verzahnungen.
In: Tagungsband zum Seminar „Aktuelle Entwicklungen beim Vorverzahnen". WZL, RWTH Aachen, 29.-30. November 2012

[KOEL10] Köhler, J.: Berechnung der Zerspankräfte bei variierenden Spanungsquerschnittsformen.
Diss. Universität Hannover, 2010

[KOET06] Kötter, D.: Herstellung von Schneidkantenverrundungen und deren Einfluss auf das Einsatzverhalten von Zerspanwerkzeugen.
Diss. Universität Dortmund, 2006

[KOLA92] Kolaska, H.: Pulvermetallurgie der Hartmetalle.
Hagen: Fachverband Pulvermetallurgie (Hrsg.), 1992

[KNOE96] Knöppel, D.: Trockenbearbeitung beim Hochgeschwindigkeitswälzfräsen mit beschichteten Hartmetall-Werkzeugen.
Diss. RWTH Aachen, 1996

[LEIT99] Leitner, H.; Ebner, R.; Major, B.; Pöckl, G.: Untersuchungen zur Sekundärhärte von Schnellarbeitsstählen.
In: Zeitschrift für Metallkunde. 90. Jg., 1999, Nr. 8, S. 637-643

[LEHW62] Lehwald, W.: Prüfung von Hartmetallen in Hinblick auf die Schneidenbeanspruchung beim unterbrochenen Schnitt.
Diss. RWTH Aachen, 1962

[LINK10] Linke, H.: Stirnradverzahnung: Berechnung – Werkstoffe – Fertigung. 2. Aufl.
München: Hanser, 2010

[LUX97] Lux, S.: Einfluß von Oberflächenstrukturen auf den Verschleiß von Verzahnwerkzeugen aus Schnellarbeitsstahl.
Diss. RWTH Aachen, 1997

[MAIU09] Maiuri, T.J.: Hob Tool Life Technology Update.
In: Gear Technology. 2009, Nr. 2, S. 50-59

[MOEH92] Möhwald, K.: Kriterien zu Verschleißschutzeigenschaften dünner Beschichtungen.
In: Steffens, H.-D.; Brandl, W. (Hrsg.): Moderne Beschichtungsverfahren. Oberursel: DGM Informationsgesellschaft, 1992

[MOLL09] Molly, J.-P.: Wind Energy – Quo Vadis?.
In: DEWI Magazin 17. Jg., 2009, Nr. 34, S. 6-15

[MUND92] Mundt, A.: Modell zur rechnerischen Standzeitbestimmung beim Wälzfräsen.
Diss. RWTH Aachen, 1992

[NIEM03] Niemann, G.; Winter, H.: Maschinenelemente, Band 2: Getriebe allgemein, Zahnradgetriebe – Grundlagen, Stirnradgetriebe. 2. Aufl.
Berlin: Springer, 2003

[NN76] N.N.: Pfauter-Wälzfräsen Teil 1 Verfahren, Maschinen, Werkzeuge, Anwendungstechnik, Wechselräder. 2. Aufl.
Berlin: Springer, 1976

[NN14] N.N.: Hobicam logiciel de simulation de taillage d’engrenage.
http://mhac-technologies.com/www/brochures/hobicam.pdf
03.09.2014 MHAC Technologies

[OKUS56] Okushima, K.; Minato, K.: On the behaviour of chip in steel cutting.
In: Bulletin of the Japan Society of Mechanical Engineers, 1959, Vol. 2, S. 58-64

[OPIT62] Opitz, H.; Thämer, R.: Verschleiß- und Schnittkraftuntersuchungen bei der Zahnradbearbeitung.
Köln: Westdeutscher Verlag, 1962

[OXLE89] Oxley, P. L. B.: Mechanics of Machining: an analytical approach to assessing machinability.
New York: Ellis Hardwood, 1989

[RECH01] Rech, J.; Djouadi, M.A.; Picot, J.: Wear resistance of coatings in high speed gear hobbing.
In: Wear, 2001, Nr. 250, S. 45-53

[RECH06] Rech, J.: Influence of the cutting edge preparation on the wear resistance in high speed dry gear hobbing.
In: Wear, 2006, Nr. 261, S. 505-512

[REIC92a] Reichel, K.: PVD: Verfahren und Anwendung.
In: Steffens, H.-D.; Brandl, W. (Hrsg.): Moderne Beschichtungsverfahren. Oberursel: DGM Informationsgesellschaft, 1992

[REIC92b] Reichel, K.: Korrosionsverhalten von Arc-PVD-Schichten und Hybridsystemen.
In: Steffens, H.-D.; Brandl, W. (Hrsg.): Moderne Beschichtungsverfahren. Oberursel: DGM Informationsgesellschaft, 1992

[ROOS83] Roos, V.: Schälwälzfräsen als Feinbearbeitungsverfahren einsatzgehärteter Zylinderräder.
Diss. RWTH Aachen, 1983

[ROTH01] Roth, K.: Zahnradtechnik Stirnrad- Evolventenverzahnungen: Geometrische Grundlagen, Profilverschiebungen, Toleranzen, Festigkeit. 2. Aufl.
Berlin: Springer, 2001

[SARI16] Sari, D.: Leistungssteigerung des Fertigwälzfräsens unter Berücksichtigung der fertigungsbedingten Bauteileigenschaften
Diss. RWTH Aachen, 2016

[SCHA11] Schalaster, R.: Optimierung des Fertigwälzfräsens von Verzahnungen.
Diss. RWTH Aachen, 2011

[SCHE88] Schedler, W.; Plansee Tizit (Hrsg.): Hartmetalle für den Praktiker: Aufbau, Herstellung, Eigenschaften u. industrielle Anwendung.
Düsseldorf: VDI-Verl., 1988

[SCHM09] Schmidt, C.: Development of a database to consider multi wear mechanisms within chip forming simulation.
Diss. KIT Karlsruhe, 2009

[SCHO02] Schönherr, H.: Spanende Fertigung.
München: Oldenburg, 2002

[SPUR79] Spur, G.; Stöferle, T. (Hrsg.): Handbuch der Fertigungstechnik.
Band 3/1: Spanen.
München: Hanser, 1979

[SPUR80] Spur, G.; Stöferle, T. (Hrsg.): Handbuch der Fertigungstechnik.
Band 3/2: Spanen.
München: Hanser, 1980

[STEP06] Stephenson, D. A.; Agapiou, J. S.: Metall Cutting Theory and Practice. 2. Aufl.
Boca Raton: Taylor & Francis, 2006

[STUC14] Stuckenberg, A.: Vermeidung von Oberflächendefekten beim Wälzfräsen
Diss. RWTH Aachen, 2014

[SULZ73] Sulzer, G.: Leistungssteigerung bei der Zylinderradherstellung durch genaue Erfassung der Zerspankinematik.
Diss. RWTH Aachen, 1973

[TAYL07] Taylor, F.W.: On the art of cutting metals.
Transactions of the ASME 28, 1907

[TOND78] Tondorf, J.: Erhöhung der Fertigungsgenauigkeit beim Wälzfräsen durch systematische Vermeidung von Aufbauschneiden.
Diss. RWTH Aachen, 1978

[TOEN96] Tönshoff, H.K.; Mohlfeld, A.: Kräfte, Temperaturen und Verschleiß beim Spanen.
In: Zum Gahr, K.-H. (Hrsg.): Reibung und Verschleiß. Oberursel: DGM Informationsgesellschaft, 1996

[TOEN91] Tönshoff, H.K.; Kaestner, W.: Temperaturbelastung von Hartmetallwerkzeugen bei Schnittunterbrechungen.
In: VDI-Z, 133, 1991, Nr. 9, S. 79-86

[VAND92] Van den Berg, H.; König, U.: CVD-Beschichtungen für Werkzeuge aus Hartmetallen.
In: Steffens, H.-D.; Brandl, W. (Hrsg.): Moderne Beschichtungsverfahren. Oberursel: DGM Informationsgesellschaft, 1992

[VASI07] Vasilis, D.; Nectarios, V.; Arstomenis, A.: Advanced Computer Aided Design Simulation of Gear Hobbing by Means of Three-Dimensional Kinematics Modeling.
In: Journal of Manufacturing Science and Engineering. 2007, Nr. 129, S. 911-918

[VDI92] VDI-Richtlinie: Beschichten von Werkzeugen der Kaltmassivumformung – CVD- und PVD-Verfahren.
Verein Deutscher Ingenieure (Hrsg.), Berlin: Beuth, 1992

[VDI99] VDI-Richtlinie: Leistendrehtest – Prüfverfahren zur Beurteilung des Bruchverhaltens und der Einsatzsicherheit von Schneiden aus Hartmetall beim Drehen.
Verein Deutscher Ingenieure (Hrsg.), Berlin: Beuth, 1999

[VEDM09] Vedmar, L.; Andersson, C; Stahl, J.-E.: A Parametric Analysis of the Undeformed Chip Geometry in Gear Hobbing.
In: Journal of Manufacturing Science and Engineering. 2009, Nr. 131, 061003, S. 1-8

[VENO85] Venohr, G.: Beitrag zum Einsatz von Hartmetallwerkzeugen beim Wälzfräsen.
Diss. RWTH Aachen, 1985

[VIER70] Vieregge, G.: Zerspanung der Eisenwerkstoffe. 2. Aufl. Düsseldorf: Stahleisen, 1970

[WECK02a] Weck. M; Hurasky-Schönwerth, O.; Winter, W.: Manufacturing Simulation for the Analysis of the Gear Hobbing Process. In: VDI-Berichte. 2002, Nr. 1665, S. 145-158

[WECK02b] Weck, M.; et. al.: Analysieren erspart das Probieren. In: Maschinenmarkt. 2002, Nr. 22, S76-78

[WECK03] Weck, M.; Klocke, F.; Winter, W.; Winkel, O.: Analysis of Gear Hobbing Processes by Manufacturing Simulation. In: Production Engineering. Jg. 10, 2003, Nr. 1, S. 55-58

[WEIG71] Weigel, U.: Ursache und Vermeidung des typischen Flankenrichtungsfehlers beim Gleichlauf-Wälzfräsen. Diss. RWTH Aachen, 1971

[WEIN96] Weinert, K.; Biermann, D.; Thamke, D.: Möglichkeiten und Grenzen verschiedener Kühlschmiermittelkonzepte bei der spanenden Bearbeitung. In: Zum Gahr, K.-H. (Hrsg.): Reibung und Verschleiß. Oberursel: DGM Informationsgesellschaft, 1996

[WEIS12] Weißbach, W.: Werkstoffkunde – Strukturen, Eigenschaften, Pfüfung. 18. Aufl. Wiesbaden: Vieweg + Teubner, 2012

[WINK05] Winkel, O.: Steigerung der Leistungsfähigkeit von Hartmetallwälzfräsern durch eine optimierte Werkzeuggestaltung. Diss. RWTH Aachen, 2005

[WINK10a] Winkel, O.: Trends in der Fertigung von Großverzahnungen. In: Tagungsband zum Seminar „Aktuelle Entwicklungen beim Vorverzahnen". WZL, RWTH Aachen, 08.-09. Dezember 2010

[WINK10b] Winkel, O.: New Developments in Gear Hobbing. In: Gear Technology. 27. Jg., 2010, Nr. 2, S. 45-52

[WOLF04] Wolff, A.: Wälzfräser für die Trockenbearbeitung – Auslegung und Geometrie bei Hartmetall- und PM-Werkzeugen. In: Tagungsband zum Seminar „Trockene Zahnradvorbearbeitung". WZL, RWTH Aachen, 12.-13. Oktober 2004

[ZIEG67] Ziegler, K.: Untersuchung der Hauptschnittkraft beim Wälzfräsen von Stirnrädern. Diss. RWTH Aachen, 1967

10 Anhang

Annex

Zu Kapitel 5.2.2:

Werkstück:
Werkstoff: 18CrNiMo7-6
Modul m_n = 11 mm
Zähnezahl z_2 = 40
Eingriffswinkel α_n = 20°
Schräg.-winkel β = 10,5°
Durchmesser d_a = 489 mm

Werkzeug:
Vollprofil-Schlagzahn
Schneidstoff PM-HSS S390
Beschichtung (Al,Cr)N
Durchmesser d_{a0} = 210 mm
Auslegung i_0/z_0 = 12/2

Parameter:
Gleichlauf
Vorschub f_a = **1,4 mm**
Schnittgschw. v_c = **55 m/min**
Standlänge L = **17,5 m**

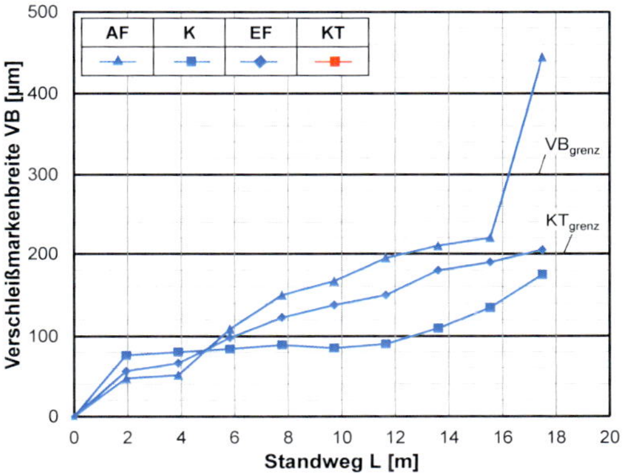

Bild 10.1: Verschleißverlauf im Schlagzahnversuch bei v_c = 55 m/min und f_a = 1,4 mm

Wear Progression in the Fly-Cutter-Trial at v_c = 55 m/min and f_a = 1.4 mm

Werkstück:
Werkstoff: 18CrNiMo7-6
Modul m_n = 11 mm
Zähnezahl z_2 = 40
Eingriffswinkel α_n = 20°
Schräg.-winkel β = 10,5°
Durchmesser d_a = 489 mm

Werkzeug:
Vollprofil-Schlagzahn
Schneidstoff PM-HSS S390
Beschichtung (Al,Cr)N
Durchmesser d_{a0} = 210 mm
Auslegung i_0/z_0 = 12/2

Parameter:
Gleichlauf
Vorschub f_a = **1,4 mm**
Schnittgschw. v_c = **55 m/min**
Standlänge L = **17,5 m**

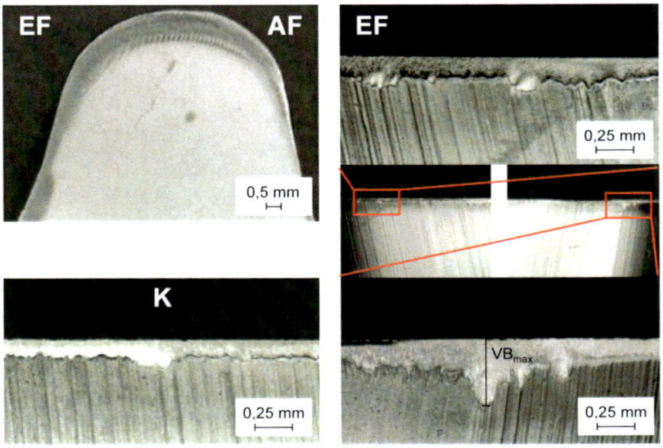

Bild 10.2: Verschleißausprägung am Standzeitende bei v_c = 55 m/min und f_a = 1,4 mm

Tool Wear at Tool Life End at v_c = 55 m/min and f_a = 1.4 mm

Werkstück:
Werkstoff: 18CrNiMo7-6
Modul m_n = 11 mm
Zähnezahl z_2 = 40
Eingriffswinkel α_n = 20°
Schräg.-winkel β = 10,5°
Durchmesser d_a = 489 mm

Werkzeug:
Vollprofil-Schlagzahn
Schneidstoff PM-HSS S390
Beschichtung (Al,Cr)N
Durchmesser d_{a0} = 210 mm
Auslegung n_i/z_0 = 12/2

Parameter:
Gleichlauf
Vorschub f_a = **1,8 mm**
Schnittgschw. v_c = **55 m/min**
Standlänge L = **11,7 m**

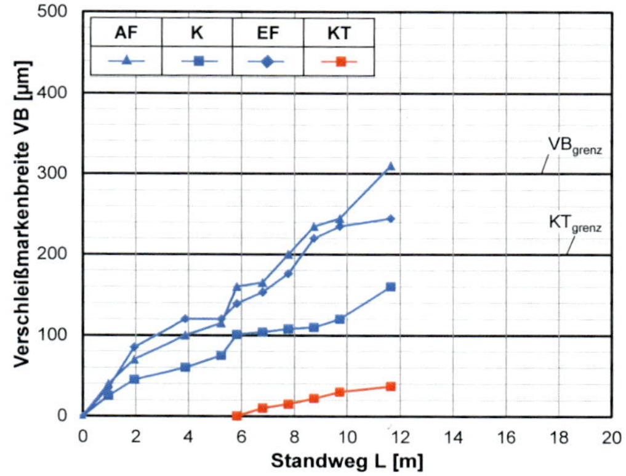

Bild 10.3: Verschleißverlauf im Schlagzahnversuch bei v_c = 55 m/min und f_a = 1,8 mm
Wear Progression in the Fly-Cutter-Trial at v_c = 55 m/min and f_a = 1.8 mm

Werkstück:
Werkstoff: 18CrNiMo7-6
Modul m_n = 11 mm
Zähnezahl z_2 = 40
Eingriffswinkel α_n = 20°
Schräg.-winkel β = 10,5°
Durchmesser d_a = 489 mm

Werkzeug:
Vollprofil-Schlagzahn
Schneidstoff PM-HSS S390
Beschichtung (Al,Cr)N
Durchmesser d_{a0} = 210 mm
Auslegung n_i/z_0 = 12/2

Parameter:
Gleichlauf
Vorschub f_a = **1,8 mm**
Schnittgschw. v_c = **55 m/min**
Standlänge L = **11,7 m**

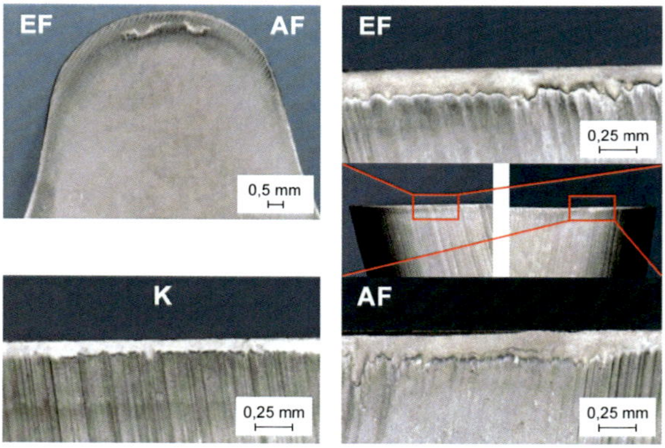

Bild 10.4: Verschleißausprägung am Standzeitende bei v_c = 55 m/min und f_a = 1,8 mm
Tool Wear at Tool Life End at v_c = 55 m/min and f_a = 1.8 mm

Werkstück:
Werkstoff: 18CrNiMo7-6
Modul m_n = 11 mm
Zähnezahl z_2 = 40
Eingriffswinkel α_n = 20°
Schräg.-winkel β = 10,5°
Durchmesser d_a = 489 mm

Werkzeug:
Vollprofil-Schlagzahn
Schneidstoff PM-HSS S390
Beschichtung (Al,Cr)N
Durchmesser d_{a0} = 210 mm
Auslegung n_i/z_0 = 12/2

Parameter:
Gleichlauf
Vorschub f_a = **2,1 mm**
Schnittgschw. v_c = **55 m/min**
Standlänge L = **16,5 m**

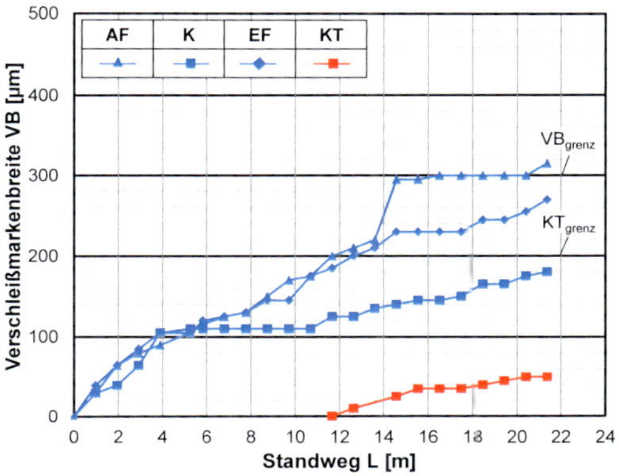

Bild 10.5: Verschleißverlauf im Schlagzahnversuch bei v_c = 55 m/min und f_a = 2,1 mm
Wear Progression in the Fly-Cutter-Trial at v_c = 55 m/min and f_a = 2.1 mm

Werkstück:
Werkstoff: 18CrNiMo7-6
Modul m_n = 11 mm
Zähnezahl z_2 = 40
Eingriffswinkel α_n = 20°
Schräg.-winkel β = 10,5°
Durchmesser d_a = 489 mm

Werkzeug:
Vollprofil-Schlagzahn
Schneidstoff PM-HSS S390
Beschichtung (Al,Cr)N
Durchmesser d_{a0} = 210 mm
Auslegung n_i/z_0 = 12/2

Parameter:
Gleichlauf
Vorschub f_a = **2,1 mm**
Schnittgschw. v_c = **55 m/min**
Standlänge L = **16,5 m**

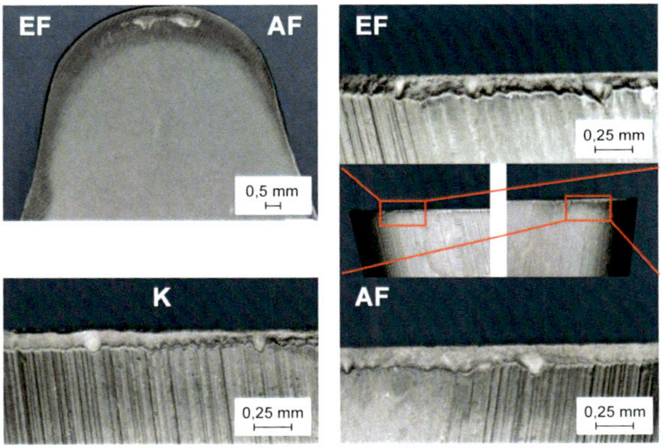

Bild 10.6: Verschleißausprägung am Standzeitende bei v_c = 55 m/min und f_a = 2,1 mm
Tool Wear at Tool Life End at v_c = 55 m/min and f_a = 2.1 mm

Werkstück:
Werkstoff: 18CrNiMo7-6
Modul m_n = 11 mm
Zähnezahl z_2 = 40
Eingriffswinkel α_n = 20°
Schräg.-winkel β = 10,5°
Durchmesser d_a = 489 mm

Werkzeug:
Vollprofil-Schlagzahn
Schneidstoff PM-HSS S390
Beschichtung (Al,Cr)N
Durchmesser d_{a0} = 210 mm
Auslegung n_i/z_0 = 12/2

Parameter:
Gleichlauf
Vorschub f_a = **1,8 mm**
Schnittgschw. v_c = **70 m/min**
Standlänge L = **14,6 m**

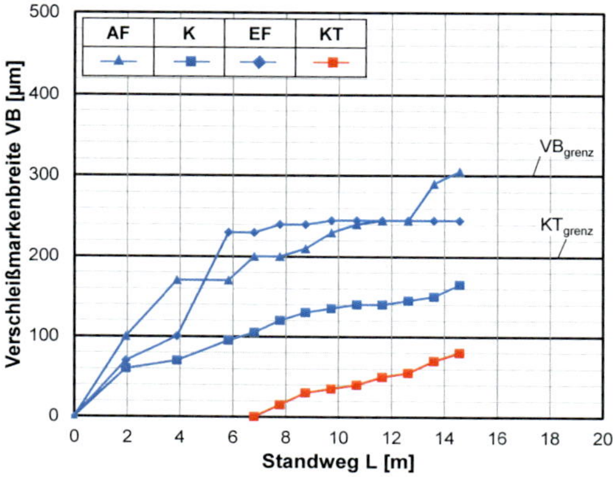

Bild 10.7: Verschleißverlauf im Schlagzahnversuch bei v_c = 70 m/min und f_a = 1,8 mm
Wear Progression in the Fly-Cutter-Trial at v_c = 70 m/min and f_a = 1.8 mm

Werkstück:
Werkstoff: 18CrNiMo7-6
Modul m_n = 11 mm
Zähnezahl z_2 = 40
Eingriffswinkel α_n = 20°
Schräg.-winkel β = 10,5°
Durchmesser d_a = 489 mm

Werkzeug:
Vollprofil-Schlagzahn
Schneidstoff PM-HSS S390
Beschichtung (Al,Cr)N
Durchmesser d_{a0} = 210 mm
Auslegung n_i/z_0 = 12/2

Parameter:
Gleichlauf
Vorschub f_a = **1,8 mm**
Schnittgschw. v_c = **70 m/min**
Standlänge L = **14,6 m**

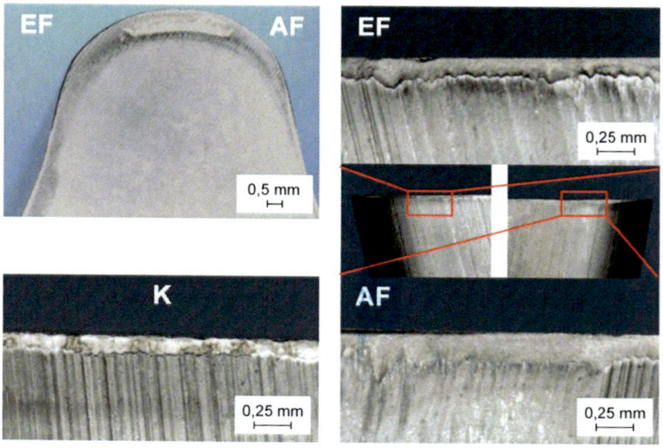

Bild 10.8: Verschleißausprägung am Standzeitende bei v_c = 70 m/min und f_a = 1,8 mm
Tool Wear at Tool Life End at v_c = 70 m/min and f_a = 1.8 mm

Werkstück:
Werkstoff: 18CrNiMo7-6
Modul m_n = 11 mm
Zähnezahl z_2 = 40
Eingriffswinkel α_n = 20°
Schräg.-winkel β = 10,5°
Durchmesser d_a = 489 mm

Werkzeug:
Vollprofil-Schlagzahn
Schneidstoff PM-HSS S390
Beschichtung (Al,Cr)N
Durchmesser d_{a0} = 210 mm
Auslegung n_i/z_0 = 12/2

Parameter:
Gleichlauf
Vorschub f_a = **2,1 mm**
Schnittgschw. v_c = **70 m/min**
Standlänge L = **16,5 m**

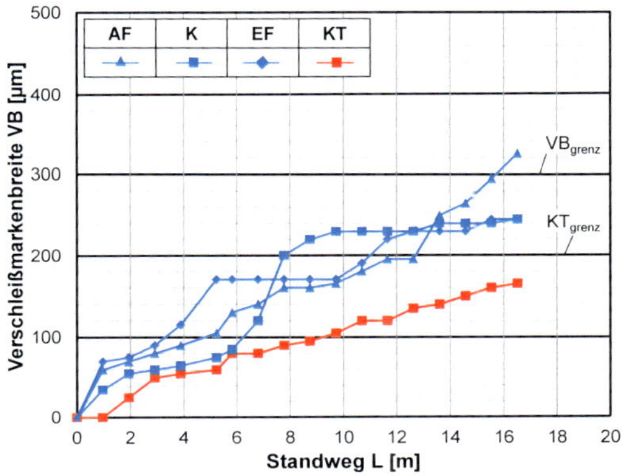

Bild 10.9: Verschleißverlauf im Schlagzahnversuch bei v_c = 70 m/min und f_a = 2,1 mm
Wear Progression in the Fly-Cutter-Trial at v_c = 70 m/min and f_a = 2.1 mm

Werkstück:
Werkstoff: 18CrNiMo7-6
Modul m_n = 11 mm
Zähnezahl z_2 = 40
Eingriffswinkel α_n = 20°
Schräg.-winkel β = 10,5°
Durchmesser d_a = 489 mm

Werkzeug:
Vollprofil-Schlagzahn
Schneidstoff PM-HSS S390
Beschichtung (Al,Cr)N
Durchmesser d_{a0} = 210 mm
Auslegung n_i/z_0 = 12/2

Parameter:
Gleichlauf
Vorschub f_a = **2,1 mm**
Schnittgschw. v_c = **70 m/min**
Standlänge L = **16,5 m**

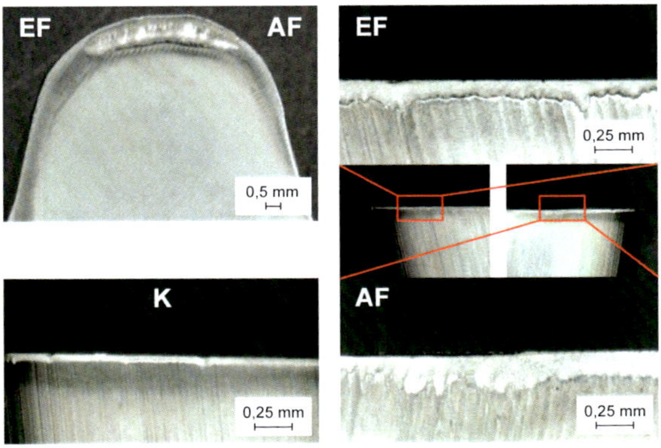

Bild 10.10: Verschleißausprägung am Standzeitende bei v_c = 70 m/min und f_a = 2,1 mm
Tool Wear at Tool Life End at v_c = 70 m/min and f_a = 2.1 mm

Werkstück:
Werkstoff: 18CrNiMo7-6
Modul m_n = 11 mm
Zähnezahl z_2 = 40
Eingriffswinkel α_n = 20°
Schräg.-winkel β = 10,5°
Durchmesser d_a = 489 mm

Werkzeug:
Vollprofil-Schlagzahn
Schneidstoff PM-HSS S390
Beschichtung (Al,Cr)N
Durchmesser d_{a0} = 210 mm
Auslegung n_i/z_0 = 12/2

Parameter:
Gleichlauf
Vorschub f_a = **2,4 mm**
Schnittgschw. v_c = **70 m/min**
Standlänge L = **13,6 m**

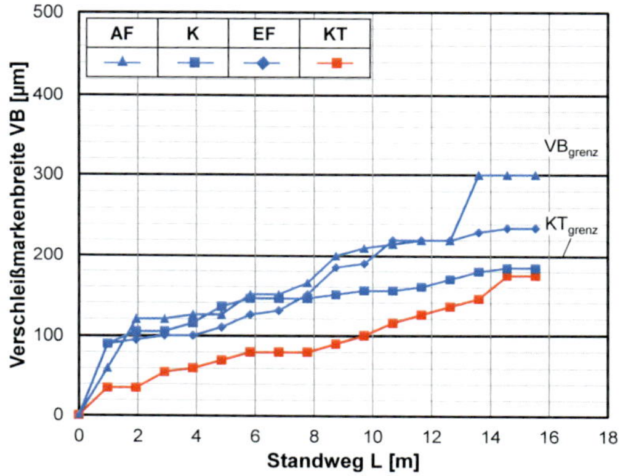

Bild 10.11: Verschleißverlauf im Schlagzahnversuch bei v_c = 70 m/min und f_a = 2,4 mm
Wear Progression in the Fly-Cutter-Trial at v_c = 70 m/min and f_a = 2.4 mm

Werkstück:
Werkstoff: 18CrNiMo7-6
Modul m_n = 11 mm
Zähnezahl z_2 = 40
Eingriffswinkel α_n = 20°
Schräg.-winkel β = 10,5°
Durchmesser d_a = 489 mm

Werkzeug:
Vollprofil-Schlagzahn
Schneidstoff PM-HSS S390
Beschichtung (Al,Cr)N
Durchmesser d_{a0} = 210 mm
Auslegung n_i/z_0 = 12/2

Parameter:
Gleichlauf
Vorschub f_a = **2,4 mm**
Schnittgschw. v_c = **70 m/min**
Standlänge L = **13,6 m**

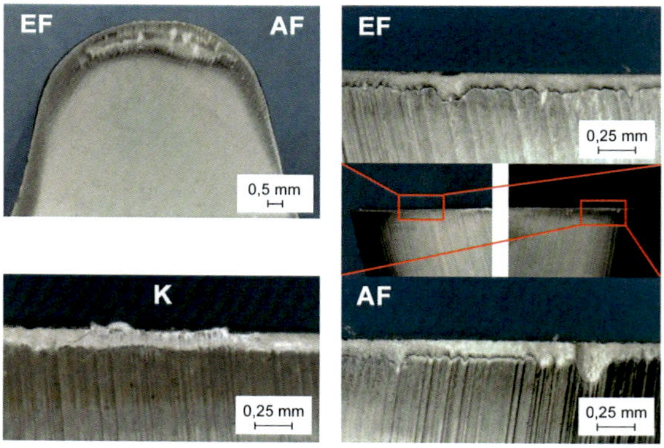

Bild 10.12: Verschleißausprägung am Standzeitende bei v_c = 70 m/min und f_a = 2,4 mm
Tool Wear at Tool Life End at v_c = 70 m/min and f_a = 2.4 mm

Werkstück:
Werkstoff: 18CrNiMo7-6
Modul m_n = 11 mm
Zähnezahl z_2 = 40
Eingriffswinkel α_n = 20°
Schräg.-winkel β = 10,5°
Durchmesser d_a = 489 mm

Werkzeug:
Vollprofil-Schlagzahn
Schneidstoff PM-HSS S390
Beschichtung (Al,Cr)N
Durchmesser d_{a0} = 210 mm
Auslegung n_i/z_0 = 12/2

Parameter:
Gleichlauf
Vorschub f_a = 2,1 mm
Schnittgschw. v_c = 85 m/min
Standlänge L = 11,7 m

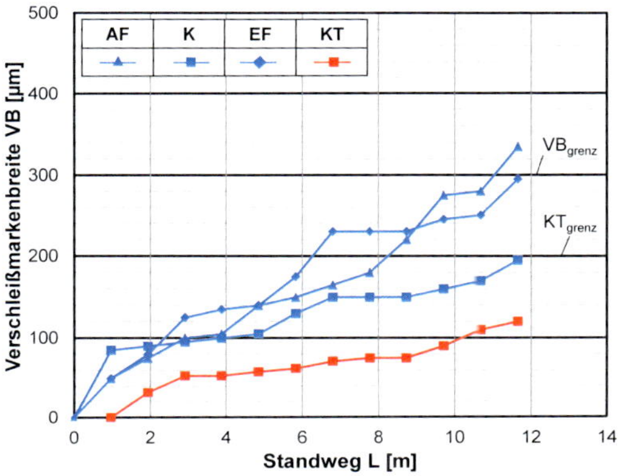

Bild 10.13: Verschleißverlauf im Schlagzahnversuch bei v_c = 85 m/min und f_a = 2,1 mm
Wear Progression in the Fly-Cutter-Trial at v_c = 85 m/min and f_a = 2.1 mm

Werkstück:
Werkstoff: 18CrNiMo7-6
Modul m_n = 11 mm
Zähnezahl z_2 = 40
Eingriffswinkel α_n = 20°
Schräg.-winkel β = 10,5°
Durchmesser d_a = 489 mm

Werkzeug:
Vollprofil-Schlagzahn
Schneidstoff PM-HSS S390
Beschichtung (Al,Cr)N
Durchmesser d_{a0} = 210 mm
Auslegung n_i/z_0 = 12/2

Parameter:
Gleichlauf
Vorschub f_a = 2,1 mm
Schnittgschw. v_c = 85 m/min
Standlänge L = 11,7 m

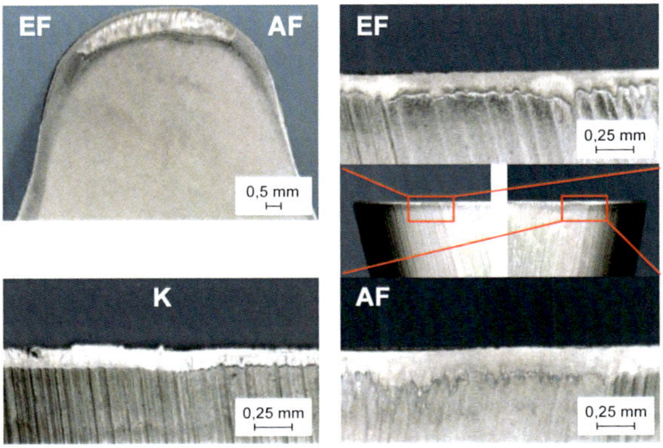

Bild 10.14: Verschleißausprägung am Standzeitende bei v_c = 85 m/min und f_a = 2,1 mm
Tool Wear at Tool Life End at v_c = 85 m/min and f_a = 2.1 mm

Werkstück:
Werkstoff: 18CrNiMo7-6
Modul m_n = 11 mm
Zähnezahl z_2 = 40
Eingriffswinkel α_n = 20°
Schräg.-winkel β = 10,5°
Durchmesser d_a = 489 mm

Werkzeug:
Vollprofil-Schlagzahn
Schneidstoff PM-HSS S390
Beschichtung (Al,Cr)N
Durchmesser d_{a0} = 210 mm
Auslegung n_i/z_0 = 12/2

Parameter:
Gleichlauf
Vorschub f_a = **2,1 mm**
Schnittgschw. v_c = **95 m/min**
Standlänge L = **5,8 m**

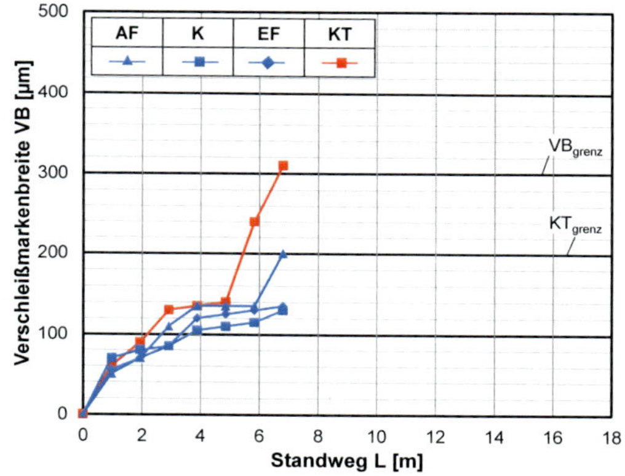

Bild 10.15: Verschleißverlauf im Schlagzahnversuch bei v_c = 95 m/min und f_a = 2,1 mm
Wear Progression in the Fly-Cutter-Trial at v_c = 95 m/min and f_a = 2.1 mm

Werkstück:
Werkstoff: 18CrNiMo7-6
Modul m_n = 11 mm
Zähnezahl z_2 = 40
Eingriffswinkel α_n = 20°
Schräg.-winkel β = 10,5°
Durchmesser d_a = 489 mm

Werkzeug:
Vollprofil-Schlagzahn
Schneidstoff PM-HSS S390
Beschichtung (Al,Cr)N
Durchmesser d_{a0} = 210 mm
Auslegung n_i/z_0 = 12/2

Parameter:
Gleichlauf
Vorschub f_a = **2,1 mm**
Schnittgschw. v_c = **95 m/min**
Standlänge L = **5,8 m**

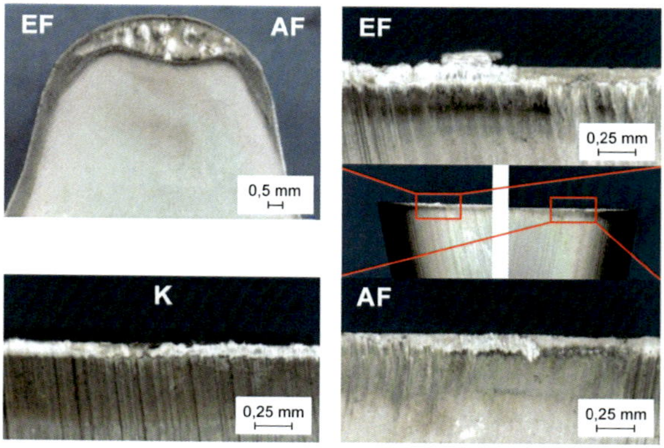

Bild 10.16: Verschleißausprägung am Standzeitende bei v_c = 95 m/min und f_a = 2,1 mm
Tool Wear at Tool Life End at v_c = 95 m/min and f_a = 2.1 mm

Werkstück:
Werkstoff: 18CrNiMo7-6
Modul m_n = 11 mm
Zähnezahl z_2 = 40
Eingriffswinkel α_n = 20°
Schräg.-winkel β = 10,5°
Durchmesser d_a = 489 mm

Werkzeug:
Vollprofil-Schlagzahn
Schneidstoff PM-HSS S390
Beschichtung (Al,Cr)N
Durchmesser d_{a0} = 210 mm
Auslegung n_i/z_0 = 12/2

Parameter:
Gleichlauf
Vorschub f_a = 2,1 mm
Schnittgschw. v_c = 110 m/min
Standlänge L = 2,9 m

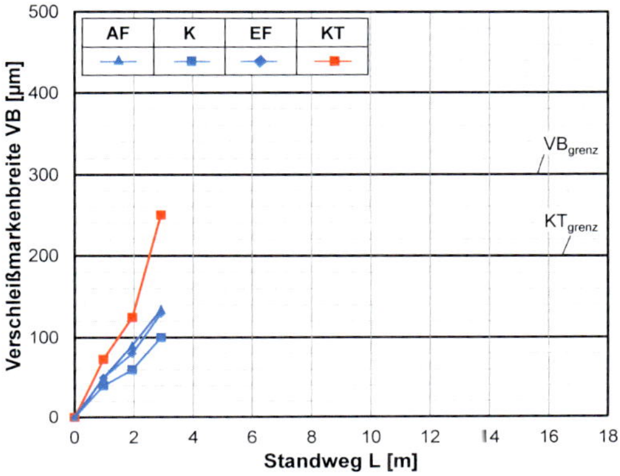

Bild 10.17: Verschleißverlauf im Schlagzahnversuch bei v_c = 110 m/min und f_a = 2,1 mm
Wear Progression in the Fly-Cutter-Trial at v_c = 110 m/min and f_a = 2.1 mm

Werkstück:
Werkstoff: 18CrNiMo7-6
Modul m_n = 11 mm
Zähnezahl z_2 = 40
Eingriffswinkel α_n = 20°
Schräg.-winkel β = 10,5°
Durchmesser d_a = 489 mm

Werkzeug:
Vollprofil-Schlagzahn
Schneidstoff PM-HSS S390
Beschichtung (Al,Cr)N
Durchmesser d_{a0} = 210 mm
Auslegung n_i/z_0 = 12/2

Parameter:
Gleichlauf
Vorschub f_a = 2,1 mm
Schnittgschw. v_c = 110 m/min
Standlänge L = 2,9 m

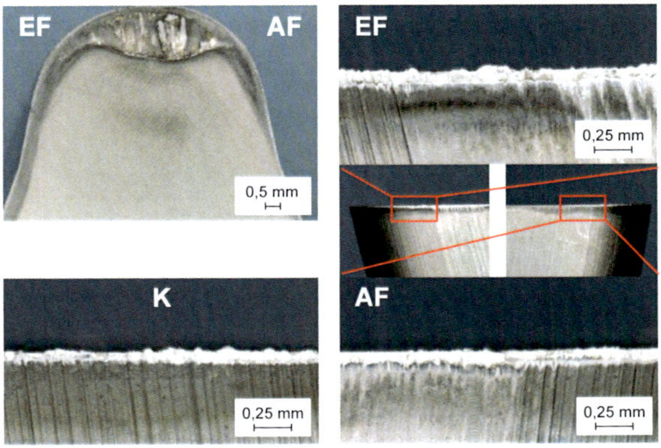

Bild 10.18: Verschleißausprägung am Standzeitende bei v_c = 110 m/min und f_a = 2,1 mm
Tool Wear at Tool Life End at v_c = 110 m/min and f_a = 2.1 mm

Werkstück:
Werkstoff: 18CrNiMo7-6
Modul m_n = 11 mm
Zähnezahl z_2 = 40
Eingriffswinkel α_n = 20°
Schräg.-winkel β = 10,5°
Durchmesser d_a = 489 mm

Werkzeug:
Vollprofil-Schlagzahn
Schneidstoff PM-HSS S390
Beschichtung (Al,Cr)N
Durchmesser d_{a0} = 210 mm
Auslegung n_i/z_0 = 12/2

Parameter:
Gleichlauf
Vorschub f_a = **1,8/4,0 mm**
Schnittgschw. v_c = **55 m/min**
Standlänge L = **13,6 m**

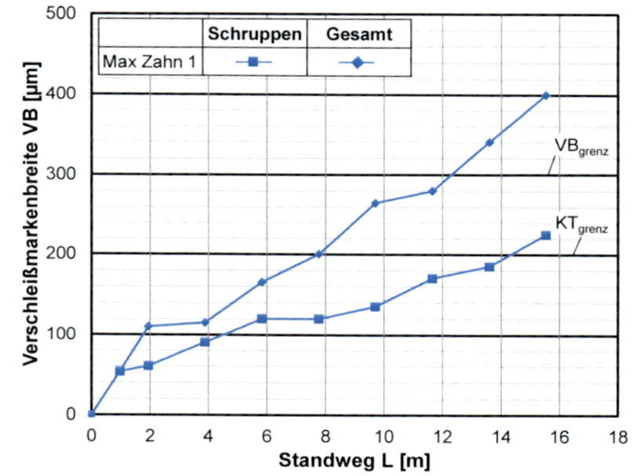

Bild 10.19: Verschleißverlauf im Schlagzahnversuch in zwei Zustellungen
Wear Progression in the Fly-Cutter-Trial in Two Passes

Werkstück:
Werkstoff: 18CrNiMo7-6
Modul m_n = 11 mm
Zähnezahl z_2 = 40
Eingriffswinkel α_n = 20°
Schräg.-winkel β = 10,5°
Durchmesser d_a = 489 mm

Werkzeug:
Vollprofil-Schlagzahn
Schneidstoff PM-HSS S390
Beschichtung (Al,Cr)N
Durchmesser d_{a0} = 210 mm
Auslegung n_i/z_0 = 12/2

Parameter:
Gleichlauf
Vorschub f_a = **1,8/4,0 mm**
Schnittgschw. v_c = **55 m/min**
Standlänge L = **13,6 m**

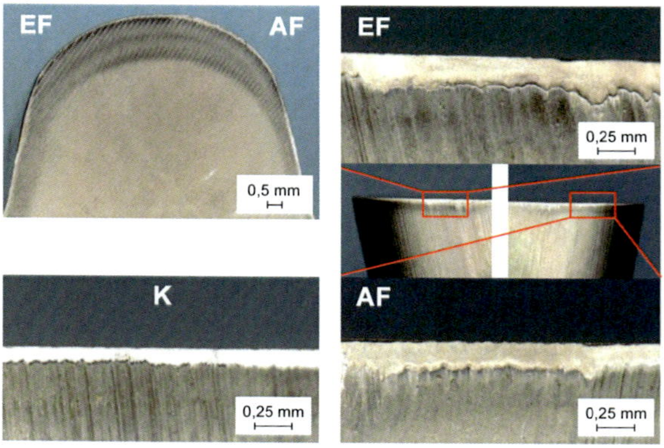

Bild 10.20: Verschleißausprägung am Standzeitende bei zwei Zustellungen
Tool Wear at Tool Life End in the Fly-Cutter-Trial in Two Passes

Zu Kapitel 5.2.3:

Fräsen mit Räumzahnwerkzeugen

Werkstück:
Werkstoff: 18CrNiMo7-6
Modul m_n = 16 mm
Zähnezahl z_2 = 35
Eingriffswinkel α_n = 20°
Schräg.-winkel β = 7,5°
Durchmesser d_a = 615 mm

Werkzeug:
Räumzahn-Schlagzahn
Schneidstoff PM-HSS S390
Beschichtung (Al,Cr)N
Durchmesser d_{a0} = 240 mm
Auslegung i_0/z_0 = 20/1

Parameter:
Gleichlauf
Vorschub f_a = 3,3 mm
Schnittgschw. v_c = 55 m/min
Standlänge L = 10,1 m

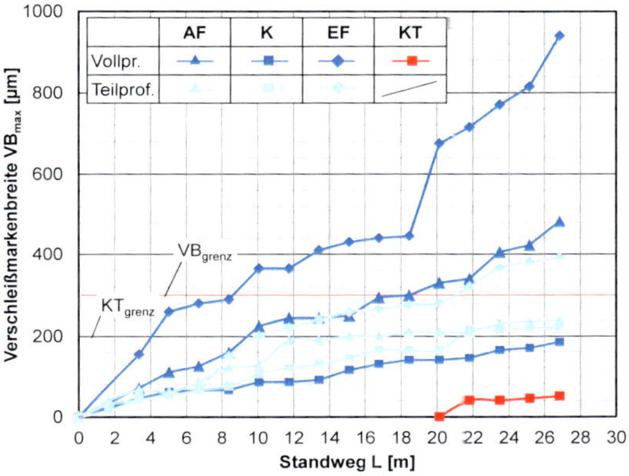

Bild 10.21: Verschleißverlauf im Schlagzahnversuch bei v_c = 55 m/min und f_a = 3,3 mm,
Wear Progression in the Fly-Cutter-Trial at v_c = 55 m/min and f_a = 3.3 mm

Werkstück:
Werkstoff: 18CrNiMo7-6
Modul m_n = 16 mm
Zähnezahl z_2 = 35
Eingriffswinkel α_n = 20°
Schräg.-winkel β = 7,5°
Durchmesser d_a = 615 mm

Werkzeug:
Räumzahn-Schlagzahn
Schneidstoff PM-HSS S390
Beschichtung (Al,Cr)N
Durchmesser d_{a0} = 240 mm
Auslegung i_0/z_0 = 20/1

Parameter:
Gleichlauf
Vorschub f_a = 3,3 mm
Schnittgschw. v_c = 55 m/min
Standlänge L = 10,1 m

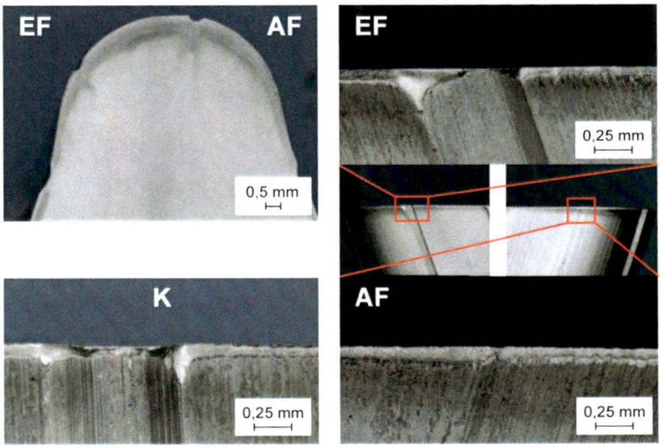

Bild 10.22: Verschleißausprägung Vollprofil-Schneide Werkstück 2, v_c = 55 m/min, f_a = 3,3 mm
Tool Wear of Full Profile Cutter at Tool Life End at v_c = 55 m/min and f_a = 3.3 mm

Werkstück:
Werkstoff: 18CrNiMo7-6
Modul m_n = 16 mm
Zähnezahl z_2 = 35
Eingriffswinkel α_n = 20°
Schräg.-winkel β = 7,5°
Durchmesser d_a = 615 mm

Werkzeug:
Räumzahn-Schlagzahn
Schneidstoff PM-HSS S390
Beschichtung (Al,Cr)N
Durchmesser d_{a0} = 240 mm
Auslegung i_0/z_0 = 20/1

Parameter:
Gleichlauf
Vorschub f_a = **3,3 mm**
Schnittgschw. v_c = **55 m/min**
Standlänge L = **10,1 m**

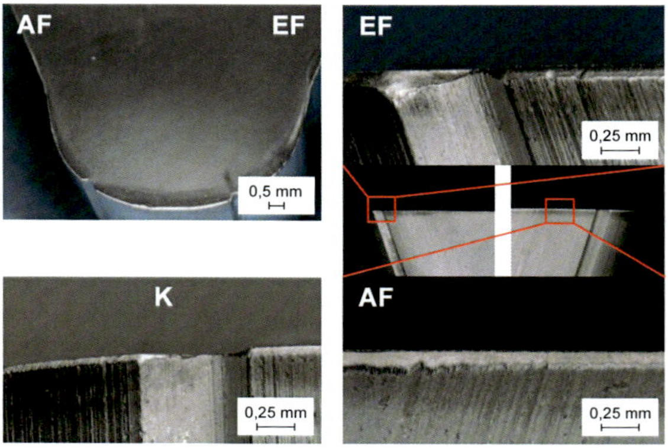

Bild 10.23: Verschleißausprägung Teilprofil-Schneide Werkstück 2, v_c = 55 m/min, f_a = 3,3 mm

Tool Wear of Segment Cutter at Tool Life End at v_c = 55 m/min and f_a = 3.3 mm

Werkstück:
Werkstoff: 18CrNiMo7-6
Modul m_n = 16 mm
Zähnezahl z_2 = 35
Eingriffswinkel α_n = 20°
Schräg.-winkel β = 7,5°
Durchmesser d_a = 615 mm

Werkzeug:
Räumzahn-Schlagzahn
Schneidstoff PM-HSS S390
Beschichtung (Al,Cr)N
Durchmesser d_{a0} = 240 mm
Auslegung i_0/z_0 = 20/1

Parameter:
Gleichlauf
Vorschub f_a = **3,3 mm**
Schnittgschw. v_c = **65 m/min**
Standlänge L = **6,7 m**

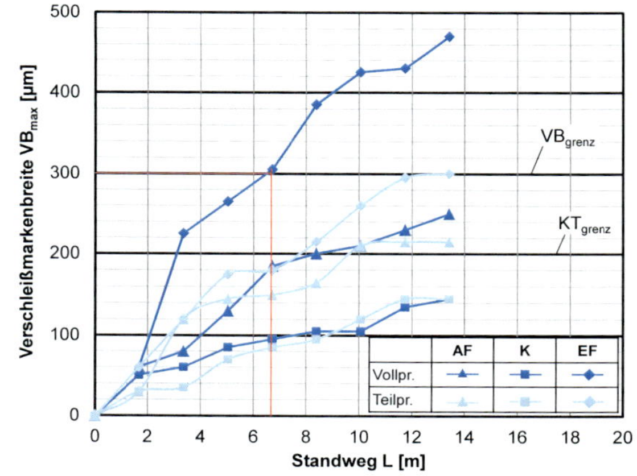

Bild 10.24: Verschleißverlauf im Schlagzahnversuch bei v_c = 65 m/min und f_a = 3,3 mm,

Wear Progression in the Fly-Cutter-Trial at v_c = 65 m/min and f_a = 3,3 mm

Werkstück:
Werkstoff: 18CrNiMo7-6
Modul m_n = 16 mm
Zähnezahl z_2 = 35
Eingriffswinkel α_n = 20°
Schräg.-winkel β = 7,5°
Durchmesser d_a = 615 mm

Werkzeug:
Räumzahn-Schlagzahn
Schneidstoff PM-HSS S390
Beschichtung (Al,Cr)N
Durchmesser d_{a0} = 240 mm
Auslegung i_0/z_0 = 20/1

Parameter:
Gleichlauf
Vorschub f_a = **3,3 mm**
Schnittgschw. v_c = **65 m/min**
Standlänge L = **6,7 m**

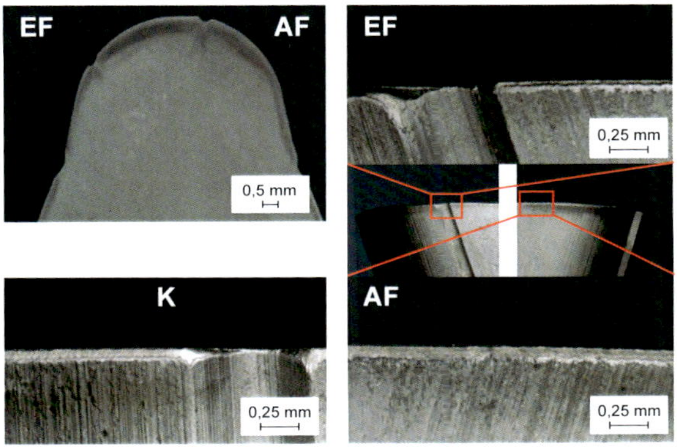

Bild 10.25: Verschleißausprägung Vollprofil-Schneide Werkstück 2, v_c = 65 m/min, f_a = 3,3 mm
Tool Wear of Full Profile Cutter at Tool Life End at v_c = 65 m/min and f_a = 3.3 mm

Werkstück:
Werkstoff: 18CrNiMo7-6
Modul m_n = 16 mm
Zähnezahl z_2 = 35
Eingriffswinkel α_n = 20°
Schräg.-winkel β = 7,5°
Durchmesser d_a = 615 mm

Werkzeug:
Räumzahn-Schlagzahn
Schneidstoff PM-HSS S390
Beschichtung (Al,Cr)N
Durchmesser d_{a0} = 240 mm
Auslegung i_0/z_0 = 20/1

Parameter:
Gleichlauf
Vorschub f_a = **3,3 mm**
Schnittgschw. v_c = **65 m/min**
Standlänge L = **6,7 m**

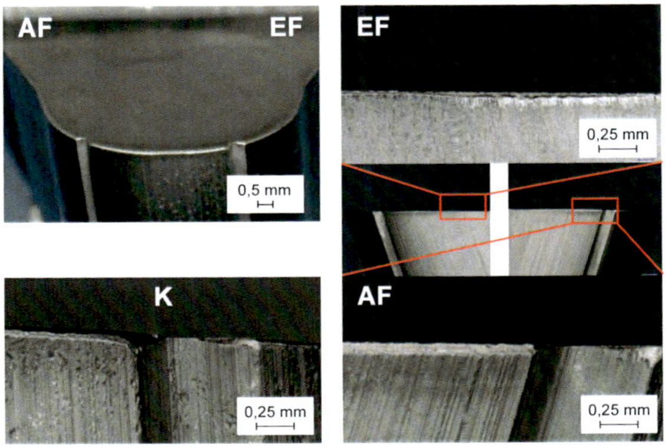

Bild 10.26: Verschleißausprägung Teilprofil-Schneide Werkstück 2, v_c = 65 m/min, f_a = 3,3 mm
Tool Wear of Segment Cutter at Tool Life End at v_c = 65 m/min and f_a = 3.3 mm

Werkstück:
Werkstoff: 18CrNiMo7-6
Modul m_n = 16 mm
Zähnezahl z_2 = 35
Eingriffswinkel α_n = 20°
Schräg.-winkel β = 7,5°
Durchmesser d_a = 615 mm

Werkzeug:
Räumzahn-Schlagzahn
Schneidstoff PM-HSS S390
Beschichtung (Al,Cr)N
Durchmesser d_{a0} = 240 mm
Auslegung i_0/z_0 = 20/1

Parameter:
Gleichlauf
Vorschub f_a = **4,2 mm**
Schnittgschw. v_c = **55 m/min**
Standlänge L = **10,1 m**

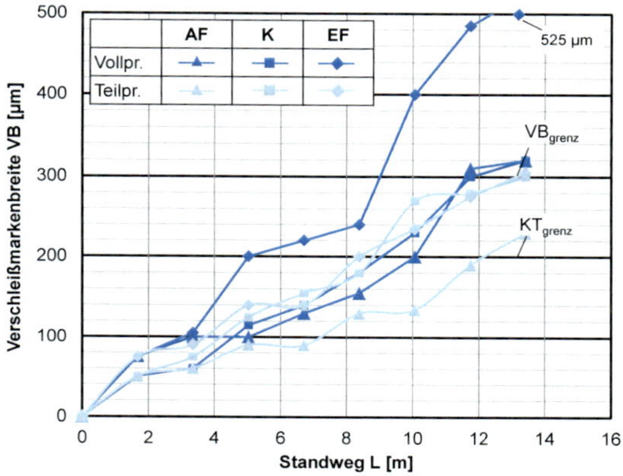

Bild 10.27: Verschleißverlauf im Schlagzahnversuch bei v_c = 55 m/min und f_a = 4,2 mm,
Wear Progression in the Fly-Cutter-Trial at v_c = 55 m/min and f_a = 4.2 mm

Werkstück:
Werkstoff: 18CrNiMo7-6
Modul m_n = 16 mm
Zähnezahl z_2 = 35
Eingriffswinkel α_n = 20°
Schräg.-winkel β = 7,5°
Durchmesser d_a = 615 mm

Werkzeug:
Räumzahn-Schlagzahn
Schneidstoff PM-HSS S390
Beschichtung (Al,Cr)N
Durchmesser d_{a0} = 240 mm
Auslegung i_0/z_0 = 20/1

Parameter:
Gleichlauf
Vorschub f_a = **4,2 mm**
Schnittgschw. v_c = **55 m/min**
Standlänge L = **10,1 m**

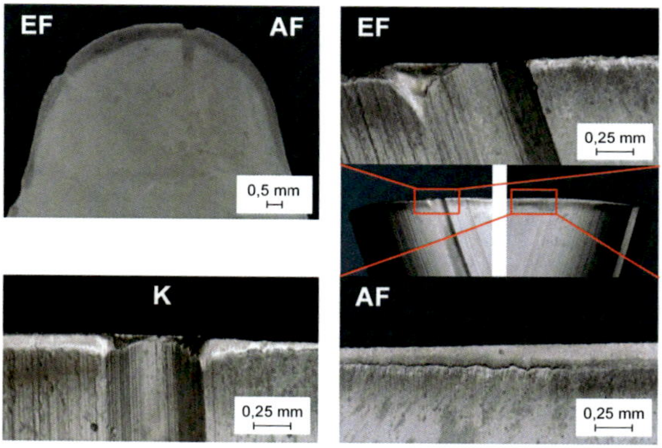

Bild 10.28: Verschleißausprägung Vollprofil-Schneide Werkstück 2, v_c = 55 m/min, f_a = 4,2 mm
Tool Wear of Full Profile Cutter at Tool Life End at v_c = 55 m/min and f_a = 4.2 mm

Werkstück:
Werkstoff: 18CrNiMo7-6
Modul m_n = 16 mm
Zähnezahl z_2 = 35
Eingriffswinkel α_n = 20°
Schräg.-winkel β = 7,5°
Durchmesser d_a = 615 mm

Werkzeug:
Räumzahn-Schlagzahn
Schneidstoff PM-HSS S390
Beschichtung (Al,Cr)N
Durchmesser d_{a0} = 240 mm
Auslegung i_0/z_0 = 20/1

Parameter:
Gleichlauf
Vorschub f_a = **4,2 mm**
Schnittgschw. v_c = **55 m/min**
Standlänge L = **10,1 m**

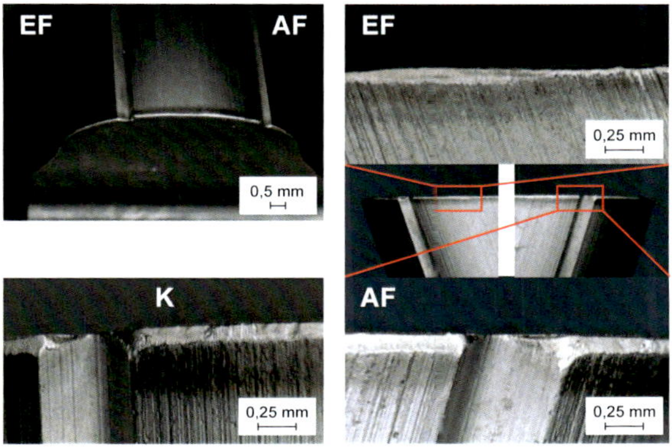

Bild 10.29: Verschleißausprägung Teilprofil-Schneide Werkstück 2, v_c = 55 m/min, f_a = 4,2 mm

Tool Wear of Segment Cutter at Tool Life End at v_c = 55 m/min and f_a = 4.2 mm

Werkstück:
Werkstoff: 18CrNiMo7-6
Modul m_n = 16 mm
Zähnezahl z_2 = 35
Eingriffswinkel α_n = 20°
Schräg.-winkel β = 7,5°
Durchmesser d_a = 615 mm

Werkzeug:
Räumzahn-Schlagzahn
Schneidstoff PM-HSS S390
Beschichtung (Al,Cr)N
Durchmesser d_{a0} = 240 mm
Auslegung i_0/z_0 = 20/1

Parameter:
Gleichlauf
Vorschub f_a = **4,2 mm**
Schnittgschw. v_c = **65 m/min**
Standlänge L = **8,1 m**

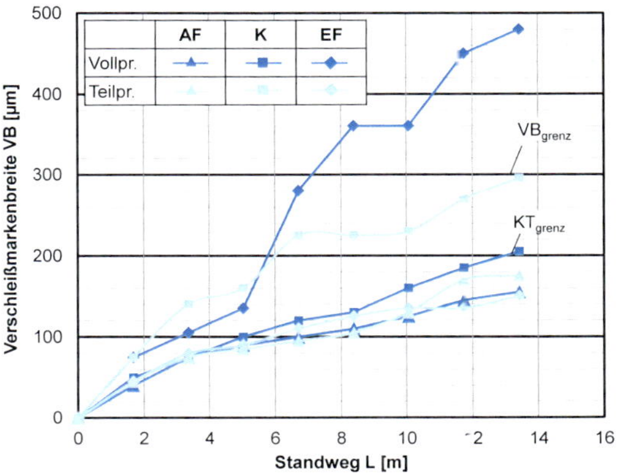

Bild 10.30: Verschleißverlauf im Schlagzahnversuch bei v_c = 65 m/min und f_a = 4,2 mm,

Wear Progression in the Fly-Cutter-Trial at v_c = 65 m/min and f_a = 4.2 mm

Werkstück:
Werkstoff: 18CrNiMo7-6
Modul m_n = 16 mm
Zähnezahl z_2 = 35
Eingriffswinkel α_n = 20°
Schräg.-winkel β = 7,5°
Durchmesser d_a = 615 mm

Werkzeug:
Räumzahn-Schlagzahn
Schneidstoff PM-HSS S390
Beschichtung (Al,Cr)N
Durchmesser d_{a0} = 240 mm
Auslegung i_0/z_0 = 20/1

Parameter:
Gleichlauf
Vorschub f_a = **4,2 mm**
Schnittgschw. v_c = **65 m/min**
Standlänge L = **8,1 m**

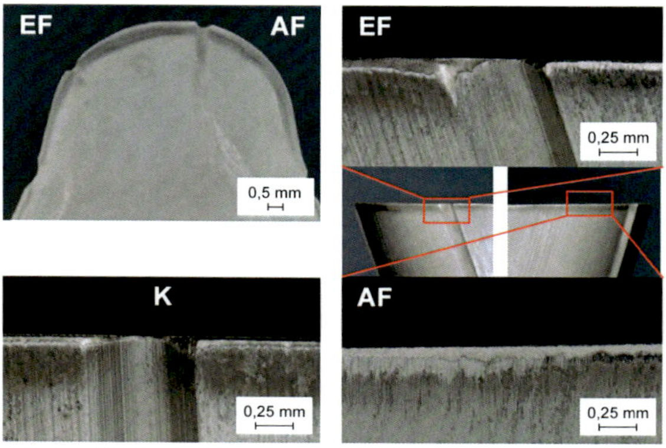

Bild 10.31: Verschleißausprägung Vollprofil-Schneide Werkstück 2, v_c = 65 m/min, f_a = 4,2 mm

Tool Wear of Full Profile Cutter at Tool Life End at v_c = 65 m/min and f_a = 4.2 mm

Werkstück:
Werkstoff: 18CrNiMo7-6
Modul m_n = 16 mm
Zähnezahl z_2 = 35
Eingriffswinkel α_n = 20°
Schräg.-winkel β = 7,5°
Durchmesser d_a = 615 mm

Werkzeug:
Räumzahn-Schlagzahn
Schneidstoff PM-HSS S390
Beschichtung (Al,Cr)N
Durchmesser d_{a0} = 240 mm
Auslegung i_0/z_0 = 20/1

Parameter:
Gleichlauf
Vorschub f_a = **4,2 mm**
Schnittgschw. v_c = **65 m/min**
Standlänge L = **8,1 m**

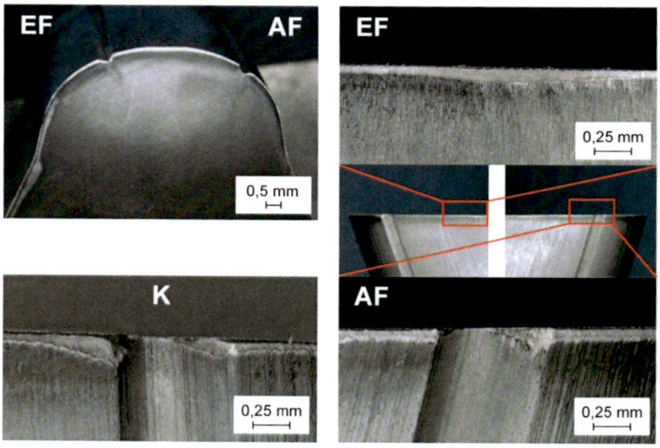

Bild 10.32: Verschleißausprägung Teilprofil-Schneide Werkstück 2, v_c = 65 m/min, f_a = 4,2 mm

Tool Wear of Segment Cutter at Tool Life End at v_c = 65 m/min and f_a = 4.2 mm

Fräsen mit Vollprofil-Schlägzähnen

Werkstück:
Werkstoff: 18CrNiMo7-6
Modul m_n = 16 mm
Zähnezahl z_2 = 35
Eingriffswinkel α_n = 20°
Schräg.-winkel β = 7,5°, rechts
Durchmesser d_a = 615 mm

Werkzeug:
Vollprofil-Schlagzahn
Schneidstoff PM-HSS S390
Beschichtung (Al,Cr)N
Durchmesser d_{a0} = 240 mm
Auslegung i_0/z_0 = 20/1

Parameter:
Gleichlauf
Vorschub f_a = 4,2 mm
Schnittgschw. v_c = 65 m/min
Standlänge L = 20,1 m

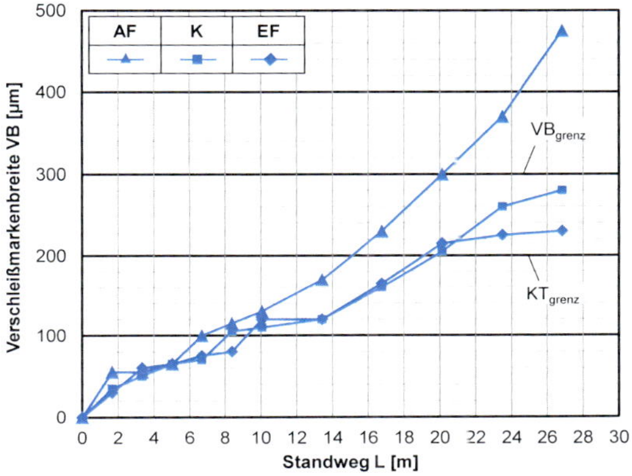

Bild 10.33: Verschleißverlauf im Schlagzahnversuch bei v_c = 65 m/min und f_a = 4,2 mm
Wear Progression in the Fly-Cutter-Trial at v_c =65 m/min and f_a = 4.2 mm

Werkstück:
Werkstoff: 18CrNiMo7-6
Modul m_n = 16 mm
Zähnezahl z_2 = 35
Eingriffswinkel α_n = 20°
Schräg.-winkel β = 7,5°, rechts
Durchmesser d_a = 615 mm

Werkzeug:
Vollprofil-Schlagzahn
Schneidstoff PM-HSS S390
Beschichtung (Al,Cr)N
Durchmesser d_{a0} = 240 mm
Auslegung i_0/z_0 = 20/1

Parameter:
Gleichlauf
Vorschub f_a = 4,2 mm
Schnittgschw. v_c = 65 m/min
Standlänge L = 20,1 m

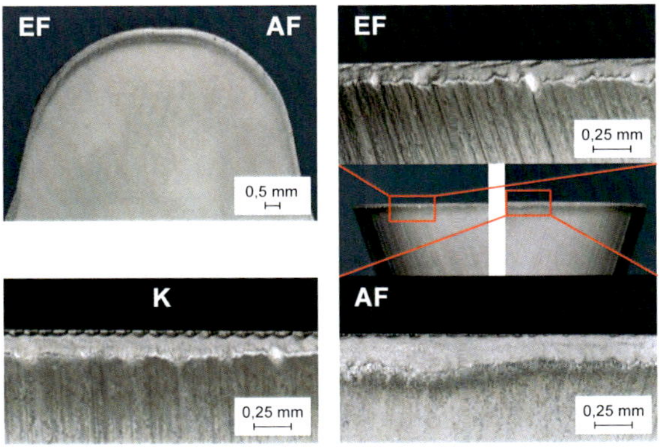

Bild 10.34: Verschleißausprägung am Standzeitende bei v_c = 65 m/min und f_a = 4,2 mm
Tool Wear at Tool Life End at v_c = 65 m/min and f_a = 4.2 mm

Werkstück:
Werkstoff: 18CrNiMo7-6
Modul m_n = 16 mm
Zähnezahl z_2 = 35
Eingriffswinkel α_n = 20°
Schräg.-winkel β = 7,5°, rechts
Durchmesser d_a = 615 mm

Werkzeug:
Vollprofil-Schlagzahn
Schneidstoff PM-HSS S390
Beschichtung (Al,Cr)N
Durchmesser d_{a0} = 240 mm
Auslegung i_0/z_0 = 20/1

Parameter:
Gleichlauf
Vorschub f_a = **5,1 mm**
Schnittgschw. v_c = **65 m/min**
Standlänge L = **18,5 m**

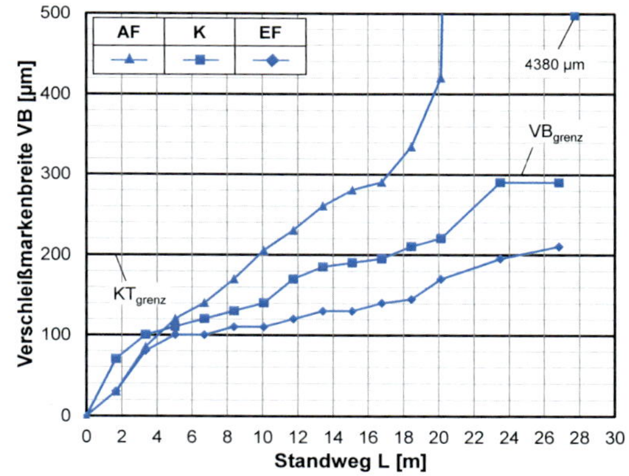

Bild 10.35: Verschleißverlauf im Schlagzahnversuch bei v_c = 65 m/min und f_a = 5,1 mm
Wear Progression in the Fly-Cutter-Trial at v_c =65 m/min and f_a = 5.1 mm

Werkstück:
Werkstoff: 18CrNiMo7-6
Modul m_n = 16 mm
Zähnezahl z_2 = 35
Eingriffswinkel α_n = 20°
Schräg.-winkel β = 7,5°, rechts
Durchmesser d_a = 615 mm

Werkzeug:
Vollprofil-Schlagzahn
Schneidstoff PM-HSS S390
Beschichtung (Al,Cr)N
Durchmesser d_{a0} = 240 mm
Auslegung i_0/z_0 = 20/1

Parameter:
Gleichlauf
Vorschub f_a = **5,1 mm**
Schnittgschw. v_c = **65 m/min**
Standlänge L = **18,5 m**

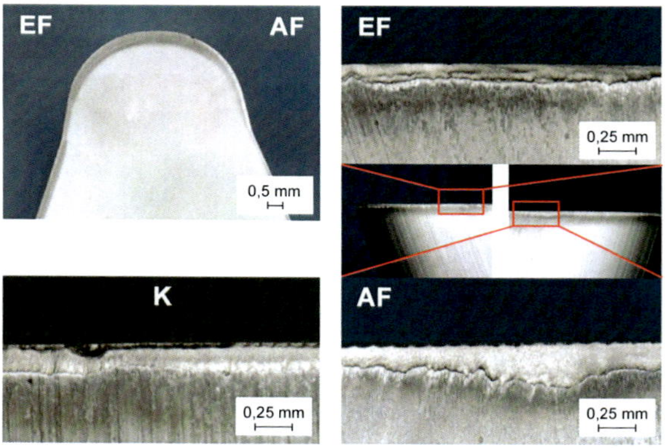

Bild 10.36: Verschleißausprägung am Standzeitende bei v_c = 65 m/min und f_a = 5,1 mm
Tool Wear at Tool Life End at v_c = 65 m/min and f_a = 5.1 mm

Werkstück:
Werkstoff: 18CrNiMo7-6
Modul m_n = 16 mm
Zähnezahl z_2 = 35
Eingriffswinkel α_n = 20°
Schräg.-winkel β = 7,5°, rechts
Durchmesser d_a = 615 mm

Werkzeug:
Vollprofil-Schlagzahn
Schneidstoff PM-HSS S390
Beschichtung (Al,Cr)N
Durchmesser d_{a0} = 240 mm
Auslegung i_0/z_0 = 20/1

Parameter:
Gleichlauf
Vorschub f_a = 5,1 mm
Schnittgschw. v_c = 75 m/min
Standlänge L = 20,1 m

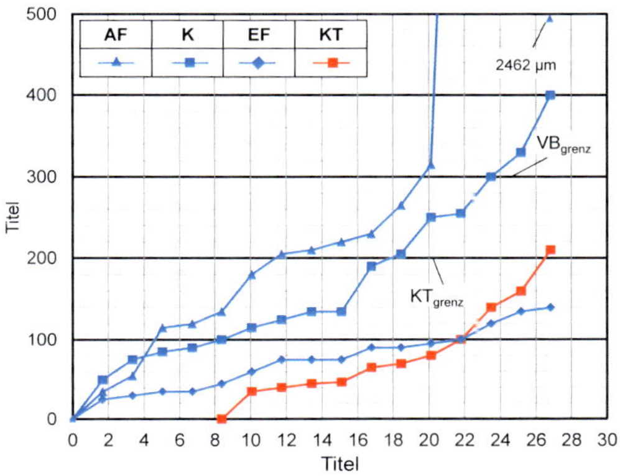

Bild 10.37: Verschleißverlauf im Schlagzahnversuch bei v_c = 75 m/min und f_a = 5,1 mm
Wear Progression in the Fly-Cutter-Trial at v_c =75 m/min and f_a = 5.1 mm

Werkstück:
Werkstoff: 18CrNiMo7-6
Modul m_n = 16 mm
Zähnezahl z_2 = 35
Eingriffswinkel α_n = 20°
Schräg.-winkel β = 7,5°, rechts
Durchmesser d_a = 615 mm

Werkzeug:
Vollprofil-Schlagzahn
Schneidstoff PM-HSS S390
Beschichtung (Al,Cr)N
Durchmesser d_{a0} = 240 mm
Auslegung i_0/z_0 = 20/1

Parameter:
Gleichlauf
Vorschub f_a = 5,1 mm
Schnittgschw. v_c = 75 m/min
Standlänge L = 20,1 m

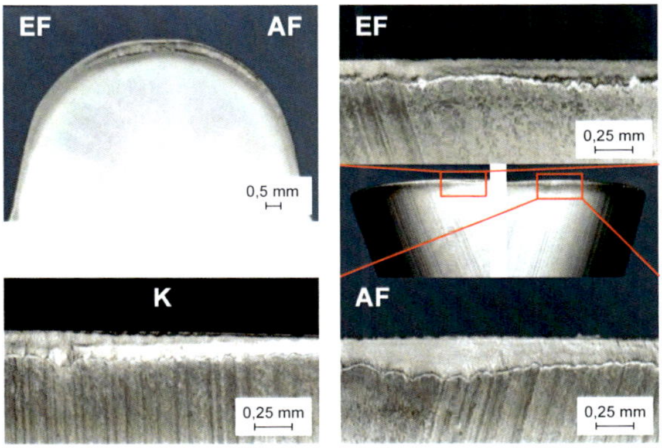

Bild 10.38: Verschleißausprägung am Standzeitende bei v_c = 75 m/min und f_a = 5,1 mm
Tool Wear at Tool Life End at v_c = 75 m/min and f_a = 5.1 mm

Werkstück:
Werkstoff: 18CrNiMo7-6
Modul m_n = 16 mm
Zähnezahl z_2 = 35
Schräg.-winkel β = 7,5°, rechts
Durchmesser d_a = 615 mm

Werkzeug:
Vollprofil-Schlagzahn
Schneidstoff PM-HSS S390
Beschichtung (Al,Cr)N
Durchmesser d_{a0} = 240 mm
Auslegung i_0/z_0 = 20/1

Parameter:
Gleichlauf
Vorschub f_a = **5,1 mm**
Schnittgschw. v_c = **95 m/min**
Standlänge L = **10,1 m**

AF	K	EF	KT
▲	■	◆	■

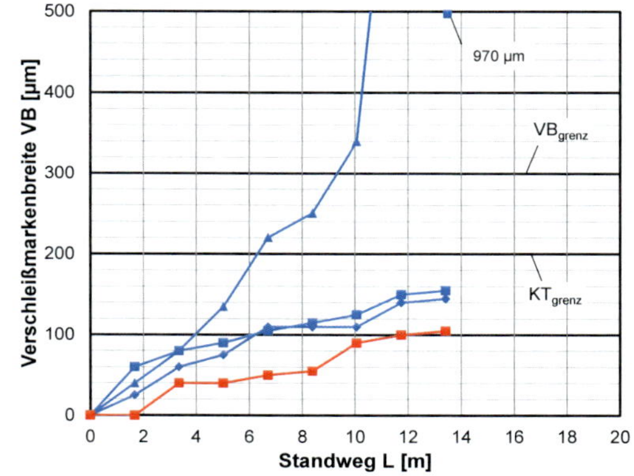

Bild 10.39: Verschleißverlauf im Schlagzahnversuch bei v_c = 95 m/min und f_a = 5,1 mm
Wear Progression in the Fly-Cutter-Trial at v_c =95 m/min and f_a = 5.1 mm

Werkstück:
Werkstoff: 18CrNiMo7-6
Modul m_n = 16 mm
Zähnezahl z_2 = 35
Eingriffswinkel α_n = 20°
Schräg.-winkel β = 7,5°, rechts
Durchmesser d_a = 615 mm

Werkzeug:
Vollprofil-Schlagzahn
Schneidstoff PM-HSS S390
Beschichtung (Al,Cr)N
Durchmesser d_{a0} = 240 mm
Auslegung i_0/z_0 = 20/1

Parameter:
Gleichlauf
Vorschub f_a = **5,1 mm**
Schnittgschw. v_c = **95 m/min**
Standlänge L = **10,1 m**

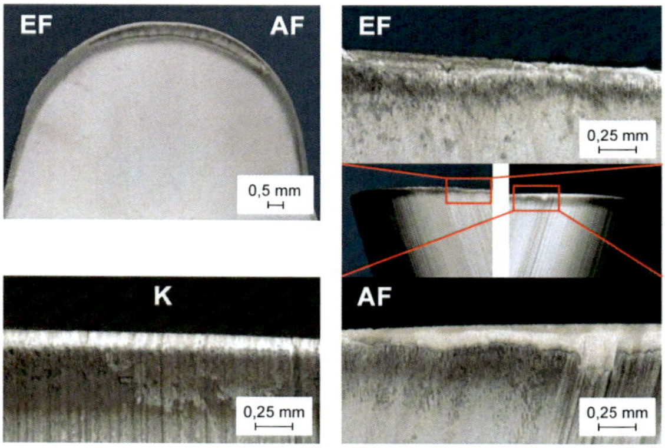

Bild 10.40: Verschleißausprägung am Standzeitende bei v_c = 95 m/min und f_a = 5,1 mm
Tool Wear at Tool Life End at v_c = 95 m/min and f_a = 5.1 mm

In der Reihe **Ergebnisse aus der Produktionstechnik** zuletzt erschienen:

Günther, Sebastian
Verbesserung der energiebezogenen Leistung der Produktionsprozesse keramischer Baumaterialien durch Benchmarking
ISBN: 978-3-86359-506-7
Erscheinungsdatum: 17.03.2017

Amini, Payam
Empirische Analyse der Abweichung des Produktwerturteils vor dem Kauf und während der Nutzungsphase von Gebrauchsgütern
ISBN: 978-3-86359-501-2
Erscheinungsdatum: 02.03.2017

Wegener, Maximilian
Ressourceneffiziente Gestaltung von Prozessketten mit additiven Fertigungsverfahren
ISBN: 978-3-86359-487-9
Erscheinungsdatum: 02.03.2017

Graßler, Lisa
Reifegradmodell zur Unterstützung bei der Einführung und Weiterentwicklung von Qualitätsmanagementsystemen an deutschen Universitäten
ISBN: 978-3-86359-485-5
Erscheinungsdatum: 03.02.2017

Schumacher, Sven:
Risikomanagement für die qualitätsorientierte Entwicklung industrieller Dienstleistungen
ISBN: 978-3-86359-488-6
Erscheinungsdatum: 13.01.2017

Buchkremer, Stefan
Irreversible Thermodynamics of Nano-Structural Surface Modifications in Metal Cutting
ISBN: 978-3-86359-508-1
Erscheinungsdatum: 17.03.2017

Bäumers, Yvonne
Wirtschaftlicher Detaillierungsgrad der Montageablaufplanung
ISBN: 978-3-86359-495-4
Erscheinungsdatum: 02.03.2017

Kuhlmann, Thomas Benedikt
Corporate Tooling Modularer Werkzeugbau als Befähiger internationaler Produktionsnetzwerke
ISBN: 978-3-86359-490-9
Erscheinungsdatum: 03.02.2017

Salmen, Michael:
Gestaltungsmodell für den digital vernetzten Shopfloor im Werkzeugbau
ISBN: 978-3-86359-479-4
Erscheinungsdatum: 27.01.2017

Hollstegge, Daniel:
Process-Induced Changes in Optical Properties of Precision Molded Glass Lenses
ISBN: 978-3-86359-474-9
Erscheinungsdatum: 15.12.2016

Edition Wissenschaft
Apprimus

Sommer, Martin:
Produktbaukastengerechte Organisationsstrukturen
ISBN: 978-3-86359-484-8
Erscheinungsdatum: 16.12.2016

von Hebel, Sabrina:
Komplexitätskostenrelevante Ursache-Wirkungs-Beziehungen im Werkzeugbau bei Stanz- und Umformwerkzeugen
ISBN: 978-3-86359-473-2
Erscheinungsdatum: 12.12.2016

Flore, Jakob:
Optimierung der Genauigkeit fünfachsiger Werkzeugmaschinen
ISBN: 978-3-86359-472-5
Erscheinungsdatum: 28.11.2016

Schenk, Friedrich Walter:
Hochdurchsatz-Mikroskopie von Mikrotiterplatten auf Basis einer kontinuierlichen Objektbewegung
ISBN: 978-3-86359-464-0
Erscheinungsdatum: 11.11.2016

Stoffel, Markus:
V-Modell zur Auslegung großer Produktionsnetzwerke
ISBN: 978-3-86359-459-6
Erscheinungsdatum: 26.10.2016

Adams, Oliver:
Modellbasierte prädiktive Kraftregelung beim Fräsen
ISBN: 978-3-86359-455-8
Erscheinungsdatum: 17.10.2016

Gerlach, Max:
Leistungsstaffelung in Produktprogrammen
ISBN: 978-3-86359-478-7
Erscheinungsdatum: 16.12.2016

Schröder, Malte:
Klassifikation von Fehlerereignissen in produzierenden Unternehmen zur Erfüllung von Analysefunktionen im Anlauf
ISBN: 978-3-86359-469-5
Erscheinungsdatum: 30.11.2016

Thiermann, Janis:
Abrichten von Schleifscheiben für das Hochgeschwindigkeitsschleifen
ISBN: 978-3-86359-471-8
Erscheinungsdatum: 28.11.2016

Spöcker, Gunter:
Modular Programming of Adaptive CAx Manufacturing Process Chains
ISBN: 978-3-86359-462-6
Erscheinungsdatum: 07.11.2016

Müller, Frank:
Methoden zur Charakterisierung von Werkzeugschnittstellen unter statischer Last
ISBN: 978-3-86359-426-8
Erscheinungsdatum: 17.10.2016

Keitzel, Gunnar:
Präventive Parameteranpassung zur Sicherstellung des Spanabtransports beim Einlippentiefbohren
ISBN: 978-3-86359-449-7
Erscheinungsdatum: 27.09.2016

Edition Wissenschaft
Apprimus

FSC
www.fsc.org
MIX
Papier | Fördert
gute Waldnutzung
FSC® C083411

Kolibri 360 GmbH
Ferdinand-Jühlke-Straße 7
99095 Erfurt, Deutschland
produktsicherheit@kolibri360.de